U0389514

纪念中国科学技术大学科学史学科

建立 30 周年

中国宇宙学史

李志超/著

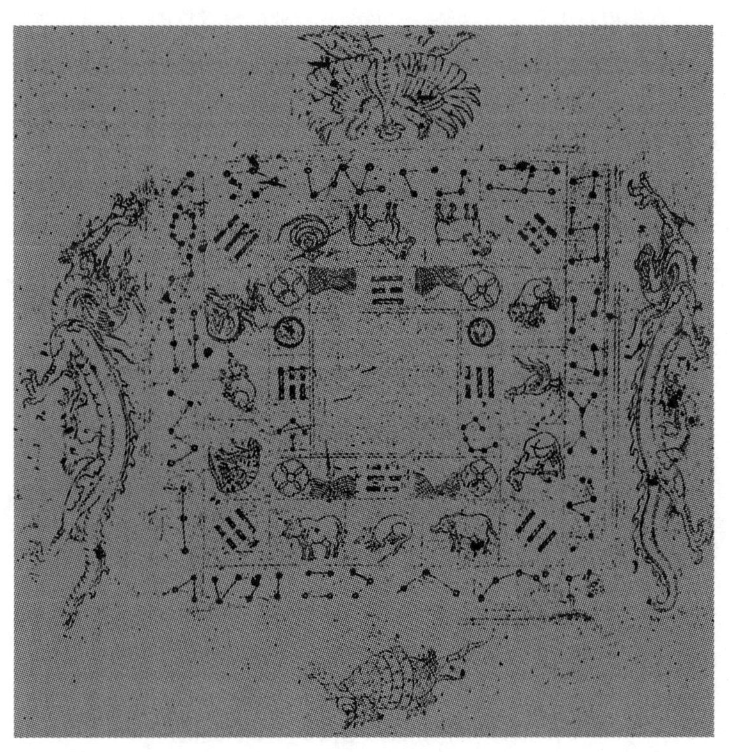

科学出版社
北京

内 容 简 介

本书主要讲述中国古代宇宙学思想，以天地万物的物理模型为首，并为此引入适量基础性天文历法内容。

全书内容按作者为中国宇宙学发展史立下的时标顺序展开。第一个时标——汉武帝太初改历，浑天说取代盖天说，这是中国最大的一次科学革命；第二个时标是张衡创制多圈浑仪和水运浑象，开辟精密天文学；第三个时标是欧阳修作《新五代史》废黜星占家语，预示理学的兴起。另外，还有两个时标，一是上古的武王伐纣时间表，作者为之作了训诂考定；二是利玛窦来华传入地心说，为中国进入现代物理学准备了条件，这一条不作详说。

本书内容丰富，适合科技史及相关专业的学者参阅，也适合对中国宇宙学史感兴趣的大众读者阅读。

图书在版编目(CIP)数据

中国宇宙学史／李志超著．—北京：科学出版社，2012.5

ISBN 978-7-03-034010-8

Ⅰ.①中…　Ⅱ.①李…　Ⅲ.①宇宙学－文化史－中国　Ⅳ.①P159-092

中国版本图书馆 CIP 数据核字（2012）第 065689 号

责任编辑：胡升华　郭勇斌／责任校对：朱光兰

责任印制：赵　博／封面设计：黄华斌

编辑部电话：010-6403 5853

E-mail：houjunlini@mail.sciencep.com

科学出版社出版

北京东黄城根北街 16 号

邮政编码：100717

http://www.sciencep.com

北京科印技术咨询服务有限公司数码印刷分部印刷

科学出版社发行　各地新华书店经销

*

2012 年 5 月第　一　版　开本：720 × 1000　1/16

2025 年 2 月第七次印刷　印张：14 3/4

字数：233 000

定价：98.00 元

（如有印装质量问题，我社负责调换）

自　序

本书是讲述中国古代宇宙学思想的，故以天地万物的物理模型为首，只引入适量基础性天文历法内容为此服务，而不是一部讲天文历法史的技术内容的书。

“文化大革命”结束后的国学界，对中国科技史严重生分，宇宙学史领域尤其严重，几乎可说是一团混乱。这或许与此前的批儒有关，因为宇宙学半是哲学。也许与流传约4个世纪的西学中源说有关，西方宇宙学改造中国天地观已经四百年，近百年的学者们已经看不懂更早的文献。

本书内容中很多重要说法是中国科学技术大学科技史学科师生的创新见解。中国科学技术大学的科技史学科团体正式组建于1980年，现在已经是一个系。一开头我们就把中国宇宙学史作为重点研究对象，当时我们发现了这个领域的问题及其重要性。我们入手的突破点选择在时间和空间测量的技术史方面，因为这方面比较实在，相对容易。刻漏和浑仪的一系列复原成果使我们的团体很快蜚声国内外，但这离宇宙学的思想史还差一大步。

这一步是1985年迈出的，就是通过对《汉书》“太初改历”的解读，发现浑天说的科学革命。此事先是受金祖孟先生启发，中国科学技术大学科技史系邀请他来讲学。他给我们讲他的浑天平地说，但他说：盖天说比浑天说先进。我们不赞成，经过钻研才考证了盖天说被浑天说取代的具体过程——汉武帝太初改历。随之有1986年李志超、华同旭《论中国古代的大地形状概念》（《自然辩证法通讯》，1986年第2期）等一系列文章的发表。

此项成果为中国天地模型的演化史立下第一个时标（按历史时序是第二），许多史事的年代便好办了，否则还按郑玄的说法——舜就有浑仪，还谈何中国天文学史！有了这个认识，我们对《周髀》的解读迎刃而解。1987年第三届全国数学史会上李志超发表了《周髀数术议》一文，把该书的数字之谜完全解通了。

第二个时标（按时序是第一）是“武王伐纣”。先是江晓原为“夏商周断代工程”做出“公元前1045年”的判断，但他没有解决《国语》的文字训诂问题，未能说服大家。在该项目群体决议取定为“公元前1046年”之后，处身项目组之外的李志超解决了文字训诂，证实了江晓原的判断。同时考证出周武王当时哪些天文学概念是有的，哪些是没有的。

第三个时标是张衡发明多圈式浑仪和水运浑象。于是，刘洪第一个发现月行迟疾并以算法预报月食的史实就明确断定了，然后才有日食推算。《伪古文尚书》“胤征篇”所言羲、和失职之事显然是杜撰。

第四个时标是欧阳修《新五代史》废黜星占语不录。此事标志的是理学中科学化世界观的建立。虽然宋儒破除汉代迷信思想是好的，但不重发展，不及汉代重变之优。宋儒的理还是初级的重常轻变观念，这种观念至今在科学界仍有流行。然而，这却是科学文化发展的必经之路。

最后的时标是利玛窦来华传入地心说，不作细说。

以上这些对于国学总体应该很要紧的，没有这些认识，谈什么儒呀道呀的?

作　者

2010 年 1 月 21 日于合肥科大东区 57 楼

目　　录

第一章　宇宙学概说

一、宇宙学是什么?

1. 宇宙学的基本概念

宇宙这个语词在英文有 Cosmos 和 Universe 两个单词，前者有“秩序，和谐”之义，后者有“万有”之义。汉语的“宇宙”本无这些含义，而仅指总体的时空。佚书《尸子》曰：“上下四方曰宇，往古来今曰宙。”① 这里宇是空间，宙是时间。然而宇宙二字皆用“宀”，原来是用于房屋之类名物的，在日常语言里“宇宙”一词仅指总体空间，不包括时间。如西汉成书的《淮南子》，其言“宇宙”多不含时间之义。《管子・宙合篇》写成不晚于战国，其“宙”字指空间而不是时间。其文曰：“天地万物之橐也，宙合有橐万物。”意为：天地是装万物的箱囊，宙合又（有通又）装着天地。唐人尹知章以“古往今来曰宙也”注题，就不对了。《说文》曰：“宙，舟舆所覆也”，这也说的是空间不是时间。先秦墨家就不用“宙”而用“久”表示总体的时间，这更合理，可惜没流行起来。现代流行汉语通常仍然仅以宇宙为空间的概念，说“宇宙之大”，而不说“宇宙之久”。今人多是由王羲之《兰亭集序》熟悉这个短语的，即那句话“仰观宇宙之大，俯察品类之盛”。汉儒扬雄《太玄经》曰：“阖天谓之宇，辟宇谓之宙”，以浑天之天形为球壳而言阖辟，则以宇为天之内，而以宙为天之外。

中国古代“天”是个最特别的概念。平常所说的“天”就是宇宙，包括万有。今有学者说：“儒家的天就是上帝，皇帝以祭天为大典，所以儒是宗教，以儒治国是政教合一。”他们把上帝与天混为一谈。实际上，在利玛窦来华之前，中国的上帝不是天。上帝不只一个，秦祀四帝，汉祀五帝，而天是至大的唯一的存在。朱熹说过：

---

① 本书中没有特注版本出处的引录古文都引自四库全书电子版，读者检索很方便。

> 苍苍之谓天，运转周流不已，便是那个。而今说，天有个人在那里批判罪恶。固不可说道全无主之者，只不可这里要人见得。

所谓“要人见得”意思是“看得见像人那样的存在”，即今言“人格化”之义。

中国古代宇宙论主要是对天的讨论，可以罗列带天字的基本概念语词：

（1）天文——这是中国最典型最古老的一门科学之名，源自《易传》“仰观天文，俯察地理”之言，不是翻译来的。主要朝代的正史都有“天文志”。

（2）天体——现代汉语指日月星之类的天文个体，而在古代汉语则指宇宙结构。

（3）天道——宇宙的运行过程及其规定性，如朱熹说：“他却自定”（见后文第五章），即指天的自身内在的规定性。

（4）天理——按韩非子和朱熹的理解，这是天道分析的定理或定律。但别人也有混同于天道者。

（5）天数——事件按天理规定的程序。以其可由易学卦爻数序分合描绘构成，故称“数”。

（6）天命——由宇宙整体规定的局部或个体的运动变化过程。也有混同于天数者。

（7）天心——天的思想，偏重思考之义。张衡《灵宪》用之。朱熹则说：“天无思虑。”

（8）天意——天的意志，偏重情感意图。也有混同于天心者。

还可以列举更多带天字的语词，但不如上述这些更具基本性。

汉语里还有“世界”这个词，它来自佛经的翻译。所用的两个单字“世”和“界”原本分别是时间和空间的概念。《楞严经》曰：“世为迁流，界为方位。汝今当知：东西南北、东南、西南、东北、西北、上下为界，过去、未来、现在为世。”

在现代日常汉语中，世界经常偏向于指称地球上的人间，义近“国际”。在物理学中说“微观世界”、“宏观世界”则指物理分析的不同尺度的自然界。哲学语词“宇宙观”的概念内涵是以太空为主的物理的自然界，而在“世界观”概念里则含义更广而包括人伦社会。本书的“宇宙学”是以物理的太空为主要研究对象的学科。

到了近代，不论哪一派宇宙学家，都公认宇宙是既包括空间也包括时间的，但对是否还包括万有则常含糊不定。按说宇宙没了万有就连“我”也没有了，哪还有什么宇宙学等等？可是有的学者在讨论中硬是要讲不存在任何物质的宇宙时空，不是钻死胡同吗？牛顿就是这样讨论宇宙时空的。爱因斯坦对牛顿的革命性改进，关键就在于把引力场与时空结成不可分割的整体。然而，“万有”是否可以仅仅归结为引力？这仍是物理学至今未决的老大难问题，在“万有”尚属概念未清之前，仅依广义相对论作数学推演，以至延伸到宇宙的初始和终结，这实质上已经超越了物理学正常规范的界限，属于哲学议论了。那些数学的专业语言，与哲学的专业语言一样，令人敬畏，但却改变不了这个实质。

在宇宙学中运用数学，以致使人望而生畏的程度，这在中国与古希腊一样，早已有之。《周髀》就是这样一部作品。《魏书》中说：道教大掌门寇谦之竟也算不出《周髀》的数，要仙人成公兴来指点！现在我们看《周髀》的数学，正如看托勒密的《至大论》（*Almagest*）不过是初等数学，可在唐朝国子监那却是算学最高等课程。科学史的事实证明，数学自古就是宇宙学的重要思维工具或研究方法。须知宇宙学中的数学是表述物理状态的，不是纯粹数学。如果像牛顿那样，抛开物质谈论空无一物的宇宙时空，则既无数也无形。

> 数是考察事物异同的过程中对同类事物依序列举的表述记号；
> 量是物的某一质项与标准物的同一质项比较而取同的次数；
> 形是物质在空间中分布的异同区界，或某一质项陡变的界域①。

空无一物的宇宙时空无所谓异同，何来数形？庄子曰：“无形者数之所不能分也，不可围者数之所不能穷也。”但是，仅从这条道理说，逻辑上不排除宇宙中局域为绝对虚空。《列子·汤问》曰“有则有尽”，现实的宇宙当然是“有”；尽的本义是中空，是局域虚空的意思。然而物质还有一个极要紧的存在方式，就是信息。任何绝对的虚空是不是连信息也没有呢？如果其外的存在得不到这局域虚空的任何信息，又从何得知它在那里呢？假如有光或别的什么穿过它，那倒是可能计量它的大小长短，可那样它的绝对虚空状态就破坏了，它不再是绝对虚空了。由此可言，宇宙中没有绝对虚空，连局域的绝对虚空也没有。汉代宇宙学的两部主要文献《周髀》和《灵宪》都说，在思虑所不能及的天外，“过此而往，未之或知”。这是从《易·系辞》引申到宇宙学的一句话。他们都不敢说天外是绝对虚空。

至于古代欧洲，早以星空为一大球壳或少数几层同心球壳，在其外则为上帝

---

① 例如平面上某物理量的一级导数为0而二级导数不为0的线或带构成图形。

所居，也不敢说是绝对虚空。然而他们与中国人不同的是有原子说，分立的原子之间的空间被认为是绝对虚空，这是局域虚空。他们的世界由互无关连的原子团构成。中国人没有原子说，主张元气说，元气弥散地充塞一切时空（参见李志超《天人古义》“墨经‘端’的意义”一文）。中国人的宇宙是个不可分割的混一的整体。中西宇宙观异同之根本，仅在于总体存在与人的关系。

量子力学的物质波动性是超时空的。据此，宇宙中亦无绝对虚空。如果把某些学者主张的宇宙有开端之说理解为其开端以“有先”定义，而这个“先”是绝对虚空，则因这“先”无信息而实归于“无先”。晋人郭象《庄子注·庚桑楚篇》作过这种论证：“以无为门，则无门也。”德国人康德也曾以“二律背反”之辩讨论过。至于量子力学在这种“开端”问题上的作用，则须留意：其真谛实为考虑波粒二象性，而非片面的物理量的分离量子化。波性是去不了的，是与粒性并立的实质，而不是如玻恩解释所说以及玻姆的隐参量理论所追求的——粒子的某种存在形式。这就涉及上文提到的现代物理学大难题：引力论与其他物理理论如何统一？

> 宇宙的本质在于万有，万有是变化无穷的多异之合。或曰宇宙的本质是物质性。物质是表现差异变化的宇宙本体。

异和同是不可分割的对立统一的哲学范畴。绝对同一或绝对差异都等于绝对虚空，是“不存在”。所以，宇宙学内容必须包含探讨物质之共同的和分立的性状的问题，这当然是物理学问题，是宇宙学的一半。反之，如果宇宙只被看成是唯一的存在，唯一者至大无外之大一也，按这点说，宇宙是不能由科学来研究的。科学要以多于一的对象作比较而求其同异，故而只能对付有多的事物，不能研究独一无二的对象。作为科学对象的宇宙是从两方面看的：一是它随时间而有运动变化，异时的宇宙是多；二是它随空间而有结构变化，拆分的宇宙是多。宇宙学是由分解时空的研究以求了解那个唯一的总体，特别是从吾人所居所见的有限局域外推而求知总体。

存在者“森罗万象”之万有也。按实际说，人的认识可由近及远，由此及彼，由浅入深，由简而繁，由部分求知整体，由分析而知综合。但人类可能认识的整体和综合都是有限的，时空有限，质项也有限。对宇宙的局部求知是科学力所能及的事。如果宇宙是无穷的，则由有限数的有限局部不能构成宇宙。于是纯科学的宇宙学就不存在。即便宇宙是有限的，但因无其外的任何存在，则对整体宇宙这个特殊对象来说，也无以进行科学必需的任何比较。无比较即无度量，无度量则无所谓数，因而也无以立出方程式以及任何运算，又何谈数学和物理学，何谈科学？故天体物理学家们所能处理的宇宙学命题实际上还是在宇宙之下的命题，而哲学的宇宙学则是在物理学之上的命题，或套用亚里士多德著作的中译词，是个“形而上”的命题。20世纪德国哲学家杜林说：“包罗万有的存在是唯一的。”这是一条大有深意的判断，不是三言两语即可为之褒贬的。所谓“多元宇宙”概念是无理的。有人把“多维空间”曲解为多个空间，以解释神秘的超距移物，这是不知维只是空间属性，而不是空间。

现实的宇宙学，也就是人们正在研究操作着的宇宙学，是由对可观察的有限时空的科学研究向外扩展直指无限时空的求知。现实宇宙学有三大命题：

（1）终极分析的物理学，即研究构成宇宙的基本物质要素及其运作方式的命题；

（2）由信息联成一体的宇宙现象，如生命和人与宇宙的关系；

（3）总体时空中的存在的演化，它是前两项的根据和表现。

第一个命题是一般的求知。物理学是分析地认识外在世界，由近及远，由浅入深。物理学家好像爱拆玩具的儿童，要把宇宙像玩具一样拆开来看；第二个命题是从认识自我走向复杂综合，好像父母把孩子拆散的玩具重新组装，不组装就不成玩具，不综合就不能认知真实宇宙，而认识宇宙是为了寻求自我的最大自由；第三个命题是前两个命题的超越延伸，是从有限的认知向着无限扩展，追求从总体上了解现实存在的来龙去脉，生灭兴衰，是要从动态上更深化对前两个命题的认识。这个命题属于哲学。这三大命题构成广义的宇宙学，其实质几乎涉及全部的自然科学和哲学。现代物理学以牛顿力学（或再加上狭义相对论）和量子物理学解决第一题，正在以非线性非平衡物理学（或复杂性系统论）进入第二个命题的基础领域，企图以广义相对论（或尚未完成的量子引力论）解决第三个命题。几乎无人涉及中国古代的“天心天意”，如果说那些思想是神秘主义而不是科学，就有人会问：以信息为主角的宇宙级现象是没有还是不重要？宇宙学能局限为一种物理学吗？宇宙或大尺度时空只有简单的分析性存在吗？

牛顿与爱因斯坦两家学术的哲学异同主要在于时空因果的概念。时空之用，或其意义，在于那是描绘总合体系状态的参数。牛顿说时空应脱离物质而独立，当然不对，爱因斯坦否定了牛顿的绝对时空。但若如相对论那样，只说每一动体各有自己的时空坐标系，则异动各体就失去了共立关系的交互表述形式。况且人们只能用互动多体组合构成时钟和尺，于是测量的合法性就成了难题。爱氏宇宙模型的陈述实际上又回归到绝对的或全宇宙共和的时空概念。实际上，爱因斯坦最初发表相对论的文章所用标题已经最准确地规定了相对论时空的适用范围——“运动物体的电动力学”。

一些物理大师（如几位诺贝尔奖得主）要求由物理学解答“时空是什么?”这本是哲学问题，不属于科学。物理理论用数学表述，写出各种以时空为自变量的函数。如果时空又被写成函数，以什么作变量？实验不见得是虚无的神秘概念。用已有的物理量作自变量，则成演绎逻辑的循环论证，那就把物理理论的大厦搞垮了。

广义相对论只把欧氏几何“距离”（表述为宇观的微分量 ds）的各分量（包括时间量和空间量：dt、dx、dy、dz）的平方乘上与质量有关的函数系数，组合为非欧几何学“距离”的平方，而那些欧氏时空变量仍是自变的①。

可以用数理逻辑的哥德尔不完备定理解释此事，就像几何公理体系的五大公设一样。在物理学理论体系中，时空就是那不可在理论内部求解的概念。可是这一点却不是所有人都清楚，包括很多大物理学家。实际上，时空的度量是人为的，作为物理量的时空量是物理理论中最初始的量，因而只能是线性的。康德说过：时空量是自然数序列的线性推延。既然已是人为、初始，而若又说是非线性，那不是在逻辑结构上自找麻烦吗？那不合爱因斯坦自己提倡的简单性原则。广义相对论中非欧几何的时空只能是派生的物理量，是为描述引力分布影响运动的表现而人为引进的。

再说第二个命题所涉的天人关系。人，从来就在改变自然，很多人造物是自然没有的。没有人就没有现代的飞机、汽车、计算机……；也没有古代的舟车、宫室、衣裳、陶瓷、弓箭、刀枪、……，古代跟现代一样破坏环境自然，只是规模有大小不同。其实这所谓“破坏”也是普遍的宇宙恒变律的一个表现。天人关系对立或和谐是古今一贯的话题，而这不过是任何宇宙的局部与其他局部和总体的关系的特殊情况。但从“学以致用”来说，一切宇宙学都免不了谈及人的

---

① 为简单我们只取一维空间的 r 为变数，普通欧氏空间的两点距离为 dr，而相对论宇宙学的黎曼空间却规定距离为 ds，$ds^2 = dr^2 \cdot R^2(t) / (1 - kr^2)$，$t$ 是时间，k 取值 1，0，－1。当专家们计算得出非欧几何量 s 有限时，却是以欧氏几何量 r 趋向无穷为前提。请问：到底是那有限的 s 是空间，还是这无穷的 r 是空间？欧氏的 dr 若非空间距离，它是什么？dr 可测否？若 dr 可测，ds 又作何解说？若 dr 不可测，又怎么成为算式里的一个数？

地位作用，尤以中国古代儒学为最关注天人关系，儒道哲学的无神论信仰则大大强化了这种倾向。现代宇宙学有所谓“人择说”，大意是：人类迄今已知的基本物理定律，包含各基本常数，决定了这个世界是如此这般地存在和运行的。如果差一丝忽，生命和人就没有了，再推一步，这宇宙也没有了。这绝对是回复以人类为宇宙中心的思想基点是不变论。西方两千年的宗教文化原是坚信作为宇宙本体的上帝是永恒的；中国则否，易学宇宙观以变化日新为本。

把人类免不了的宗教情怀引向真善美的大道，这是科学家的天职，是先进文化的指归。

2. 宇宙学与哲学的关系

思维着的人类，或人类文化，是宇宙存在的最高级成分，是宇宙存在自身的“灵魂”，而宇宙学则是宇宙之灵的自我觉醒。佛学用“悟空法”简化以致取消这些命题，但面对物理学新进展也不能不做出应对。基督教不敢直认人类实当大任，以宇宙之灵为永恒的上帝。对人类自身估计过低，这是认识的偏昧，不免进入误区。至于儒家，朱熹弟子问：“天地之心亦灵否？还只是漠然无为?”他答曰：“天地之心不可道是不灵，但不如人恁地思虑。伊川曰：‘天地无心以成化，圣人有心而无为。’”他又说：“若果无心则须牛生出马，桃树上发李花。他又却自定。程子曰：‘以主宰谓之帝，以性情谓之干。’他这名义自定，心便是他个主宰处，所以谓天地以生物为心。”（引自《朱子语类》）他的意思是：天之自然，不会思虑，但万物之生，极繁而又井然有序，超乎人之所能。此种功能亦可说是出于“心”。他是把天心看作理，所谓“心即理也”。

而受机械唯物主义或唯科学主义影响的物理学家（此指做基础研究者，不包括技术开发工作者），很多人不认为他们的学问与信仰和哲学有关，自认为是在做纯科学，对人文和社会科学也不屑一顾，甚至说那不是科学。这是缺乏文化自觉，学问水平不会高。

宇宙学的水平是社会文化发展水平高低的标志。

宇宙学是科学与哲学的结合。

现代宇宙学以天体物理学为依据，天体物理学是物理学的分支，而物理学是科学。天体物理学之不同于其他的物理学，在于它只能观察不能实验。实验也是观察，是人们主动设置对象的状态和过程，然后再进行的观察。天文对象不可能由人主动设置，对天体物理的观察结果做分析判断，是以身边物理的实验知识为比较的依据，所以天体物理学是科学。再者，对天体的观察是对那些天体发来的光做实验，也不是不做任何实验。其实任何物理实验都没有包括对象的一切。

战国时代的邹衍，活动于公元前300年前后，首创宇宙学说。《史记》说，当时人们称他为“谈天衍”。他就是“先验小物，推而大之，至于无垠。”所以，邹衍的宇宙学是科学的宇宙学。早在古书《管子·宙合篇》就有“大揆度仪”之说，揆是计测，仪是准望标竿。这四字意谓：“大如天体山岳的计测不能直接以尺度量，是用身边的小尺寸标竿间接测度的。”此文之出约在公元前700年前后，也就是说，距今2700年已有宇宙学的科学方法原理的正确阐述。

科学只是宇宙学的一半，那另一半是哲学以及信仰。

《中国大百科全书·天文学》的“宇宙学”条说：宇宙学是“天文学的一个分支”，该条作者不承认宇宙学中的哲学成分，认为“哲学是物理学的工具”。此说不敢苟同。哲学是物理学以至一切科学的先导。“先导”不是“指导”，哲学没有君临科学之上指手画脚的评判权，反而应该唯科学之结论是从，这是实证性赋予科学的特权。但哲学不是位于科学之下或之内的工具，而是探路者、先行者，它的意见有重要参考价值，因为它所用的非直接经验毕竟也是经验，还具有根深叶茂的长处。在宇宙学中，哲学所占的分量很大，而宇宙论又是哲学本门中的重大命题。

3. 宇宙学史是一门科学

既然宇宙学是科学与哲学兼而有之，则宇宙学史自然是科学史与哲学史兼而有之。科学和哲学是人类文化的重要组成部分，文化史是总体历史学的重要组成部分，宇宙学史是属于文化史的一门科学。从科学观而言，历史学是一门科学，是为各门研究人类社会的理论科学寻求实证资料的科学。须知，以牛顿力学为楷模的追求简单性的科学观早已过时了。以任何一门科学的历史为对象的学问，不同于该学科自身的内容，科学史全都是复杂的问题。科学的历史不能重复，哲学的历史也不能重复，文化发展的历史都不能重复。但人们怎能不关心文化、哲学、科学的发展呢？这是关系人类未来的大事！这种发展难道永远任其盲目自发地进行吗？我们的高等教育所造就的专家学者们可以永远满足于做一个盲目探索者吗？显然，我们需要科学的科学史、科学的哲学史、科学的文化史。宇宙学史就是其中一个重要的典型的组成部分。针对社会建设的发展观更要科学化为科学发展观。

宇宙学是各门科学中最早发生的一门学科，它是随着天文学这门最早发生的自然科学不分彼此地发生的。早期狭义的天文学仅限于研究日、月、星的运动规律，由此产生历法，预报日、月蚀等。然而人们必然要追问更多的事情：日、月、星都是什么东西？它们有多大多远？它们是如何形成的？我们所见的种种天象的动因是什么？……这些问题在古代是超出当时天文学力所能及范围的哲学命题，有的从开始以至永远都是科学解决不了的哲学问题。把这些命题加到狭义的天文学上就是宇宙学。若说科学是为解决生产问题才产生的，那么宇宙学的这些问题则与生产没有直接关系。不仅如此，就连狭义的天文学也不能说都与生产相关。古代的日、月蚀预报就与生产无关，回归年数精密到 1 天的历法对其创始当时的生产也无必要。科学与生产是密切相关的事，生产不达到一定的水平，人们没有剩余的时间和精力，也没有足够的交流和传授条件，科学就难以形成和发展。

然而，科学既是关于客观世界的知识，就总有用于生产的时候。但是，科学毕竟是独立于生产的事情，不是或至少不全是为生产服务的。科学不是生产的奴婢，科学是人类因之以成其为人类的社会化求知大业。如果没有科学而只有生产，即便是社会化的生产，那也成不了人类，蚂蚁、蜜蜂也是社会化生产者。若说人的生产使用工具，与其他动物不同，那么人类的工具的发明则来自求知，而求知过程的源起却很难说都是受生产目的制约的行为。

一个郁郁乎文哉的文明社会不能没有发达的宇宙学，不能没有独立于生产的科学，不能没有发达的哲学和宽面的文化事业。同样，一个有足够素质修养的学者也不能对文化史、哲学史、科学史一窍不通，而一个中国学者则不能不学点中国宇宙学史。对一般读者而言，可以把宇宙学史当作普及性知识去学。哲学和天文学总是比较深奥的学问，非其专业的人对它们多无兴趣。至于宇宙学史则同时涉及两个学科的一角，有两者的代表性，同时又比较浅显易懂。举一隅（重要的一角）以见一般，总是求知的好办法。

二、宇宙学源流

1. 宇宙学起源的多元性

人类起源也许不能说是多元的，正如地球上的生命起源难说是多元的。然而文化起源至少在互不认同这个意义上说，应该是多元的。宇宙学的起源取决于不同地区的不同的观察条件，初始看法就多有径庭，故必是多元的。李约瑟主张所有东西天文学都源于古巴比伦，文化是从两河流域向东西两方辐射式发展的。这说法难以令人苟同。

上古人民居处褊狭，只占地球上一小片表面，登高不过泰山之巅，望远仅及天海之际，远游也不能辨别大地之球面与平面有别。常人活动都是头朝天脚踏地，这叫生理的各向异性，加上对天高地厚无可奈何的无知，只好认天地为一上一下的至大物。上古各支文化以大地为无穷大、无穷深的凝聚态物体，是理性思考的正常结论。至于神话性或文学化的假想，都置逻辑的完备性于不顾，不能归入学术史之列。然而那种作品因其受群众喜爱而广为流传，真正的学术成果反而难以留存下来。许多科学史著作不作这种辨别，把文学史料与科学史料混为一谈，在分析真正的科学发展进程时当然就糊涂了。

比如古印度人说：大地是由巨象驮在背上的。那请问：这头象又立足何处？如果这头象能驮大地，自非平常之象，既然如此，何必以象为形而不取龟为形？它要吃喝拉撒睡不？如不要，就不是个生命体，又何必取形为象？古印度人聪明好问，难道没讨论过这类问题？这种质问正如屈原的《天问》，那是可以作为上古思维代表的：

> 遂古之初，谁传道之？上下未形，何由考之？……圜则九重，孰营度之？惟兹何功，孰初作之？斡维焉系？天极焉加？八柱何当？东南何亏？……夜光何德，死则又育？厥利维何，而顾菟在腹？

屈原的诗的意思是：要说天有九重，谁又为什么去营造它？要说大地像船一样漂在水上，四角用缆绳拴着，那又拴在哪里呢？要说天有一根大柱子顶着中央，八条边柱分立八方，那这些柱子又立在何处？月亮有什么本事，死去又活来？他为了什么好处，让肚子里装个兔子？

注意“上下未形”，那是指天和地的形成。中国人以天和地为宇宙构成的对等组分，而以“上下”为基本属性。例如“上帝”这个词，在西洋传教士来华以前，它本没有基督教的 God 的含义。屈原用的“上”字，其中含有宇宙结构观念的信息。在这种观念中，人之所居为“下”，与“上”是对偶的，没有大小的差别。中国人的惯用语有“苍天在上”、“上天入地”……汉代字书《说文》有“天，颠也。”颠是人的头部。人的生理特征决定了空间的各向异性，脚总在下接地，头总向上朝天。

屈原《天问》仍然是文学作品，是诗，但屈原却非等闲之辈，他必有所思考。后来唐代柳宗元针对屈原之问作《天对》以答之，虽仍取诗的体裁，却是严肃的学术性讨论了。屈原是看了庙堂壁画而发问，那些壁画内容不能算宇宙学，而屈原之问和柳宗元之对则是宇宙学讨论无疑。

中国汉代文献，如扬雄《法言》，明确记录着两种宇宙学体系，这就是平天说和浑天说（图1-1）。扬雄称平天说为“盖天”。平天说有《周髀》之书，以大地和载有日月星的天穹为一对平行平面，间距比横向尺度小得多，地静而天动，天以北天极为轴作周日旋转；浑天说有张衡的《灵宪》解说，以天为球壳形，有南北两极，每日绕两极之轴转一周，大地则为球内的大圆平面。对它们的详细论述在下几章，这里只说说它们产生的条件。

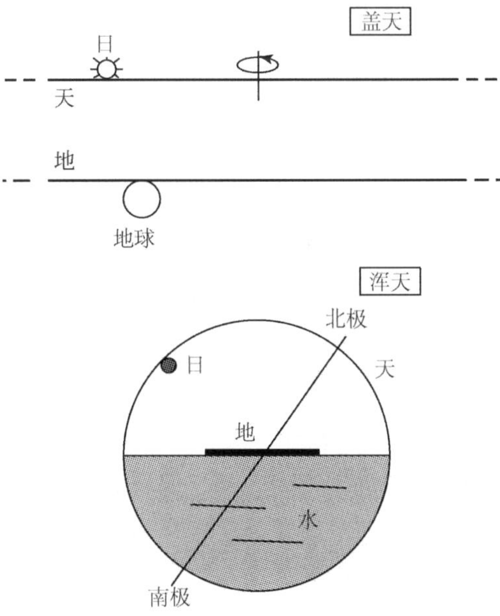

图1-1　盖天（上）和浑天（下）宇宙模型

假如一个古代民族住在赤道附近，当然也有能力走到赤道线两侧相当远的地方去旅游。那么他们观察到的就不会只一个天极，要么就是两个天极都没看清。还有太阳的运行，半年是从北边出来又落回北边，另半年却是南边出南边落了，于是就不能说太阳是绕北极转的。特别是南天较低的恒星，那无疑是绕南极转而不是绕北极转的。在他们那里首先建立的是东和西的方向概念。所以平天说不可能起源于接近赤道的地区。

假如一个古代民族住在北极附近，有能力在夏季走到北极圈里去旅游，但却被南方的炎热气候、密林瘴气和毒蛇猛兽吓住了。他们观察不到南极，却知道昼夜长短的变化，而且这变化是越往北越鲜明，一直到有天不黑甚至日不落的季节。北极诸星高悬在他们的头顶上，他们看到的天体都绕着北极旋转，在冬季的漫漫长夜里更是明显，而南天极则从来不闻不见。所以浑天说很难起源于蒙古及其以北。

然而欧洲古代的腓尼基人则又不同于以上二者。他们住在地中海南岸，长于航海，很早就驾船沿大西洋东岸往来于赤道南北，还得天独厚有大西洋暖流庇护，能北达挪威。他们的观察既不能得出平天说，也得不出以大地为平面的浑天说。因为从南到北看不出恒星间距有变化，而南北天边的恒星高低则随南北明显不同。他们不仅会得出天是球壳的结论，还能断定地是球形，而且地比天小得多。这不是别的，正是中国人历数千年探索还没得到的地心说，而欧洲人却早就掌握了，连愚昧黑暗的基督教统治都没有排除它。如果说西方人能发展出近代科学，是得益于地心说，决不为过——没有地心说就没有修正它的日心说，哥白尼的日心说造成科学革命，乃有开普勒三定律的发现，由此而产生牛顿力学……

我们说的多元化主要指古代宇宙学的起源，这是基于全球各大文明地区的分隔状态形成的。但在一个有较好的交流条件的区域或民族内部，学者们总要择善而从，并能突破局域限制而作创新的思维。若有不同学说和学派的争论，那么也必有互相影响的信息留存。所以作为局域学科史的中国宇宙学史，精心地考察各相异学说/学派的关系是很重要的工作。

西方宇宙学自古就有大大优于中国之处，仅就成熟的地心说而言，就比中国早约二千年。在这件事上，社会的政治经济以至宗教信仰都不是决定性因素。因此，研究中国宇宙学史就不能不以西方为参考样板对照比较地进行①。

2. 现代宇宙学的疑难

20 世纪宇宙学的主角是爱因斯坦和由他开创的广义相对论，这是理论物理学专断的领域。所谓广义相对论就是“引力论”。爱因斯坦把运动相对性原理绝对化，并推广到非惯性的加速运动，认为时间和空间的性质应由物质的运动决

① 科恩．科学革命史．杨爱华等译．北京：军事科学出版社，1992

定。他受马赫对牛顿的绝对时空观念的批判的启示，采用“弯曲”时空的黎曼几何来描述引力场。把引力论应用到大尺度时空，求解宇宙的运动学和动力学问题，从而建立物理的宇宙模型，这就是现代主流派的理论宇宙学。

这种宇宙学以其艰涩的数学著称，专事此业的学者常苦于不能畅快地向非专业公众作出通俗明白而又不失准确性的解说。在广义相对论问世之初流行一种趣话说：全世界只有三个（或十个）人懂得广义相对论。这一状况与“大道易简”的原则不合，特别是与此前的牛顿力学对比，反差太过强烈，这不是什么好兆头。

基础物理理论的易简性观念在中国早起于易学和道经，与毕达哥拉斯的和谐思想大体同时，至今也是以爱因斯坦为代表的理论物理界普遍流行的观念。而物理理论的“易简”与“通俗”几乎是同义语。宇宙学不该是很难通俗化的学问。若与同为现代基本理论的量子力学对比，则可以说量子力学正充满信心地走在通俗化的进程上。量子理论使人困惑的是物质的波粒二象性，然而如果理解此事只是违反西学传统逻辑学，如能承认最基本的物理规定虽不合此种逻辑学也是现实存在，则无须困惑了。

爱因斯坦的科学观不容忍逻辑矛盾，所以他不管有多少实验证据，至死不愿承认量子力学。如果说量子力学表述的微观世界的基本规定不遵守西方逻辑学，那么何以宇观世界就不可能有反逻辑的基本规定呢?

近三四十年流行所谓“大爆炸”宇宙模型。这是从引力论方程式出发，人为地选取适当参数，包括初始条件和边界条件，作数学解算而得的。1917 年爱因斯坦发表开创性论文，算出宇宙是“有限无界”的，是“无始无终”的稳定态。同年，德西特（W. de Sitter）却算出宇宙是不断膨胀着的。选取参数的所谓“适当”，可以意味着能得出理论家自己期望的宇宙模式，也可以是为了与对已有观测资料的凑合一致。例如理论的宇宙空间膨胀说就与观察的河外星系光谱红移似乎相合，但是却有区别星体离散与空间膨胀的逻辑困难。若说宇宙空间有均匀膨胀，逻辑上这膨胀不可经测量而认知，因为尺也要胀。尺无非是个标准距离，它与天体间的距离同为距离。用多普勒效应解释光谱红移是以原子发光波长为不膨胀的尺，所以，那至多是显示星体离散，谈不上是空间膨胀，概念是有区别的。

另一个范例出自伽莫夫（G. Gamov，1904 ~ 1968），他在理论中引入核物理知识，结果能说明现有化学元素丰度，也就是各种元素所占物质总量的百分数。

但同时他还假设宇宙是从极高温度开始，经过降温到现在的状态。这后一点当时没有证据，但他计算得出现在应该已经降到几 K 了。果然，1965 年，彭齐亚斯（A. A. Penzias）和威尔逊（R. W. Wilson）就发现了宇宙中有温度为 3K 的微波背景辐射。

反对大爆炸说大有人在，也大有观测事实在。比如类星体光谱红移，若按多普勒效应解释，那是类星体远离地球上的观测者高速离去的表现。但是 1998 年中国科学技术大学的褚耀泉教授和他的小组发表了他们的观测结果：在赛弗特星系 NGC3516 周围有五个类星体，其角距离很近，且在 NGC3516 短轴两侧对称分布，它们的红移量与离 NGC3516 的角距离有很好的相关性，且与类星体红移量出现的统计高峰一致。这五个类星体的红移相差太大，若以宇宙膨胀解说，则其距离竟达 120 亿光年。这就难说它们会有物理关联，可它们的空间关系如此特殊，又很难否认其物理相关性。于是，红移就该有别的物理原因。一个最直接了当的解释是：那里的原子尺度和电子电荷与地球近处不等。宇宙中星系的光谱红移并非源于那些星系的运动，而是源于其结构演化史。

物理学界有时把原子光谱数据称为“普遍常数”，意思是无论走到哪里，原子光谱数据都是这个样子。这个判断的依据是：基本粒子的质量和电荷为常数，而其间的相互作用定律不变。狄拉克对这种不变性提出了质疑：在宇宙学的大尺度时空上，引力常数 G 可能反比于宇宙时标，以每年千亿分之一的速率变小，电子的电荷可能以每年十万亿分之一的速率增大，而其质量则相应地变小。这么一来，百亿年前的原子就大得很，其光谱则比现在的有很大红移了。若持这种观点就不需要膨胀的假说以及那个“有限无界”。

方励之提出过“多连通”假说，可供说明褚耀泉的类星体。因为有限无界的宇宙时空好像圆圈跑道，发光天体向一切方向发出的光，一支以最近距离顺转直达观测者，而反向逆转的光也可到达观测者，只是有个时间差。这一差几乎相当于宇宙整体尺度的量值，大约是几百亿光年。既然是同一个天体的光，即便差距有宇宙那么大，也还是物理相关的。不过这多连通性的本质是重又肯定宇宙的无限性——既绕了大半圈，以致再加几圈几十圈乃至无穷圈，理论上别无所难，只是从宇宙创生至今绕圈还不到一周。爱因斯坦的宇宙在时间上是无穷的，而相对论的时间也是空间的一个维。多连通或“多绕圈”，实质上每圈的还原已非复归原来的空间了。这实际是个无限的空间，至多不过有某种周期性而已。

可是大爆炸说认为百亿年前宇宙从很小的尺度发生，那尺度比基本粒子还小得多，或简直说就是0。惠勒（J. A. Wheeler）就大力宣传此说。这里有逻辑上的矛盾：首先，能量是多元物体系相互关系和作用的参量，温度是多元物体系能量分配的统计参量。小于基本粒子尺度的宇宙是没有分化的，何谓能量、温度？其次，既然宇宙的这种创生历史是由引力论方程式算出来的，那些方程式又是由时空量（x，y，z，t 之类）和算符组成的，那么在没有任何尺度的时候，这些时空量从何而来？计算又有何意义？同样，如果采纳狄拉克的设想，则在百亿或千亿年前，原子大到宇宙尺度，电场小到近于0，一切物质混而为一。这倒与中国古代宇宙论接近了，那不就是无穷宇宙的混沌未分状态吗？这个问题是科学不能回答的真正的哲学问题。值得现代宇宙学家深入思考。

按理说，宇宙既然是至大无外的存在，是唯一的存在，就不可能谈论什么宇宙的尺度。尺度是个数，而数总是由不同的两个以上的物互相比较的结果的表述。对宇宙来说，不存在这种比较，所以也就无所谓宇宙的尺度。《墨经》已经解决过这个命题。如果一个天体发出的光在宇宙中不受干扰地传播，经历有限的波长数又回到这天体近旁，那也不等于宇宙有限，因为这个天体早已不是原来那个天体，无从认证地点的同一。在时间中变化的不重复性决定空间无限性。光的运行不能回归原出发处，那原出发处已经消失。

进一步，可以运用我们的信息观评价宇宙发生论。现在的人研究宇宙的发生所需的信息何在？宇宙总体自身既然是不断变化的，则任何信息都将随时间减损，以致完全消失。把望远镜看到的最远天体当作终极信息，并不比把天看成球壳更高明。谁能决然否定曾有更遥远的信息，它们已经从我们的视界中永远消失了呢？

如果说现实世界是由历史信息操控决定的，则越是久远之前之外的事物对我们就越没有实际意义。谈论宇宙本身的生灭，如佛家之论，对现实存在着的观察者或研究者意味什么？所谓的“生灭”，也是相对于生灭者之外的存在物而言的事件。宇宙既无其外，也就无生无灭。无生无灭不等于无演化发展。极远天体的光谱红移可以把氢兰线移到3K微波段，那可以说成是该天体以接近光速远离我们而去，也可以说成是它并无大动，只是在它发出这光谱的几百千亿年前，那里的原子还未形成与我们这里一样的状态，所发原即此微波波长。

再说一遍：这是科学不能也不必完全解答的真正的哲学问题！

第二章　远古先秦宇宙观——天地对等

一、远古传说的宇宙观念及武王伐纣时日

1. 早期文明与神话信仰

在人类文明的早期，全社会拥有的知识总量还很少，仅限于那时日常生活所及的具体事物，且仅有浅薄表层的了解。但既谓之知识，则有一定程度抽象化的概念及随时建立这种概念的能力，且有作概念同异比较从而作因果关系判断的能力。例如，从野生植物中辨认可食用的麦籽，进一步知道一粒籽可育成一株麦，又可收获几倍多的麦籽。简单的农业种植包含的知识已超出普通动物的水平，并给人类带来明显利益。而这要靠语言为手段，实行个体认知向外交流，贡献给社会并向后代传授。人和动物一样没有先天的知识，如果说禽兽也有语言和思维的话，则它们的语言和思维中没有抽象概念，不能保存和交流知识。禽兽之群比人类的社会，在发展水平上有质的差别，低一大等，这差别就在人以群体获取知识，这就是文化。可以断定：人类与禽兽分别伊始，必有个体数目相当大的群体，个体之间有很强的互助合作意识和尊老爱幼习惯。体现文化的语言和思维出自社会生活，发源于现实的物质过程，有天然的客观性和理性。

生物的求知欲望和思维能力有自行扩展的内力。这扩展内力既然自为因果，则当然是自体相乘的，因而在忽略其他复杂因素作用仅注意群体关系时，文化的发展特征将表现为：第一，知识的发展速率与群体规模成类似指数式的关系；第二，知识的社会总量随时间增长成类似指数式的关系；第三，制约个体求知进展速率和方向的首要因素是已有知识的水平和质量，而非生活需求和社会规约。

用第一条可以解释人数少而又排外的部落民文化的落后。这种落后不是因为他们的生理素质差，一旦把他们收纳到发达的社会里去，他们就表现不亚于别人的创造力，此之谓“同化”。美国黑人来自非洲原始部落，到现代与白人一样先进，便是明证。

由第二条可以说明近代科技的大发展。这发展带来最近一个时期的生活大变化，在一个人的一生中造成强烈印象。这是古人没有过的体验。

由第三条可以破除“科学服从生产”的谬论。科学是对世界的认识，当然有用于生产，甚至是“第一生产力”。但不必是一切科学成果都可当下就用于生产，有些甚至永远也用不到生产上去。宇宙学中的很多知识，如织女星的直径和温度，就与现实生产相去甚远。但显然，一个社会若无这种科学，则不可谓之文化发达。

由于求知不受约束，崇拜上帝的基督教才能接受人居中心的地心说宇宙学，又由那位虔诚教父哥白尼转换成日心说。不信上帝的中国古代宇宙学者在宇宙结构模型的认识上反而落后于信神的欧洲。主张“宗教与科学不相容”的人不能解释这些历史事实。

然而，求知作为欲望，自然地要超越现实。已有知识总有限界，不能解决一切难题而满足人的求知欲，于是只能以假说作暂代解决。假说是理由不充足的推理。上古之人作假说，可用的概念只在自身和近身事物，因而他们便造出了鬼神的概念。想象中的鬼神是一种具有人的思维和超越人的能力的东西，但不必有人的形体。所谓“事之不可知者，冥冥中有鬼神也”，说的就是不可见的操纵者。鬼神的能力可以超人，但其思维表现无法超人。基督教说上帝有超人的思维，但除了先知和意控两项能力之外，却说不出一件其他表现来。而先知和意控之说，到底仍是人从对自身能力的期望幻想推之而来的，而且并无实证。信上帝者所举例证都可以驳难，之所以如此，是因为上帝本为人类思维所造。

现代科学的假说与上古的鬼神同为假说，只不过现代科学家不再承认具体的物质过程有鬼神的参与，鬼神假说被废除了。然而在宇宙层次上还可以保留一个最大的神——上帝，他可不参与任何具体的物质过程，只对人类科学永远解决不了的事——其中包括个人的精神世界——有解释价值。当然可以不信上帝。这是个信仰问题。

宇宙和时空这些概念，对史前文明的人类智慧已非遥不可及，后文我们将言及中国人的天和地的概念形成的历史。各先进民族在有文字的历史之前的文化中，对宇宙学的根本问题都有神话性的说法。所谓“神话”，是指一种文学性的故事，讲的是超越常人能力的人格化主角的事功。这里所谓“文学性”，是指满足人的某种美学兴趣的品格，它表现于由人创作的用日常语言陈述的故事里。“人格化”的意思是指这些主角有人类的语言和思维。上古宇宙学的神话是一种假说。那种创作之有较高的审美内涵，是因为同时的多个同类创作被社会群体在传承过程中以主观兴趣选择取舍淘汰，只保留了其中最美的，并给予多次加工美化。

各民族文化的初级阶段还有所谓“图腾崇拜”。“图腾”这个词是北美阿尔贡金人的奥季布瓦部族方言 totem 的音译。在中国南方少数民族中，晚近仍有图腾崇拜的遗存，如瑶族拜蛙，彝族拜虎。图腾崇拜未必是普遍现象，比如说黄河流域的汉族先民，以及亚洲和欧洲的古代游牧部落，未必有图腾崇拜。这可以解释为，偏于北方的先民与动物的关系较之南方热带居民更为主动，较少敬畏心理。图腾崇拜妨碍对高级宇宙学的追求，因为被崇拜的对象并不具备普遍影响广大时空的能力，更没有像语言和思维那种类型的高级信息手段。

西方古代宇宙学神话以上帝创世为主，上帝是全知全能无生无死无所不在的，是现实世界的创造者和主宰者。除上帝之外的一切都可以用上帝作解，所以上帝是一个最根本最彻底的信仰。当然，西人达到这种根本彻底的境界也经历了一个很长的过程。古希腊的奥林匹斯诸神，以至犹太教的耶和华，还不是现在的上帝，尚与世间人很相似，远不够纯净化和抽象化。早年的上帝形象有眼有手，如其真是无限地全知全能，那还要眼要手干什么?

中国古代选择了另一种概念作为根本的、彻底的信仰，这就是“自然”。宇宙天地，万事万物，都是自在自为的，不需要一个外于一切的创造者、主宰者。当然，自然中也有最大最强的存在物，这就是天。古人说“天为大物”，其“物”字有动物的含义。上古之人认为这个大物灵明不应低于人类，有精神和思维，至于它是否在道德和智慧上也高于人类，则未见得。《尚书·泰誓上》说:“惟天地万物父母，惟人万物之灵。”那是把人类看作大自然进化或造化的最高成就，所说的“天地”不是神灵，是全宇宙的大自然。《尚书》此文虽可能是晋代的伪作，但这句话所表达的观念则要早得多，而且是对后世有权威性影响的。信仰自然，并不等于没有神话，中国古人也有鬼神概念，只是认为任何鬼神也是自然的，是现实的，所以不是唯一的、不变的，而是有生有死，智能有限的，甚至以为:鬼神本是由人变成的，是“万物之灵”中的极品。

中国有完备学术性的自然信仰的产生比西方的上帝信仰早四五个世纪，从这一点说，中国文化是比西方早熟的。大概可以考定，从最早的文字史料产生之时起，理论也有了。最明确最完备的陈述是《老子》这部书，它的成书年代不晚于公元前3世纪。《老子》书中有一句宇宙学的名言:“人法地，地法天，天法道，道法自然。”那时候最明确地承认鬼神的一家是墨子，稍晚于孔子，其书有“天志”、“明鬼”等篇，但也不把鬼神看作宇宙的终极本根。到战国末期，儒家的大师荀子则明确地论证了万物自然之理，确立了无神论宇宙观。现代流行的学术著作很少说清楚中国的自然信仰是远远超出西方传统文化的高级学术研究成果。很多人仍以为西学最高。

这两种信仰最本质的差异仍是对人类在宇宙中的地位看法不同。信仰上帝，则人是被动的、渺小的、低能的。人永远不能与上帝完全合一，甚至永远有负于上帝。基督教的原罪说认为：人类的产生是始祖亚当、夏娃干了坏事的结果，但所谓坏事，不过是违背上帝之命偷吃智慧果。这是上帝信仰的逻辑的自然结论。

信仰自然，则人与一切存在事物，包括宇宙天地，在概念上是平等的可以较量的。甚至更进一步，若以宇宙结构的本原是元气，则人之死亡或成仙都是回归本原而与宇宙混而为一。中国人的鬼神是可以战胜的，至少可以诅咒。怀抱爱国之情的中国唯物主义者会说，中国先民倾向唯物主义。然而正是此种信仰合乎逻辑地造成了巫术和道教。相反，明末来华传教士看到中国的巫术流行情况，便认定中国人愚昧落后，因为上帝信仰反而排斥一切牛鬼蛇神。好在并非所有中国人都是愚昧落后的，先进的知识分子不迷信，儒家理学比基督教哲学并不落后，只不过在古代中国不限制鬼神信仰和巫术活动而已。如果基督教也像中国那样开放，欧洲的巫术活动怕不闹翻了天。当代西方不是自由的吗？不是就有许多反科学的邪教活动吗？那才是“反动会道门”。而在中国，早自有文字记录的历史之始，巫术就已退居文化生活中的次要地位。“殷人尚鬼”之风被周人否定了。

至于这信仰差异之所生，宇宙学认识应起相当大的作用。西人早知地比天小得不啻沧海一粟，那么存在一个万能而永恒的上帝就是合理的推想。中国人以为天地是一对可以等量齐观的东西。天地之间的距离高度不过十万八万里，万物（生物）和人生于其间。而人为万物之灵，与天地合德，合称“三才”。这就很难设想还有什么能绝对控管人类的像上帝那样的存在。中国人的宇宙学知识不及西人之符合实际，但却不太“使人拘而多畏”。太史公司马谈对作为天文专家的阴阳家作评论，说出了这六个字。他连对人类如此宽松而鼓励的宇宙学也不满意，还要求更大的自由，这是中国古人之所以能奋发创新而无所不为的思想基础。

明末清初，西方传教士来到中国，他们很敏感地抓住了这个信仰的根本差异，但却不能理解两者是平等的信仰，都立足于深厚的、广大的理性文化。于是在这一点上，他们便输给了中国人一筹。性急的教士们连利玛窦的策略性宽容都不接受，企图一刀斩断中国传统，立即改变中国人的信仰，教人们皈依上帝。结果是一场惨败，康熙皇帝赶走了几乎所有来华传教士。他们自命不凡，在文化史观念中持西方中心论，或西方先进论。这也是信仰所致，因为他们认为：不信上帝则罪莫大焉，所以他们相对于中国人是先知先觉，他们是中国人的拯救者。现代的西方中心论或西学先进论的思想根源盖在于此。

求知作为人之天性是遏止不了的。亚当、夏娃犯下的罪行是偷吃智慧果，这一违背上帝旨意的行为是好奇心的表现，而其结果是知识的开发。人以上帝解释一切，唯有上帝不可解。中世纪的教父们为探讨上帝的人“准备好了地狱”（圣·奥古斯丁语），可就在伽利略被逼签字画押保证不再讲日心说的同时，他却在嘟囔着：“地球还是转着的。”科学革命夺得了探索宇宙的自由权，唯上帝信仰不废。科学家们说：“我们由一件件的认识成果去接近上帝。”于是上帝变为与科学相容的了，变得与中国人的自然在概念上差别较小了。科学一旦从神学的桎梏下解放出来，西方那本有的宇宙学优势就开始起作用，很快就出现日心说，发现开普勒定律，由此导向牛顿力学，近代科学的大发展就以势不可挡的力度凯歌前进了。这样的信仰最大限度地消除了以自我为中心的排他性，中西文化合流的障碍不是很大了。然而西方中心论仍以惯性流传着。

这里还得提及第三种信仰——佛教。佛说：一切皆空，形坚力强有声有色的现实世界原是梦幻泡影。在佛的意思中，既无上帝，亦无自然。既然如此，一切思维，一切理性探索，又有何用？可是佛学里却有对思维研讨甚深的“因明学”，此外还有“禅定体悟”的精神修行方法，有“因果轮回”的生命观，有“大慈大悲，普度众生”的伦理准则……一句话，都是“有什么”，不是“无什么”。身在世中而侈谈“无我无人无众生”，于理不通。只要拿笛卡儿那句“我思故我在”以辩之，足令佛学体系“万法皆空”！

禅宗化解理性，从理性不是一切而言，他们是有道理的。大道包括理，却不全是理，在人类还有情，但禅宗又否定情。佛学的最大弱点在于逃避现实。佛教文化中的宇宙学成果罕有可称道者，因为佛家自己对此事并不认真。道家和道教虽稍好于佛教，但也是倾向独善其身，消极对待一般性求知和公益。

2. 远古神话的宇宙观

文学史界说，中国古代缺乏发达的神话。根据这一说法，有人说，因此中国没有好的小说，没有发达的文学。此说有伤民族自尊，就又有人去穷搜苦索，企图从史料里挤出与古希腊可比的神话来。这两种思想都偏了。天道自然的观念使历代知识分子不重视先民的神话，于是史官们就不记或少记了，并不是中国人的想象力薄弱，不会编造神话。《左传》和《史记》的文学成就足够我们引以为傲了。古希腊没有中国式的史官，即便有也没那么大的作用。他们的知识分子在传承神话的过程中倒起了很大作用，使原始的简朴神话变得越来越"神"，而对正史则远不及中国那样重视，那样严肃。

说到古书里的宇宙学神话，最早有《山海经》记了一些。此书据考成书时间在战国后期，后半部则晚到秦汉。《史记·大宛列传》言及此书：

> 太史公曰：《禹本记》言"河出昆仑。昆仑其高二千五百余里，日月所相避隐为光明也。上有醴泉、瑶池。"今自张骞使大夏之后也，穷河源，恶睹本纪所谓昆仑者乎？故言九州山川，《尚书》近之矣。至《禹本纪》、《山海经》所有怪物，余不敢言之也。

太史公所说的那部《禹本纪》唐已失传，而其所言则涉及宇宙模型，属假说而近于神话。若真像司马迁说的，书中讲了一些"怪物"，那当然就是神话了。司马迁遵守严格的史官传统，不谈这种"怪力乱神"。《山海经》传下来了，其中确有很多怪物，如无头人（刑天）、有翅人、狗脸人，奇禽异兽多得很，然而所说绝大部分是形态描述，很少讲故事。读这样的书，应取理解古人的态度，不要瞧不起。顾名思义，《山海经》是讲地理的，从海内讲到海外，直至大荒之地，东西南北无所不言。作者本人不可能全都亲历其境，以那时人的一般文化水平，辗转相传的事，又是平素不见不知的奇闻异事，传到作者，畸变之甚可以想象。首先，书中提到的山川名号与其风物概貌，依稀可辨，大略有之。然后推测其离奇古怪之类可能是由哪种真实事物畸变而成，所得推断往往非常引人入胜。有人甚至推得有关美洲的信息。

《山海经》涉及宇宙学的内容中，大荒东经记日月所出之山六处，大荒西经记日月所入之山六处。这种多元化不会是日、月轨道南北移动所致，因为：一是日月并言，而实际日月行道可分开很远；二是日月道是连续变移的，而此处则仅有六个分离的定所。这说明其原始资料来源不止一处。最有趣的是海内北经和大荒北经两条神话：

> 舜妻登北氏生宵明、烛光，处河大泽，二女之灵能照此所方百里。

……西北海之外，赤水之北，有章尾山。有神人，人面蛇身而赤，直目正乘，其瞑乃晦，其视乃明。不食不寝不息，风雨是谒，是烛九阴。是谓烛龙。

北方的大泽，被认为是贝加尔湖。地近北极，日照甚低而少，冬至前后则夜长以至无昼。故那里的人对光明抱有深切期望情怀。凡所谓“宵明”、“烛光”、“烛龙”之属，可能是他们把冬夜出现的较亮的天体如超新星之类神话化的结果。古以九为多，“九阴”就是一切背阴之处。“照方百里”也是到处都照到的意思。然而凡天体都是小尺度的光源，不可能像白昼青空那样的大面光源到处给光。以小光源而能烛及九阴，只有光源是巡游运动的才行，即对不同位所轮流照耀，而非同时普照。这在北极附近是事实，凡看得见的恒星天体大多永不落入地平线以下，故高耸之物如孤峰者，四面都能被照到。一般生活在中原的人难得体会这种特殊自然景象，偶有探险者深入穷北之地，去去就回，传述所见所闻，那是很能使人惊异的。

流行的夸父追日故事出自《山海经》海外北经：

夸父与日逐走，入日，渴欲得饮，饮于河渭，河渭不足，北饮大泽。未至，道渴而死，弃其杖，化为邓林。

逐走就是赛跑，日在天而人在地，日自行其是，自然是人按日去方向而走，即与日平行而走。在中原从日出到日没不过十几小时，人们不能想象在地上与日逐走。但在近北极处，如白令海峡，夏至日已不落，复北百余里，则有十天日不落。古人不难想象：离北极再近些，健走者可以逐日。实际是，在距北极百里处，只需每小时十几公里的长跑速度，即可令太阳总在最高处。在白令海峡则需每小时千余里。

原文中“入日”一语不可解。日为竞赛对手，双方分居天上地下，何言入日？既已入日，何又饮于河渭？只有如上设想，再以“入”为“八”字之讹，而“八日”是时间，是太阳一低一昂八次，即八个24小时，则原文本为“夸父与日逐走八日……”。连续八天与太阳赛跑，太阳当然不能落到地下去才行。这又反过来证明这是依北极圈内天象编的故事。

夸父故事是神话，其编造人应先有一个天地日月的物理模型，那就是平天模型。其中的天是与地平行的平面，以北极为轴而转。否则无法说明那神话的内容。这种神话不涉及根本信仰，更像是宇宙学家的文学创造。有人说《山海经》可能与战国的邹衍有关，那么这夸父神话也可视为一个佐证。后文我们还要详谈邹衍。

3. 抽象的天地概念的形成

从现存最早的古文献可以探寻天和地这两大宇宙学概念发生的历史。

现在的“天”和“地”虽是最普通的两个字，先儒却未必深知其源流。把“天地”二字结合为词表示宇宙，这是汉语特有的现象。权威的大字典把“天”字的甲骨文和金文摆出来，并引汉儒许慎的《说文》：“天，颠也。至高无上，从一、大。”引近儒王国维的《观堂集林》：“古文天字本象人形”并无异议。然而这是可疑的。许慎不知甲骨文，说天“至高无上”不错，“从一、大”则非。那要拆解为“二”和“人”，而此二组分本来也不是今用的字，“二”不是一二的二，是穹宇之象；“人”不是人类的人，是指向上方的“箭头”（“元”字下半才是人类之人，许慎拆解为一、兀，亦非），古音古义都不是“颠”，整个的字也不是“本象人形”。这些误解妨碍了对古初概念发生和演化的探讨。请看下列各字之例：

图 2-1　古文字的十三个原形

甲骨文造字也有准则，无非一象意、二从简，也有经讹变而定形通用者。若说字象人形，则古“人”字应为标准，然其形较“天”简甚。如言“天”形象人，既属借喻，不当更繁于“人”之本字，为什么实际却更繁？故此“天”非象人形。其上端的小方形是象日或星的。甲骨之“日”一般是圆圈中加一点，在作为一个字的部分（有如楷书的偏旁）时，可简化，先是省去中间的点，进而把圆变为较易刻画的近似方形，更进一步可简化为只是两横。例如“旦”字的甲骨文之一，写法为两方形，上头略小应象星，下边略大应象日，这是日将出而星犹见之象。又如“暮”字，象日在林木之中，其日形即近似方形，且变得很扁，当是半日已没之象。至于“天”字甲骨文则以日或星置于上头，其下似“大”字的部分是表示向上或向下的路径。

“示”字，《说文》：“从二，三垂，日月星也。”说是日、月、星，这不错。

“从二”就不够到位了，其实“二”是古“天”字上头那个方形的简化，就是现代语所谓的“天体”，那才是日、月、星。三垂，先儒解释为表示“天垂象”之意，不错，故当朝下。如此则“天”字下半部当朝上，从它的中心有一竖作“主心骨”来看，有“地天通”的意思。这样的“天”与“示”的内涵有同有异。“天”的含义比较客观些，只是指某一特定的存在物而已。进一步，原初的“天”可能还没有概括为一个包括全面天空的名字，而只是众星的统称。（参见后文讲武王伐纣天象节）

作古文字考释时莫忘了科技史。甲骨文造字者大半就是贞卜者，他们的本职是史官，是管天文历法的。所以他们造字自然会偏向多用其自身所熟悉的知识概念，而且常有超出后人想象的抽象力。后代训诂学者对造字构思的推想多偏于形下，此或拘于其哲学修养。

“正”字，前人惑于其下的“止”字，而甲骨文的“正”下边也确是个“止”，有的上头多一横成“二”。《墨经》传本“正”字形为𤴓，上“二”当为“日”之简化。下一横和“山”后来讹变为“止”。甲骨文的“时”是下“日”上“止”，而甲骨文并不太在乎一字之内各组分的相对位置，那么“正”字岂不与“时”字混了？故此知“正”字的“止”是讹变。隶楷体的𤴓下边的左右尖角在篆文及以前皆应是圆转的弧形，𤴓，如此则甲骨文的“正”字本来是立竿测影之象。这就解通了何以把冬至之月称为“正月”，实乃因此月之确定是以观测午影最短而得，即所谓“日南至”①。

傣族传统历法把正月叫“登景”，二月叫“登甘”②。这汉字词是今人的音译，按古音去读，实则是商周历法的“正景”和“正竿”。从这傣历用闰九月之法判断，它曾受秦始皇历法影响。秦以冬至为十月，以夏历二月为一月，这都被傣人保留了。正是“礼失求诸野”。

周代有“射之中为正”之说，把箭靶（侯）的中心称“正”，其义当取自“参”，即瞄准。

在下文引《史记》所述史前传说，有颛顼帝命“南正重司天，火正黎司地”之语。这也是“正”字的天文学本义之实例。南正和火正是二官名，重和黎是人名。南正管观测日影，即《墨经》所谓：“日中正，南也。”火正可能是管观

---

① 但也可能因“正”是午影测量操作，由此测定季节，而古称季节为“时”，故“正”就是“时”。《尚书》“协时月正日”句中此二字训解当由此考虑。

② 李晓岑，朱霞．科学和技艺的历程——云南民族科技．昆明：云南教育出版社，2001

测恒星，主要是“大火”，即心宿二，由此定时节以命耕作。

至于“地”字，其始出甚晚于“天”字。甲骨文无“地”字，只有“土”字。今传《古文尚书》已定为东晋伪作，无足论者。《今文尚书》也可能因伏胜等人的背诵有误而失真，其中的《虞书》和《夏书》，特别是专讲地理的《禹贡》，竟无“地”字。查今本《周易》卦辞，连坤卦都未用“地”字，《左传》言及的坤卦辞只有“坤为土”。乾卦有“在田”、“在渊”、“在天”，无“在地”。然而今本《周易》却有一个“地”字，在明夷之上六：“不明晦，初登于天，后入于地。”按《开元占经》引陆绩《浑天》文有：“明夷象曰：‘初登于天，后入于地’。”是则陆绩所见《易》的文本中那8个字属于《象》，如此则今本之误或起于朱熹作注的文本。《论语》“天”字有48个，而“地”字仅有3个，且其语境都与天无所关联，更无“天地”合言之文。古典文献中的“皇天后土”、“莫非王土”等文字现象显示，抽象成为对偶关系的天地概念不早于春秋。甚至战国成书的《国语》还保留西周无“地”字的印记。其文有公元前9世纪召公谏厉王说：“防民之口甚于防川……民之有口也，犹土之有山川也……”他不是说“地有山川”。在“天地”这个复合词出现以前并没有“天土”之词，那是因为人们的意识中还没有宇宙学的大地概念，天与土不是同级概念。如果没有与天对应的地，就还没有一个物理结构的宇宙模型，至少到孔子的时候是这样。

《说文》：“地…从土，也声。”则古音读如丫（一说读如他，可能性不大，这不碍下面讨论）；《说文》还有：“也，女阴。”（如此则“丫”字似不应如前人所说，是来自女孩的双髻髪式，而应是篆字“也”的简化）看来这个“地”字是按“天地万物父母”之义造出的。金文的“墜”应读如弟。分析其构形，“土”所占部分很小，左旁为“阝”，即“阜”，义为大陆或山，右边隶变为“彖”，而在金文里却不是“彖”，那是三个方向标识，分指各方。看来这是把狭义的农林业的“土”扩展为广义的大地。推测：“地”和“墜”两个字，大概是同时分别独立造出的。后来人们看它们意义一样，就合并了，取“地”之形，而读“墜”之音。

由造字的年代推测，抽象的大地概念不早于西周，则与地对立的“天”在此前的抽象程度也当低一个等次。此事对思想史的研究应有重要参考价值。《诗·小雅》“正月”篇有：“谓天盖高，不敢不跼；谓地盖厚，不敢不蹐。”之句。此篇还有“赫赫宗周，褒姒灭之”一句，显示为春秋时代之作。其中的“地”明显是宇宙学意义的地。此篇当为史官所作。公元前1世纪的《淮南子》

有篇名“墬形训”。二百余年后的许慎以“地”为“也声”。与许慎同时的张衡作《灵宪》，有“地至质者曰地”之言，那是为前此流行的“地”字作新注解，而他自己在《灵宪》文中使用更广的含义——包括海洋。可见，张衡之前的“地”字含义和读音仍未最后确定。如果这判断可以确认，则于古文献断代及真伪鉴定就很有用处了。比如考训古代祭天的学者，有把宇宙学的天与上帝混淆者。与地对等的天是唯一的高度抽象化空间存在，最为广大高明而至刚至健，它与人格化的上帝（秦祀四帝，汉祀五帝）连配对都不可能。在中国古代，天自为天，帝自为帝，怎可混淆?！要研究的是：祭祀中的天与其他地、日、月有何不同。由祭天表现的古代思维已不可能是原始宗教性的思维。

以《山海经》为例：全书约四万字，“地”字13个，应该全是后人窜入之文。“中山经”末尾一段208字最明显，竟集中用上四个“地”字，先举21 371里、64 056里这样过于精细的五位数，又有“天地之东西二万八千里，南北二万六千里，出水之山者八千里，受水者八千里”。此语多次出现于先秦文献，《尸子》、《管子》所说似仅指王治所及，不含海洋；《吕氏春秋·有始览》则不说“四海之内”而说成“天地”。《山海经》之文的几个数互相抵捂，说明作此一段注文的不止一人。清儒毕沅和郝懿行都认为那不是原文。这段后加的文字如此集中地用“地”字，适足证明全书不用或很少用此字的现象极应重视——那本来是应该用得很多的一个字。

唯“大荒东经”山名“皮母地丘”，“地”若读丫，好似日语。

又如“天圆地方”，《大戴礼记》里曾子说是“四角之不揜也”。如曾子其时宇宙学意义的“地”尚未定型，何来方圆之论？较可能的是，曾子所闻是当时某人自创的最初始的宇宙模型假说，尚未广传就受到曾子的批驳。值得研究的倒是“方”这个概念从何而来。甲骨文有很多“方”字，用为“方国”之义。“方”之初文形义皆近于“比”。大平原上毗邻方国的分划不过是定出一些标识点，再由此引画南北东西线，有如美洲、非洲一些国界、州界那样，结果自然就是“地方如棋局”了。所以，地之为方，在商周时代乃指方国界域，与宇宙模型无关，不然何不说“地方如几（桌子）台”？对《周髀》所说“天圆如张盖，地方如棋局”更合理的解说应是两种平面坐标系——天体方位以极坐标规定，地处方位以直角坐标规定。盖就是伞，其骨架结构形成极坐标的经纬形状；棋局则是分画方格的。

至于《易传》，如“天地设位”之类的语言，则已确具宇宙学含义，说明人们已在思索至大的宇宙了，同时那也是说明其文之作不早于战国的证据。齐思和《中国史探研》认为《孙子兵法》非孙子之作。按《史记》所记，孙子与孔子几乎同时。而其书有“无穷如天地，不竭如江河”之语，从天地二字及句式对仗特征看，皆与《论语》时代的语言相差甚远。

再从史官在造字中的作用，说一说与前文属空间概念的天地不同的时间概念字词。

先说“史”字，先儒释其初文上为“中”而下为“手”。有说是手执笔，非，最早史官用口传史不用笔。其实上头不是“中”，而是一个“口”（甲骨文为ㅂ）加了个中贯的一竖，那表示的是述事而贯通古今。“中”的原型是圆圈加竖，圆圈像日，而ㅂ则有上翘的两尖角。下边的手表示职司。古人一般把主管官员称作“有司”，这个“有”是从“又”变来的，其上为“又”下为“月”。而“又”的古文就是手，所以“有司”的“有”是“经手”、“主管”的意思。至于“有”字下边的“月”，初文像带骨之肉，今俗称“月肉”，也就是动物被杀后去了头、蹄、内脏。其意当指：这动物是以前存活过的。故“有”字原初本指过去之事，如称“有虞”、“有夏”、“有周”，皆指前代为言。类似的“然”字，古用月肉和“犬”组成，也是既成事实之义。“无”字的隶楷繁体“無”比甲骨文更明白，其上顶原本或为人字形覆盖物，或像带檐的屋顶，中为纵横交织的多物之象，而最下四点则模糊虚渺得多，不是火。这表示潜隐的未来。

“古”字，本来那上头不是“十”字，而是一竖中部稍粗如骨突状，下为“口”。意指口述上代之事。“事”字初文与“史”同，事为过程，即史。讲说古事（古史）是史官的职责。

更有意思的是“始”字，其初文为“台”，读如怡或私。它的下边也是口。而上头是“私”字的初文“厶”，或“自”的简化初文，在古字𠃋像鼻，意为自我。“台”就是“从我说起的事（史）”，再具体化就是“现在”、“马上”，如《尚书》的汤誓、盘庚、高宗肜日、西伯戡黎四篇都有“其如台”之语，意谓“今后要怎么办?”或更口语化为“咋办?”“咋”是“作何”的合音，而历代经师训“台”为“何”则非。因而“始”字的古初含义是“未来事变的发端，过去事实的结尾”。求证于《墨经》:“始，当时也。”即是此义。台又通“以”，篆文形象也一样，“以”又通“已”，已用于开始和终结。篆文“已”是倒写的厶。古文“以”多用为“起始”之义，如“秦汉以降”、“自此以往”。今人常用的“所以”一词本含时空二义，“所”是空间定位，“以”是时间起点，二字组合成词则表示因果关系。

4. 伶州鸠的伐殷天象、分野、律数

据说《国语》的作者就是《左传》的作者左丘明。此说虽难确认，但其成书最可能是先秦儒家之作，可算是中国最早的较为可靠的史书之一。其中记有伶州鸠对周景王问律之言，“律”是吹管乐器，有定音标准的功能。此文是近年研究夏商周断代的重要天文资料，但自汉代学者刘歆首次解说以来，二千年的史学未能明确解读其关键词，特别是误解了本指水星的“辰”，而以“星”为水星，致使全文不通①。

我们先说说夏历和岁差。夏历不是夏代的历法，考古学的夏代是龙山文化或二里头文化，还没有文字。夏历是东周初期晋人之作，晋为夏墟，故称“夏历”。夏历与中原其他古历的共同点是阴阳合历，以月亮圆缺周期为一个月，以太阳在正午的高低周期为一年。一年比 12 个月多 11 天，为了保持月份编序数与季候基本一致，就要隔一两年加一个闰月，19 年加 7 个闰月，闰月的编序数与上月相同。但是到底哪个月后加闰，直到秦朝还没有确定。周王朝的历法把冬至月定为正月，夏历把冬至月定为 11 月。

现代岁差概念是指赤道在恒星背景上的移动。太阳在恒星背景上的运动，从北半球的白昼看，是沿着黄道从西向东一年转一圈，约每 72 年春分点在黄道上向西移动退行 1 度。晋代的虞喜发现岁差，比欧洲的依巴谷晚 500 年，在这以前都以为一年四季昏后的恒星以与太阳一样的周期变化。所以汉朝人不可能编造出周武王时期每月的天象。严格说是明朝以前都不会，因为中国人原来误以为岁差是黄道在恒星背景上移动而赤道不动。直到明末传教士来华，才知道不是黄道动，而是赤道动。

图 2-2 表示岁差，图中黄道是个正圆，等分为 12 个区间，称为十二次，如玄枵、星纪、析木……黄道周围分布廿八宿。赤道在此图上不是正圆（在球面星图上是与黄道一样大的正圆），但很接近正圆，它以黄极为中心逆时针旋转，每 72 年转 1 度。赤道与黄道相交的两点是春秋分点，正在黄道的一条直径的两端，与这直径垂直的直径两端是二至点。图 2-3 是图 2-2 下部约三分之一的细致化放大。

---

① 江晓原，钮卫星.《国语》所载武王伐纣天象及其年代与日程. 自然科学史研究，1999(4)，该文断定的年代是对的，但对“鹑火”、“辰”、“星”三个天文名词的训诂则沿袭刘歆的错误，故未能说服学术界。

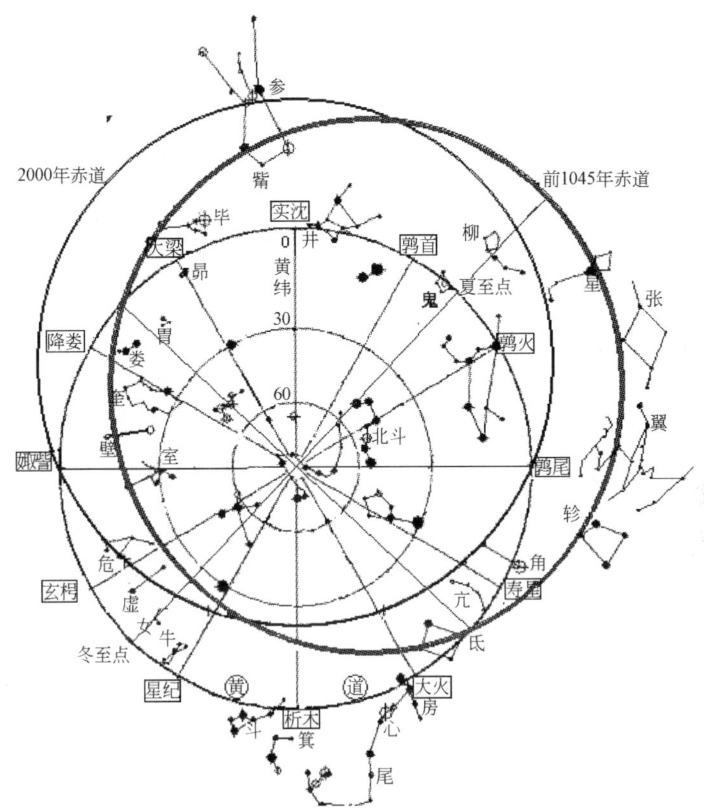

图 2-2 黄道十二次廿八宿平射极图

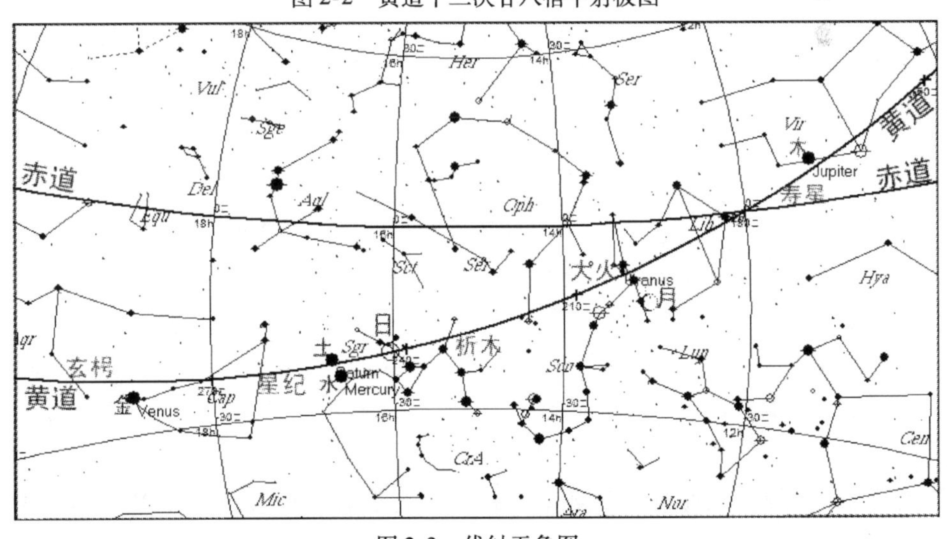

图 2-3 伐纣天象图

（观测地 西安，儒略日 1 340 073. 5）

《国语》原文所记是公元前522年周景王问伶州鸠的对话：

“七律者何?”对曰：

> 昔武王伐殷，岁在鹑火，月在天驷，日在析木之津，辰在斗柄，星在天鼋。星与日辰之位皆在北维，颛顼之所建也，帝喾受之。我姬氏出自天鼋。及析木者有建星及牵牛焉，则我皇妣大姜之侄伯陵之后逄公之所凭神也。岁之所在则我有周之分野也。月之所在辰马农祥也，我太祖后稷之所经纬也。王欲合是五位三所而用之，自鹑及驷七列也，南北之揆七同也。凡神人以数合之以声昭之。数合声和然后可同也。故以七同其数，而以律和其声，于是乎有七律。
>
> 王以二月癸亥夜陈，未毕而雨，以夷则之上宫毕之，当辰，辰在戌上，故长夷则之上宫，名之曰羽，所以藩屏民则也。王以黄钟之下宫布戎于牧之野，故谓之厉，所以厉六师也。以大蔟之下宫布令于商，昭显文德底纣之多罪，故谓之宣，所以宣三王之德也。反及嬴内，以无射之上宫布宪施舍于百姓，故谓之嬴，乱所以优柔容民也。

此文歧解甚多，故不作今译，而作考据如下。

天体名不可迳以后世之文为解。当时只早二百年，许多专门学名可能就还没有问世。鹑火是十二次之一，但武王时应未立十二次。下文第三节将说到，若《尚书》尧典、四仲之文只是春秋之作，也只有“鸟”，可能对应鹑火天区。那么伶州鸠所说的“鹑火”是什么？那应该是“鹑”和“火”两星象名的连举，其下文“自鹑及驷”就是单举“鹑”与“驷”的。所以，“岁在鹑火”是说：木星的位置在鹑和火之间的天区里。本是角宿之旁，属“寿星”之次，不说“岁在角旁”且最先述之，是因为自鹑至火的天区是“有周之分野”。

文中不用“寿星”这个次之名；“天鼋”按后人之解就是十二次之一的“玄枵”，这里却不叫“玄枵”；“析木”是十二次之一名，而此处不说“析木之次”而曰“析木之津”。这都是由于没有“次”的概念。“析木之津”正是民间流行的很形象化的朴实名称，指天河的西岸，原非史官雅奥之作。“天驷”是房星，没有问题。

“辰在斗柄”，问题就大了。历来按《左传》说，解此“辰”为日月之会，非。从“星与日辰之位”以“日”与“辰”并列为言，也不该是以辰为日月之会。若这样讲，句式也怪。若以“辰”作动词，则当言“日月之辰”，而非“日辰”。且既有日月位所，没有提会合位所的需要。解“斗柄”为北斗之柄更无理，实际上那是指水星在南斗柄的位置。

之所以长期坚持谬说而不悟，是因死守刘歆之解，把“星在天黿”的“星”解为水星。其实，“辰”才是水星，而“星”是金星。古称水星为“辰”是天文学家的常识，称金星为“星”虽是本书首创之说，然而训“星”为水星则毫无根据。

郭沫若《甲骨文字研究》的说法有理，“辰”的初文与“蜃”相关，上古用大蛤蛎壳作农具，其字右下象耕作之农夫，手执蛤蜊壳。“農（农）”字本来是“莀”或“蕽”。几个与农事相关的字都用“辰”为偏旁。水星仅出现于昏旦地平线上，正如勤于田事的农夫。“辰星”取名的含义就是“农夫星”。

“星”字金文，上为内含一点的圆圈，像明大天体；下为一棵树，立在由一横表示的平地上，强调不是山上的树，不很高，又不像水星之很低，而这正是金星及其方位特征。

用这两个字称呼行星，可资证明其文之古，且未经转变。只是辰不在南斗柄，差了十几度。实际是水星距日太近，已四十多日不见，仅由推测说在斗柄处，误差大但不算错误。这里要问：“星”既为专名，何为共名？众星没有共名，加个“天”字等于共名。“天黿”、“天驷”直译今语即“黿星”、“驷星”。后来，“星”字先推广到五纬，行星总称“五星”，木星叫“岁星”。到春秋时再推广到恒星，以别于日月[1]。

这样，我们看到：在这段文字中，伶州鸠很清晰地陈述了一幅实际天象的图景，没有哪个字是不能解释的。用现代计算机逆推，这幅天象图出现在公元前1045年冬至前27天。由于月行每日十三四度，相当快，而天驷之位又是很窄的，故而这幅天象所对应的时间只在一日之内，那就是周师出发的丁亥日，越36日为“二月癸亥”，应该是周历的二月初三，相当于夏历的十二月初三。次日“二月甲子”应为初四。《尚书·武成篇》：“粤若来三月既死霸，粤五日甲子，咸刘

① 按，语言发展的早幼期，大凡同类事物呼名皆同。然后渐有音调微差，或加前后缀，以资区别。可以猜测，星之为名，参、心、星等并为音近，于无文字时本不分别。甲骨文的像品字形的三个小圈应即是除日、月以外的星。“参”字是在它下边加了部件。大火之为“心”，可能也是从那个甲骨的“品（星）”字转化的。这种转化，到春秋中期应已完成。转化中要保留一两个作为共名，如星、辰。《论语》：“为政以德，譬如北辰，居其所而众星拱之。”则其星、辰二字俱已泛化为共名了。《左传》“日月之会为辰”之说，本源应是用月末残月晨出东方为象，是月与日会之前的可见方位如辰星（水星）。顺及“歴”字，甲骨文形，上为二“星”字而缺底横和圆圈中的一点，为，下为“止”，就是走步。

商王纣。”说“三月”显然错了，“既死霸”若等于初一，那就早了一天，故以训“既死霸”为晦才是。那时的晦朔定不准，差一两天是常事。这一天发生牧野之战，是正式的灭商之日，属儒略历公元前1044年1月9日。甲子前10天周历正月甲寅是冬至（注意，若以公元1年之前1年为BC 0年，则1044变成1043）。

仔细分析刘歆的思路很有趣。他的有关著作《世经》记在《汉书·律历志》。他用很简单的方法推算伐纣年月日，在西学东传之前，其理看似十分圆满。

他认定隐公元年上距伐纣四百岁。这很幼稚，似乎《春秋》作者对伐纣纪年很有把握。他再引用《左传》厘（僖）公“五年春王正月辛亥朔日南至”，这个冬至日在儒略历是公元前724年，可能还辅以“隐公三年二月己巳日有食之”。回归年用365+1/4日，朔望月用29+43/81日，倒推近距的隐公元年冬至和正月朔日干支，再上推整数400年，即146 100日，则冬至日的干支不变。他得出的结论是：儒略历之公元前1124年，冬至为周历正月己未，正当晦日，次日庚申为二月朔。二月、初五、甲子，这三个数据被他对上了。

刘歆的错误有三。一是他的木星周期差很远，在前1124年冬至远非鹑火之位；二是他必须说“析木之津”并不是银河岸边，而是河心，“合辰在斗前一度，斗柄也”，这是辛卯下一次日月之会。然而伶州鸠说的“辰在斗柄”，不管是否日、月之会，却是与“月在天驷”同时，而非下月。三是他不知有岁差。伐纣之年冬至实在女宿，而他以为是自己当时的斗廿一度，差14度多。这给他口实去解说《武成》的“三月甲子”，却是越抹越脏。此事还需慢慢说来。

刘歆引录的典籍有《周书武成篇》、《书序》、《传》等。《传》或《外传》显然一是《左传》，再是《国语》伶州鸠之语。《武成》是《古文尚书》篇名，属于《周书》诸篇之一。其《书序》应是《逸周书》序篇语，与今传本阙佚部分的上下文语气贯通。今传《武成》为晋梅赜伪造，早有清初阎若璩《古文尚书疏证》以精严考据定论。但今传《逸周书》也被称为《周书》，其中有关武王伐纣之篇却名为“世俘”。《古文尚书》在汉末已经失传，后人都把刘歆的引录视为真《武成》，而“世俘”之文则与此多有相同。前儒多主张《逸周书》本属《尚书·周书》，但被晋人篡改过。这看法大概是对的。然而：

“武成篇曰：粤若来三月，既死霸，粤五日甲子，咸刘商王纣。”

这里为什么是“三月”？今传本《逸周书》相应文字是“越若来二月，既死霸，越五日甲子朝至接于商，则咸刘商王纣。”刘歆算的本来也是二月，早于刘歆一个世纪的《史记·周纪》也说是“二月甲子昧爽，武王朝至于商郊牧野”，我们现在算得的也是二月。

刘歆对此做了解释：“是岁也，闰余十八，正大寒中，在周二月己丑晦。明日闰月庚寅朔。”他是说：正月末冬至，下月大寒是中气，已经在晦。所以再下月没有中气，应该是闰二月。因此三月便又有个甲子日。然而伐纣当时没有二十四气制度，也没有中气概念，那都是秦汉之际才建立的历法（见下文）。武王时代若有闰月法，也是闰在岁末，不闰二月。按他这么说，从月在天驷到甲子克商97天，多一个干支周期60天，整个战事持续近百日。而辰在斗柄则在克商前67天，记述显得太无条理。

刘歆何以必为“三月甲子”费劲？从纪日而言本不必管它。有一种理由，就是他所见文本的确是“三”；还有《世俘》文本中四月的一串干支纪日，只能据三月甲子排序。

据此推测，应是刘歆所见文本有错。古文“三”是三横，“四”是四横。出错只在这两个字，不知是哪个，以任何原因多了或少了一横。刘歆之前的抄录人是否根据自己的推理改动过，也不得而知。譬如有一种可能：先是《世俘》把“三月”错成“亖月”，而刘歆所见《武成》则把“二月”改成“三月”去凑和。如此则现传文本中的“四月”实为“三月”。

刘歆不回避这三大漏洞，所以不是造伪。

阎若璩《古文尚书疏证·第五》折服于刘歆的推算，暴露了自己缺乏天文历法知识。清初天文家知道精确回归年和岁差数，应能揭露刘歆的失误。

我们的结论与西周青铜器利簋的铭文“岁鼎克昏”也符合一致，牧野之战日清晨5点种，天还没亮，木星正在天顶。《荀子·儒效》所说“武王之诛纣也，行之日以兵忌，东面而迎太岁”也完全符合实际。木星距日约5小时，冬至前一月早晨四点钟，确实是在正东方。金星夕见在虚。

“星与日、辰之位皆在北维”这说的是太阳和一前一后的两个内行星，三个天体平等排列并举，都在斗牛女虚之间。认识到太阳与别的星体一样，也处于周天星宿之间，这标志着天文学超越直观已达一定水平。把赤道周天划分四维并各命为东西南北，不知源起何时，这是后来精密分度的前奏。中经十二次的建立，再过渡到每日一度，这是个逐步渐进的过程。天上的四维以及分野等概念的发生，表明人们已经发明一种理论处理方法：站在旋运的天穹上而认其为静止。这是导致现代物理学相对运动坐标概念的初始思维。

《国语·晋语》记有前644年公子重耳在流亡路上求食，“野人举凷（读音如块，指装土的筐）以与之”，子犯说这是好兆头，是“获土”，要大家记住：“岁在寿星及鹑尾，其有此土乎”。十二年后重耳过黄河回晋，问对记录中说到岁在大梁、实沈、大火等次，表明伐纣之后400年已有十二次名（这要假定此文不是《左传》作者虚构）。

伶州鸠语又是占星术在最早的天文学实录中的体现。

说这个天区是颛顼、帝喾占领的，以及“姬氏出自天鼋……”云云，这是后世流行很久的所谓“分野”的概念。“辰马”即天驷，是耕田之马；“农祥”是农事保护神。原话可读作：辰马者农祥也。周人是农业民族，重视辰星，且多言农业。这应是合理解释。

“五位三所”：木星、月亮、水星、太阳和金星五个天体几乎是等距排列的，是为五位；“三所”是指日、月、岁三者所在分野——颛顼、姬氏、大姜（炎帝之姓）为“星与日、辰”之所；后稷的天驷为月之所；周室先祖的分野则为“岁之所在”。这三所分属：北维斗牛女虚区、东维房心尾箕区和南维与东维交界的翼轸角亢区，从图上看几乎是等距的。

中国古人的分野概念是把星空分割为地上各族群的占领区，这意味着他们心目中的天是与大地可以相比的空间。

“七列”的“列”是田间阡陌。由五个天体分出六片区域，加上两个边线，共七条界线；但也可能是五个天体加上鹑和火的标志星，由它们引向北天极的线。七列“自鹑及驷”由小变大。注意是“及”不是“至”，是顺着由鹑及驷的次序数过去，不是到驷为止。

“南北之揆”，“揆”初文即是“癸”，其甲骨文✕形为交叉的两把尺，故“揆”是度量。所揆的是天上的七列，“南北”当然也是天之南北。此当指自天北极到这七个天体的度量，也就是赤纬上的数，与七个律管长度成比例，是之谓其数齐同。有度量和数是成熟科学的标志。

在天者为“神”，在地者为“人”，其数既合，则可以音阶的高低表现。数与声都合而和，才能做到神与人一心一德，此之谓同。“同数和声”而有七律，这明明是讲七律的来源。

中国古代把音律看作自然之本，而现代人却一直不知其理由。古文献言律数最早者有：

《尚书·虞书》协时月正日，同律度量衡。

《史记·律书》王者制事立法，物度轨则，壹禀于六律，六律为万事根本焉。其于兵械尤所重。故云“望敌知吉凶，闻声效胜负”百王不易之道也。武王伐纣，吹律听声，推孟春以至于季冬，杀气相并，而音尚宫。同声相从，物之自然，何足怪哉。……在旋玑玉衡以齐七政，即天地二十八宿、十母、十二子，钟律调自上古，建律运历造日度，可据而度也。

《周髀》冬至夏至观律之数，听钟之音。

《汉书·律历志》都分天部，而闳运算转历，其法以律起历……

《史记》分立“律”与“历”为八书之二，而《汉书》则合成“律历志”为一篇，历代正史引为常例。古人是如何把律的概念与历、数和度量衡联系在一起的？这需要科技训诂学的处理。

《史记·律书》显然是伶州鸠传述之言的继承，是以牧野之战为历史根据而发挥的。

在上引《国语》那段问七律之前还有一段文字，开头是“王（周景王）将铸无射，问律于伶州鸠”，伶州鸠对之以“六中六间”，列举了十二律之名，是完备的。既有十二律，那七律又是指什么？对此只有推测：可能是指一部乐曲的七声音阶。从“王（周武王）以二月癸亥夜陈”（陈就是陈兵列阵）以下一段，说的是武王如何实行声律之和，七律的列举也不完备，数下来也只有四件。这里似乎没有后来的完备的五声之名——宫、商、角、徵、羽。文中的“羽”与“厉、宣、嬴”并列，也许不是五声之羽；“上宫”、“下宫”也不是后来通行常用的名词。只是再前的一段说到五声，却只有宫、羽、角，而无商和徵。他说：金尚羽，石尚角，瓦丝尚宫，匏竹尚议，革木一声。

并举的是五项，先有羽、角、宫，后两项则是别的，既非五声，也不是八音金石丝竹之类。

周武王时代测量天度的方法只有立竿测影。即以竿头为投影中心，把天体投影到地平面上，测量竿影长度。影长随天体升降而变，只取正中天的影长为该天体的特征数。日月五星都靠近黄道。实际测量七列最方便的是各对应黄经的太阳午影，也就是相应季节的太阳午影。竿影长度比还不是到天北极的距离比，按平天说要再加上天北极的影长才与七列成比例。

五音之名“宫、商、角、徵、羽”与伐纣的七列有对应关系。商为大火，即心宿二；角为角宿；羽应是鹨，即《尚书·尧典》所谓“日中星鸟”之鸟。至于宫，当与室宿对应。《诗·墉风》“定之方中，作于楚宫”，定即营室，是廿八宿的室宿，是则宫之名源于室宿。“徵”（读音如止）之名没有找到明显的考据来源，或为“轸”的音转？

《史记·律书》说出五音的数字关系，是按三分损益规则，再按大小重整顺序，即宫81、商72、角64、徵54、羽48。这个大小顺序与伐纣天象的七列一致。五音名的起源在武王伐纣无疑。尚有缺欠而需完善正是起源的特征。五音之数可能取自八节的测影近似值，二至两个，二分一个，四立两个。这种数据与地理纬度有关。若以冬至为宫，夏至为羽，二分为角，最接近此数的是北纬30°。

二、阴阳家与平天说

有史以来最早有案可查的宇宙学家是邹衍（约公元前340 ~ 前260年）而近代知名学者却仅以“阴阳”之名蔑视他。在他之前可以找出一些天文历法星占学者的名字，一是资料甚少以至仅存其名，二是所涉谈不上多少宇宙学。但那些毕竟是与宇宙学史不可分的，不能不提到。下引司马迁《史记·历书》有关史料（对古文无兴趣的读者不妨跳过原文和词注去直接读今译。本书所有古文如有今译也都可以略过原文）：

> 黄帝考定星历，建立五行，起消息，正闰余，于是有天地神祇物类之官，是谓五官，各司其序不相乱也。民是以能有信，神是以能有明德，民神异业，敬而不渎，故神降之嘉生，民以物享，灾祸不生，所求不匮。少暤氏之衰也，九黎乱德，民神杂扰，不可放物，祸灾荐至，莫尽其气。颛顼受之，乃命南正重司天以属神，命火正黎司地以属民，使复旧常，无相侵渎。其后三苗服九黎之德，故二官咸废所职，而闰余乖次，孟陬殄灭，摄提无纪，历数失序。尧复重黎之后，不忘旧者，使复典之，而立羲和之官，明时正度，则阴阳调，风雨节，茂气至，民无夭疫。年耆禅舜，申戒文祖云：“天之历数在尔躬！”舜亦以命禹。由是观之，王者所重也。……幽厉之后，周室微，陪臣执政。史不记时，君不告朔。故畴人子弟分散，或在诸夏，或在夷狄，是以其讥祥废而不统。……其后战国并争，在于强国禽敌、救急解纷而已，岂遑念斯哉！

是时独有邹衍，明于五德之传，而散消息之分，以显诸侯。而亦因秦灭六国，兵戎极烦，又升至尊之日浅，未暇遑也。而亦颇推五胜，而自以为获水德之瑞。更名河曰德水，而正以十月，色尚黑。然历度闰余，未能睹其真也。

［词注］①五行，从下文以及司马迁父子的阴阳家身份看，应即是与五德相连的五行。②消息，历家术语，数减为消，增为息。见⑨条。③闰余，由于年与月周期比值是非整数关系，历家为了调整月序之数与季节对应不乱，先定每年十二月，再把其余不足一月之日数凑得整月后，以闰月形式安插在适当年份。一年除掉十二月剩余的日数即闰余。④孟陬，即正月。⑤摄提，星名。⑥告朔，春秋时代还不会由观测的常数推算朔望时日，只凭每天观测公布朔日到了，是为告朔。告朔是中央王朝的特权，除鲁君外其他公侯以下无告朔权。鲁是周公的封国，周公本可做天子，他不做，而鲁得特殊。⑦畴人，历算星占为特殊职业，上古以父子世袭，特称畴人。⑧五德，实始创于邹衍的概念，以五行之一为某特定事物之德，尤以王朝之德关系重大，诸事诸物应使顺其德，则百事吉。⑨消息分，消为减少降低，息为加多升高，分是部分。“消息分”是古代历学的行业语言，各家定义虽不尽一致，但不外指称某一天文量的变率数值。在无分析的函数式时，以数表开列各年、月、日实测变量的散布数值，就叫“散消息之分”，实相当于现代数学之差分。

今译：

黄帝研究并制定了以天文为本的历法，创设了五行概念，由时日数之加减调整闰余。依此配备分管天地神祇和各类动物的官员，是为五官，各自保证秩序，互不扰乱。人民交往因而能作规约（社会契约），神的行为因而能合道理（自然法规），人与神分工不同，相敬重而不相触犯。所以，神给人丰美的产品，人供神肥硕的牲畜（祀享）。灾祸不生，需求不乏。

到少皞氏衰败了，九黎破坏了正当规矩，民神杂扰，动物们也不安稳，灾祸连绵，一切事物都不得按气的流行而舒畅发挥。颛顼接管，任命南正重管天事以署理神祇，任命北正黎管地事以署理人民，恢复了以前的正常状态，不再互相侵犯。

其后，三苗又奉行九黎的做法，致使天地二官都放弃了职责，闰余次序乱了，月份也不要了，星宿运行也没人管了，历数全乱了套。到尧才又启用重和黎的后人，旧事重提，叫他们管起来，建立了羲和之官。时节明析，星度准确，则阴阳调和，风雨适度，丰收之气生发而至，人民没有疾疫夭亡。尧到晚年让位给舜，告诫文祖（舜）说："天的历数承担在你身上！"舜也同样要求禹。由此看来，这是王者们很重视的事。……

周幽王和周厉王之后，周王室衰微了，陪臣执政，史官不记时，君王不告朔。于是星历世家子弟散了伙，有的去了各诸侯国，有的去了外族异邦，所以天文的吉凶就没人管了……其后战国纷争，只关心强兵取胜，救急解难，哪顾得上这些！

独有邹衍，阐明了五德概念，正确分配各项加减数据，由此知名于诸侯。可是又由于秦灭六国，兵戎极烦，加上当皇帝的时间短，没来得及办理。但秦也很重视五德之说，自以为获水德之瑞，把黄河改名为德水，以十月为正月，色以黑为上。然而历度闰余方面还看不出有何精度。

对司马迁的这段话，用现代史学考据的科学眼光看，幽、厉以前的事是缺少根据的。黄帝考定星历，绝无其事。受史家重视的倒是其中关于神的内容。其文取材于《国语·楚语》，这里说的神，似乎是受黄帝、颛顼等人间帝王节制的（《封神榜》视神低于仙，应属此观念传统）。神、人、物三者在这一点上是平位的。注意，"物"在这里是用其原始字义，即动物，否则文义难通，上列的今译取此训义乃得文理通达。由此可见，中国上古的神只是个高级生命形态的概念。把动物与神和人并列，原因之一可能是上古的游牧生活。司马迁是说："他们与人和动物不同，是与天地关联的，有的是住在天上。在历法混乱时，神与人和动物就要混杂干扰。"他这逻辑似乎是：三者生活运作的秩序被弄乱了，神不能在天上安居乐业，会到人世间胡闹。

《国语·楚语》文中对这人神关系说得更清楚。楚昭王问于史官观射父（下面已译为今文）：

《周书》所说"重黎实使天地不通"是怎么回事？如其不然，人就能登天吗？

这里说的《周书》当是《尚书·吕刑》，其中所述的是周穆王时的议论，但从"地"字的使用情态看，其成书时代不会比《国语》早很多，所以《国语》的作者才会说出下述非神话的解说之辞。

观射父回答大意是说：

不是！古代人与神不相混杂。人中有特别精明正义的，神会降附在他（她）身上，男为“觋（读音如席）”女为“巫”，他们就能把祭神的事办得有条不紊。九黎时代搞乱了套，人人都做起巫史的事，祭祀活动泛滥得大家受不了，这才有颛顼的整顿，恢复旧制。这叫“绝地天通”。经过尧和夏、商到周，重黎的后人程伯休父在周宣王时失其官守，而为司马氏。他们为了神化他们的祖先，就对百姓说：“重上了天，黎下了地，所以天下大乱就没人能管了。”其实不是这样。天地既已形成了就不会变，哪有相通相连那回事！

观射父还有一句话，他答王之问祭品“何其小也?”说：“神是以精明临民的。”也就是说神只是象征性的存在。这是公元前500年前后的事。那时候的史官已很接近无神论了。孔子也在差不多的时间说过：“祭神如神在”的话。所以此种观念已相当普遍。

司马迁言及汉以前的历家，除去荒渺难求的重和黎等，“独有邹衍”。邹衍是阴阳家，按司马谈《论六家要旨》的六家排序，阴阳家居首。“阴阳家”之名当来自其天文历法的职业。天文所涉对象主要是太阳和月亮，月为阴，日为阳。历法则涉及昼夜寒暑，白昼春夏为阳，黑夜秋冬为阴。所用“阴阳”一词尚局限于天文历法，不是很形上化。到《易传》才广其义为高级形上性范畴概念。

司马谈的评论首推道家，次而重儒。司马迁本人的看法，从其他方面表现来看，总体上说，还是尊儒的。但他的父亲和祖辈是畴人，程伯休父是他家先祖，名见《诗·大雅》“常武”篇。他是畴人子弟出身，是阴阳家，与邹衍是同行。说邹衍原为儒生也可，他选了一个在儒业中较专门的学术领域独求发展，取得了巨大成就。按说，孔子也算个史家，历算是史家分内事，他教授的《春秋》便多涉历法，详记日食。他的六艺有“数”，那也可能含历算。北宋大儒邵雍专搞宇宙学，其方法也是以数为主。司马迁《史记·孟子荀卿列传》把邹衍的事迹插在孟子传的中间叙述，用于邹衍的字数几近用于孟子的两倍。这无疑是把邹衍当作儒家，而又特别加重的安排方式，意味深长而又特别。司马迁可能会有一种考虑：若把邹衍单独列传，会给人以类似于一般术士日者的印象，那就降低了档次。

《史记》述邹衍之文如下：

> 邹衍后孟子。邹衍睹有国者益淫逸，不能尚德若大雅整之于身施及

黎庶矣。乃深观阴阳消息，而作《怪迂之变》、《终始》、《太圣》之篇十余万言。其语闳大，不经，必先验小物，推而大之至于无垠。先序今，以上至黄帝，学者所共术，大并世盛衰，因载其禨祥度制，推而远之，至天地未生，窈冥不可考而原也。先列中国名山大川通谷禽兽，水土所殖，物类所珍，因而推之及海外，人之所不能睹。称引天地剖判以来五德转移，治各有宜，而符应若兹。以为儒者所谓中国者，于天下乃八十一分居其一耳。中国名曰"赤县神州"，赤县神州内自有九州，禹之序九州是也，不得为州数。中国外如赤县神州者九，乃所谓九州也。于是有稗海环之，人民禽兽莫能相通者，如一区中者，乃为一州。如此者九，乃有大瀛海环其外，天地之际焉。其术皆此类也。然要其归，必止乎仁义节俭，君臣上下六亲之施，始也滥耳。王公大人初见其术，惧然顾化，其后不能行之。是以邹子重于齐；适梁，梁惠王郊迎，执宾主之礼；适赵，平原君侧行敝席；如燕，昭王拥彗先驱，请列弟子之座而受业，筑碣石宫，身亲往师之。作《主运》。其游诸侯见尊礼如此，岂与仲尼菜色陈蔡、孟轲（田）［困］于齐梁同乎哉？

［词注］①大雅，本为《诗经》的一部，转用为美德之义。②《怪迂之变》等著作于今不见。③闳大，不经，"闳大"是与下文"小物"相对之语，小物有验，闳大者则未见未闻，故谓"不经"，未经验也。④共术，术是道路。⑤区，容器，瓶罐之类。⑥今人认为碣石宫在今辽宁绥中。⑦菜色陈蔡，菜色是长久饥饿的脸色。孔子要去楚国，陈蔡两国的大夫们惧怕孔子揭发他们的恶行，发兵包围软禁孔子师徒于旷野，竟至绝粮多日。⑧"田"，《盐铁论》引文为"困"，是。

今译：

邹衍的时代比孟子晚。邹衍看到国君们日益奢侈懒惰，不能提倡道德，如大雅模式，整饬自身又施及百姓。他就去钻研（宇宙自然的）阴阳消长，著作了《怪迂之变》、《终始》、《太圣》等篇，有十余万字。其书讨论宏大事物，没有经验依据，必须先用小的事物验证，推而大之，以至无限。他先从当前的事展开，上推到黄帝，按学者们共同的研究路线，讨论最重大的历史盛衰问题，依次记录历代的好事坏事，数据和规法，推而远之，直到天地未生昏昧不可考证求源的时候；先罗列中国的名山大川通谷，各种动物，水土养殖（的植物），对生命（物类）最要紧的资源，由此推及海外人们没见过的东西；讨论开天辟地以来的五德转移情况，各有最佳处理原则，而当下现实则如已发生的那样（与天道）如符契之应合。

他认为：儒者们所说的中国，只是全天下的八十一分之一而已。中国名为“赤县神州”，赤县神州里边自己有九州，就是禹所安排的九州，不能算作州。中国之外，还有像赤县神州一样的九个州，那才是他所说的九州。被“稗海”包围着，人类和动物不能互相来往，好比装在一个个封闭隔离的容器里，各成一州，这样的州有九个。再外边就是“大瀛海”环绕着，那外周就是天地的边缘了。

他的学说都是这类内容。而他的主要目的是：必须归结到仁义节俭、君臣上下和六亲关系的行为原则。只是讨论起点太宽泛了。

王公大人一开头接触他的学说，都敬畏地期望指教，其后又都不能贯彻实行。这样，邹子在齐很受尊重；到梁，梁惠王出郊外迎接，按宾主之礼接待他；到赵，平原君走在他的旁侧，亲自为他清拂坐席；到燕，昭王怀抱扫帚在前开道，请求与他的弟子们坐在同列接受教育，给他建造碣石宫，亲往其宫拜他为师。他在燕作了《主运》篇。他在游历诸侯时所受尊敬礼遇都是这样。仲尼绝粮于陈蔡，孟轲受困于齐梁，岂能与他同日而语！

从上引《史记》的两段文字，可以得出下述结论：

第一，邹衍是天文历法大专家，推而言之，阴阳家都是天文学家；

第二，邹衍的书讨论了宇宙学，他的宇宙模型是平天说；

第三，邹衍的政治伦理主张属儒家，他的宇宙学说为此服务；

第四，邹衍的学说当时声望极高，有很多人包括王者拜他为师。

《史记·历书》是今存最早的专论历法之书。其于先秦所尊，“独有邹衍”为有史以来第一历人。此语被现代中国史学忽视了，大概是因为现有古文献中没有他的历法学资料。然而别的先秦历法家又有谁有较多的资料呢？《石氏星经》及《甘石星经》是后人的伪作；如《晋书·天文志》所说：“鲁有梓慎，晋有卜偃，郑有裨灶，宋有子韦，齐有甘德，楚有唐昧，赵有尹皋，魏有石申夫，皆掌著天文，各论图验。”罗列的这些人名，除少数有只言片语的资料外，都没有稍微详细的记叙。而《汉书·艺文志》引刘歆《七略》书目六百，阴阳家二十一部，评介说：“阴阳家者流盖出于羲和之官，敬顺昊天，历象日月星辰，敬授民时，此其所长也。”书目居首是《宋司星子韦》，当然是天文书，第四和第五是

《邹子》和《邹子终始》，这邹子当即是邹衍。再看王充《论衡·谈天篇》，无疑是把邹衍看作平天家。王充表明自己信奉邹衍的宇宙模型。

若按现代考证，最早用回归年日数 365.25 的时代约可上溯到公元前 370 年前后。汉以前新历之作都托古为名，如“黄帝”、“颛顼”、“夏”、“殷”、“周”、“鲁”，号称古六历，哪会古到黄帝、颛顼？新历作者当然要倒推已往，依当时水平，倒推也只能百年，那还属史官职权所及。故前 370 年的记事的历日数最可能是前 270 年前后的人所作。盛待邹衍的燕昭王是前 311 ~ 前 278 年在位。以此说 365.25 之数为邹衍创用，与“深观阴阳消息”、“散消息之分”等语是符合的。也只有如此，邹衍才够得上被《史记》独家称颂。这种特别称颂以及他的极高声望，还由于他突破此前历术而开创宇宙学说。

在《史记》同篇列传的下文，讲起荀卿后又说邹衍，当时人给他取了个外号叫“谈天衍”。司马迁只列举了邹衍“谈地”之语，没提邹衍如何“谈天”，那是因为：第一，天的事本为众所周知；第二，作《史记》时邹衍的平天说刚刚被汉武帝否决而立浑天说（这可能是不单立邹衍传的原因）；第三，先取为验的“小物”是在地上近旁的。

在本卷开头，就说到了宇宙学是用有限可证之事推论无限的宇宙，《史记》之文正是说邹衍“先验小物，推而至于无垠”，所以邹衍的宇宙学方法与现代宇宙学并无二致，是科学的宇宙学。他的讨论，时间达到“天地未生”，空间达到“天地之际”，再由这包括万有的时空中的一切历史和现实，总结出最一般的规律——“五德转移”，由此提出办事的“治各有宜”原则。这在形式上与现代哲学相似，只不过他不拥有近代水平和模式的科学，而其要归则是儒家政治伦理，不是阶级斗争，是历代王朝循环革命。现代的爱因斯坦等科学家讲宇宙学则不再直接延涉社会人事了。

注意司马迁说的“天地未生”、“天地剖判”，这不见得是邹衍的话语，最可能是司马迁本人的思维意识表现。迄今的先秦文献，包括老庄和易传，皆未涉及此事。后文将有所论。

邹衍的宇宙模型，首先大地是以水为主。那时中国人没有海面是大球面的观念，而其大地概念，按大瀛海周围为“天地之际”而言，是以大瀛海为主的，故邹衍之大地是平的。这大地的尺度，如以赤县神州纵横约万里而言，则天地之际纵横当赤县神州十倍，即有百万里量级。西汉成书的《周髀》说，日光所及半径 81 万里，过此以往未之或知。而当时认为天高不超过十万里，天地间距大大小于天地横向尺度，故天是与地平行的，也是平面。这正是后文所要讨论的平天说。

西方地心说，地是孤悬于太空的小球，无所谓“天地之际”。平天说以天与地对等地分离，虽也不能说有天地之际，但平天说毕竟全然不同于地心说。

前文说到：“平天说不可能起源于赤道地区。”邹衍生于齐，北纬37°；《史记》说他去过的地方最南是梁，北纬35°；北至燕，居碣石，即今秦皇岛或绥中，北纬41°。后文还要论证：西汉太初改历时，有一组廿八宿“古度数”，那很可能是邹衍或其学派的测量成果，因为按其误差性质，当是以平天之法在邹衍之时的燕地所作。无论如何，邹衍的宇宙模型不可能是浑天说，更没有地球的概念。

顺便说一下，有今人说：平天说与印度须弥山模型相似，故应是印度传给中国。印度地跨北回归线，很难产生平天说。吠陀类宗教经典的故事，与中国史料的严肃性相比不可同日而语，说是三千年前的作品，没有实证。印度的传说类似平天说，那反倒最可能是外来的。首先其民族之源是雅利安人，是从印度境外西北方来的，可能如李约瑟所言，印度文化中有些是古巴比伦文化的辐射。邹衍的时代早在中印交流之前，他的宇宙学理论的形式逻辑性和内容科学性无须由外国传授。

下一章将谈到《周髀》的天地模型是平天说，天和地的中轴处是高高突起的“旋机”。那显然是为了凑合身边的物理经验，想给转体安上个机械的轴。更可能是其作者为导出去极度数硬造的概念，见本书第四章。印度自己的古代天地模型若也有个中央大山，那适足说明早期宇宙学思维的一般共性，即是不能偏离近身经验过远去作构想。

上节说到《吕氏春秋·有始览》，就此谈谈它的天地概念。该书成书于前238年，在邹衍之后数十年。其中说到的一段原文是：

> 凡四海之内，东西二万八千里，南北二万六千里。水道八千里，受水者亦八千里。通谷六，名川六百，陆注三千，小水万数。凡四极之内东西五亿有九万七千里，南北亦五亿有九万七千里。极星与天俱游而天极不移。冬至日行远道，周行四极，命曰“玄明”；夏至日行近道，乃参于上，当枢之下无昼夜。白民之南，建木之下，日中无影，呼而无响。盖天地之中也。

东西 28 千里，南北 26 千里，是“四海之内”，不是《山海经》所谓天地之里数。“四极之内”才是天地里数，东西数与南北数一样是很精确的 597 千里，却要分而言之。这与邹衍的模型不同，邹衍的天地是无穷的。极下无昼夜，与平天说一致，而与浑天说不同。白民之南日中无影处为天地之中，却不是天极，则又与平天说相异，与浑天说也不尽相合，倒是与地心说相近。浑天说的天赤道可称天之中，而赤道下的地却不是地之中。只有到地心说那里，以地为球，与天赤道对应处可称地之中，但这“中”不是一点，而是地球赤道大圆。

《吕氏春秋·有始览》的概念混淆不明，可能是浑天说已在酝酿的表征，也可能有外来地心说的反映。综观吕氏之书，内容非尽高超，缺少创意。

三、上古天文历法的岁时概念

所谓“历法”是指编制年月日数序的数学程序。所编成的东西颁布于社会，成为人们共同约定使用的纪日标准，叫做“历书”，民间叫“皇历”，乃以其为皇廷所定而得名，写成“黄历”是讹变。科学史家则称古历书为“历谱”。仅从其作为社会公约的功能而言，本不必作高精度要求，例如欧洲的旧阳历——儒略历，不但不管月相，冬至累差到十天也无所谓。而中国人开始就把重要天象作为历书内容，普通皇历虽不必全面录入这些内容，但为占命择日之需，总要有主要的，于是就要求精确推算天象。首先是月相和节气，随之是昼夜长短、晷影消息（古历称数据增减为“消息”，非信息）、昏旦中星。进一步是五星运行、太岁方位、日月食预报。这样，历法就成了天文学的主要内容，也因此成为天文学发展的基本推动因素。但因此也使得天文理论偏重表象而轻视物理。这也是近代物理学（以致全面的近代科学）未能在中国及早产生以致落后于欧洲的原因之一。作为宇宙学史，这样的历法史当然很要紧，特别是其中的物理内涵。

历法当然是与时俱进的，首先是回归年和朔望月的数据精度，其次是推算月食、日食的水平，再到行星运行轨迹。按知识进化步骤而言，累计几百年不难得到回归年 365. 25 日和朔望月 29. 5306 日的成果。这可保证编百年历书之需，再长就不行了，那就得改进历法。把这两个数的精度各提一个量级，四时八节二十四气和朔望闰法都基本稳定了，日月食就成了主要问题。月食较易把握，日食较难。汉代历法始有月食推算，魏晋时代才有日食推算。当日食还不能由推算作出长期预报时，人们自然地把日食看作上天对人事政治的警示，这成为一项特别重视的传统。一直延续到唐宋，天文学进步到使日食预报完全成功，这传统方告退隐。

日食是早期星占家唱的重头大戏。由于预报的成功，日食被从星占的节目单里删除，则其他例常天象，如行星运动，也就失去吓人的警惧力。那不过更复杂些而已，毕竟有其“理”。

1.《尚书·尧典》四仲问题

《尚书·尧典》的成书年代不明，但可肯定在孔子之前。开头作过尧的简介之后，就说：

> 乃命羲和，钦若昊天，历象日月星辰，敬授民时。……分命羲仲，宅隅夷，曰阳谷，寅宾出日，平秩东作，日中星鸟，以殷仲春……申命羲叔，宅南交，平秩南讹，敬致，日永星火，以正仲夏……分命和仲，宅西，曰昧谷，寅饯纳日，平秩西成，宵中星虚，以殷仲秋……申命和叔，宅朔方，曰幽都，平在朔易，日短星昴，以正仲冬……期三百有六旬有六日，以闰月定四时成岁……

今译：

于是，任命羲与和，恭谨地奉事伟大的天穹，追踪记述日月星辰的运行，庄重地向人民颁布时日节令。……分命羲仲去隅夷安家，那地方叫阳谷，用敬礼迎接初升的太阳，管理东方的初作，在白昼不长不短的时节，测定鸟宿方位，预报仲春之日；……再命羲叔去南交安家，管理南方的化育生长，恭敬地等到白昼最长的时节，测定火宿方位，确定仲夏时日；……分命和仲去西方安家，那地方叫昧谷，用敬礼送走收落的太阳，管理西方的收成，在黑夜不长不短的时节，测定虚宿方位，预报仲秋之日；……再命和叔去朔方安家，那地方叫幽都，管理朔日的交易活动，在白昼最短的时节，测定昴宿方位，确定仲冬时日。……以 366 日为周期，用闰月的办法令四季与年月关系固定……

上引之文可能很古老，流传至今，不大可能毫无错讹。原初文字是什么样？含义如何？那些文字与被表示的原始口传内容是否已有偏差？这些问题很难回答。从汉儒解经以至现代，各家解说可接受者不多。我们上面的译文以朱熹之注为本，有不用朱义者，如“在朔易”即以贸易为“易”字解，释“殷”为预期，释“正”为精密确定。

鸟、火、虚、昴，与廿八宿有关。其中昴很可能是现在指称的昴星团；火是心宿二，也有问题，待后文讲；后世之虚在廿八宿中明确指称两颗星——宝瓶座β和小马座α，尧时赤经一样，但非很亮，是否尧时即称其为虚，不能肯定；鸟在廿八宿中无其名，但对应的十二次的三个各名“鹑首、鹑火、鹑尾”，所占赤经约90度。这是不可考据之文，也无法用于讨论。

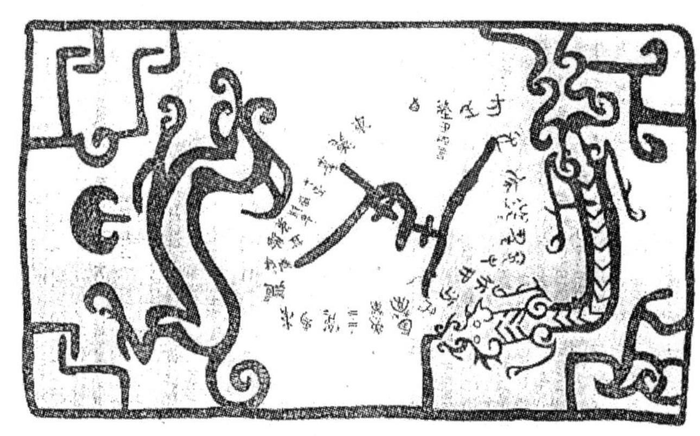

图2-4　随县出土的公元前5世纪的漆箱盖廿八宿图

下面我们先介绍前人的思路和他们的分析意见，然后再说我们的新看法：那四个“星”所指不是中星，与岁差连不上。

“仲春、仲夏、仲秋、仲冬”。仲是兄弟排序第二，长为孟，末为季，借用于四时各三个月的别名，四仲是今用农历的二、五、八、十一各月。但此文各以“日永”、“日短”等为前提，则更可能是指春分、夏至、秋分、冬至的日子。四个等位的“星”字可有多种解释。今人几乎全都认为：这首先是指“中星”，即位在正南的星，因此而称解释这段古文的命题为“四仲中星”问题。此外，还都认为这是用天黑后不久观察中星而定节气的方法。其实，古人要定四仲（分至）之日，主要是冬至，其余三个不要紧。所可注意者，仅“日短星昴”和一年366天二事而已。

考虑岁差，冬至日天黑以后，昴在正南方的天象，只能发生在公元前22世纪前。《中国大百科全书·中国历史》的“中国历史大事年表”，即以此为尧的时代。对“日永星火”的天象，那时要在夏至晚上18时40分出现，似乎嫌早，但考虑到心宿二亮度大，以及早期允许误差，还是可以承认为尧代。要十分准确，就要推后七百年。

总之，这种解释充满矛盾，十分勉强！不但数据不合，语法也不通，更没有细致的考据训诂处理。

若以前文考订《国语》伶州鸠记述武王伐纣所说“星”为金星，而尧又在武王前千余年，其文“星”字却非指金星。若说此语指昴宿上中天，就不好解释为何用“星”字。由此再推测“星”字含义向共名转化的历程：武王时代已有恒星高度的定量测量，方法只能是立杆测影。“日短星昴”的前二字是副词短语，“星”字应是谓语或动词。可以推断这“星”字与星高测量相关。篆文造字者在圆圈下画了个仪器及其测量形态，整体形象与伶州鸠用的金星名字相似，《尧典》传述者遂于此处借用了金星的“星”字，或后人混而为一①。若果如此，“星昴”所指就不是简单看看，而是认真精测，但不是测其上中天，不是说昴为中星。在此之后，方有为众星立共名，把“星”字转用以称呼恒星。这大约是周代初期。这个过程次序不能乱。按照《中国天文学史》② 的陈述，甲骨文的信息说明：商代的历法是阴阳合历，年有平闰，月有大小，有测定分至的知识，季节与月份关系基本固定了，但没有四季概念。

要问这种观测的精度，首先要问二分和二至的概念建立的过程和时代。与现代天文学一样的分至概念，即以太阳赤纬定分至，在立杆测影之初不会全有。但会先知道正午影长极大和极小为冬至和夏至，至于二分则应较晚出现。其实，综合古文献看，以午影极长定冬至是最先被认识和运用的方法。这在上古是个最佳选择，黄河及其以北地区冬至阴天很少于夏至，冬影比夏影长八九倍，测量精度高。长期记录冬至间隔日数，由此先知年周期日数 365 或 366，四等分一年之数即得一种简定的但却是明确的四仲时日。之所以还须每日观测，是因为冬至之日可能阴天。至于二分日，太阳可提供的较直观的数据，午影不在其内，那不是二至影长的算数平均值；日出日没方位为正东西是一项，但观测难度比看影长极值大了很多，影长极值是连计量都不必做的。加之精确的正东西出没之日比四等分一年法所定之日又有差离，因为太阳的视运行不是均匀的。

由此可知《尧典》四星之文，“日短星昴”可能传自尧，而“四时”的概念则晚至春秋。以“鸟”作一宿，当在西周之时，因为到东周时，就有廿八宿了。所以这段古老的文字包含孔子以前的史官积代相传的东西，在传述中逐步加进了

---

① 非同源字合成同一个字，是与同源分化相反的古文字演化现象。“表”字是个典型，其字源有二，一个是衣之外面，另一个是测影立柱。

② 中国天文学史料整理研究小组．中国天文学史．北京：科学出版社，1981. 15

一些新内容。尧代可能有天文官羲、和，而羲、和四兄弟分管四方四季，就不是真的了，况且他们所管的事也说不清楚是些什么事，编故事而已。注意，这里的四季节候特征和命名完全是夏历的，不是周鲁之历。

孟子不肯尽信《尚书》，他的看法是很对的。这种由周代史官们传下来的文献，可供我们作出下述判断：公元前22世纪的尧设立了专职天文官羲与和，观察内容有：昼夜长短变化的年周期，白昼最短的冬至日，冬至那天入夜时的星象——昴宿在南天。羲、和负责向公众报告时日节候。这些文献传到孔子之时，有了一年366日的数据，以及历法的闰月概念。此时日短中星是娄，昴宿已经偏西二十几度了，可是史官们并未改动历代相传的话，只是加进了一些新知识。

我们从字训可以推断：此文的“星”表示观测，但却不等于“正”。“星昴”并不要求昴宿上中天，所述与岁差年代无关，任何年代日短都由午影测定，故后代史官并无困惑。硬说四“星”都是观测中星，却是今人自扰。他们急于从岁差考定年代，不顾文法，冒昧解“星”为中星，对“殷”字也无交代。依据“星”、“正”二字起源的考训，日永和日短是午影测量结果，故曰“正”。而日中只能“殷”，是粗定而非精测。“殷”与“正”恰属词义对应适配。

2.《夏小正》等涉及四季节气的古典

《夏小正》是一部讲十二个月的物候天象和农事的书，据史料之言，它是由西汉儒家戴德编在《礼记》中的，后来被人们单独抄出成书。人们看它的语言文字十分简奥，便认为它是真的传自夏代的作品。可能也是因为孔子说过“行夏之时”的意见，主张不用周历或鲁历（周或鲁本是孔子要尊奉的君主政治中心），也不要什么殷历（当时应该没有后称殷历的历法）。理由则可能是月序与四时次序搭配合理，春为岁首，当一、二、三月。《春秋》多次用“春王正月”的话，表示所用历日是周王朝正式颁布的，并不是夏历。

若问《夏小正》成书年代，不能光从文字简奥与否判定。秦统一以前各地区发展不一，落后地区的文化典籍也可以表现与先进地区的古典一样简奥，何况还有人故意造伪。可供作年代判断的是书中的天文历法内容。书中有恒星见伏和昼夜长短的事，如：“三月参则伏……四月昴则见……五月参则见，……时有养日……”文中的“养”被断为就是“永”，正是仲夏日永之意。“时”字指季节，所以这里不必限定只是五月。从参宿的伏见可知，太阳在参是四月，若观测在朔，则是夏至前 45 日。《夏小正》的天象决然早不到夏代。李志超在《国学薪火》一书中曾判断为公元前 400（±200）年，这是 2000 年秋所作，没有用计算机，只是用天球仪，标上公元前 400 年的赤道，看每月朔日日落后二刻半的天象。但现在看，可能的年代跨度还应再加扩展，定为公元前 700（±400）年似更稳妥。这是春秋早期，最早时限为晚商，最晚是战国中期。这与本章所说四季概念的产生过程一致。

《夏小正》有十一月和十二月两月之文，但未言天象，有人以此说这是“十月历”。但按十二月历前十个月天象已经一一符合，不可能再合十月历，而且那恰恰是流行至今的夏历。说十月“时有养夜”是因为总把冬至放在十一月，闰月放在十月。即如果按观象授时，十月的下月若还观测不到冬至，就把这月定为闰十月，而永夜自十月始。十一月和十二月两个月不言星象，是因为这两个月星象最不稳定，就略而不言了。此事意味着他们已经有“中气闰法”意识萌芽，只是一年只用一个冬至为中气。后文我们将细说中气概念的建立。

总闰十月的夏历夏至平均在五月望日，而下面第一个星图的日子是夏至前 133 日，是夏历正月的平均朔日；第二个星图是夏至前 15 天，是夏历五月平均朔日。这一天参星晨见于东方，而四月朔参附于日，三月朔参星夕见于西方，是为“伏”。选太原为观星地，因为夏历是晋人所创，唐叔封于晋，即在太原。按参商兄弟不和的神话，参为晋星，故特被笔者重视。

图 2-5　实验天球仪

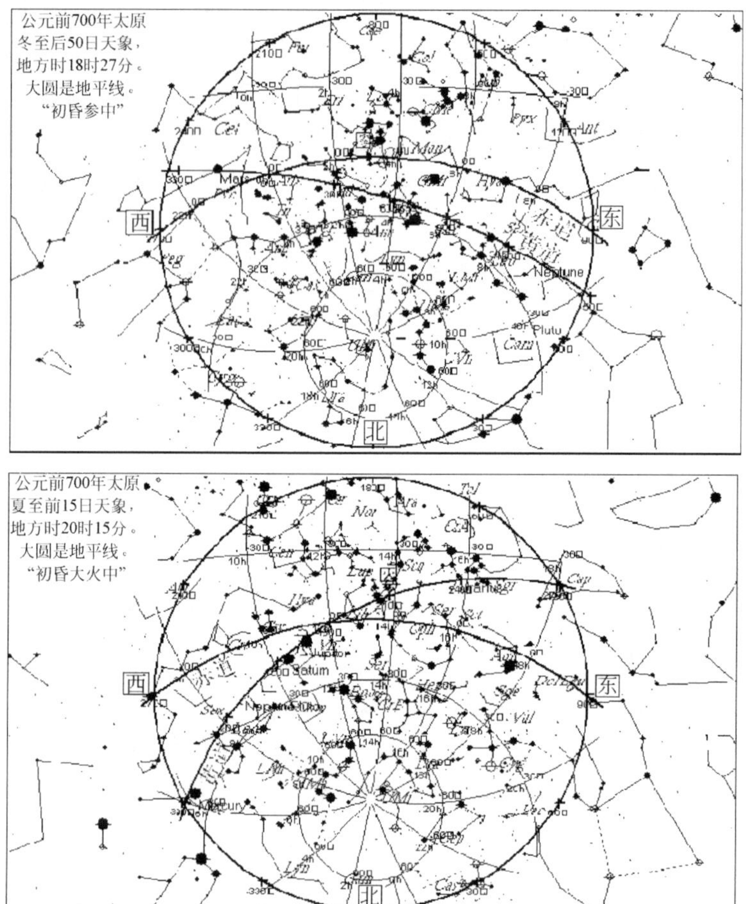

图 2-6　《夏小正》天象

这里要说说用朔望月与回归年搭配的“阴阳合历”的科学价值。约从 20 世纪初开始，科技全盘西化思潮泛起，出现对中国流行三四千年的阴阳合历的否定评价，这可由对沈括太阳历方案的过高评价反映出来。天文知识较少的人会说：月序与寒暑季节有差，不利于把握农时。其实，这个缺点由二十四气法补正了。

对朔望月的重视有两大好处：一是大大强化了对月亮运行规律的研究，祖冲之已经掌握月行四大周期数（朔望月、近点月、恒星月、交点月）；二是大大强化了对月亮影响地上的地震、潮汐、气象、生态等复杂现象规律的研究，如《梦溪笔谈》所说“海、胎育”诸事。月球对地上复杂现象的作用是现代科学的前沿课题。

值得怀疑的倒不是月的定义以及历法的类属，而是四季概念的形成和演变。《尚书·尧典》有春夏秋冬，已知商代还没有把“冬”和“夏”作为季节名，那说明《尚书·尧典》的著作年代必在商代以后，最可能是在春秋早期，与《夏小正》几乎同时。

图 2-7　甲骨文的“春秋冬丝朝暮”等字形

甲骨文几个“春”字各有差异，典型的两个是图 2-7 所示之春 1 和春 2，它们都含有一个太阳形象和两棵植物。请注意“暮”和“朝”两个字，可以说那两个“春”字是以“暮”和“朝”为偏旁，用意是太阳接近地平线。旁边部分被后人说成“屯”，意当取“道路的停顿处”。说其义为“难生”，那是从《易》屯卦之辞引来的，不可信。故甲骨文之“春”实际所指是现在的冬。而“冬”的甲骨文和金文，像两个茧的丝头总在一起，是缫丝的开端。本来“冬”义为“终”，指过程开端，与“已”或“始”为对立词，作为历学概念则指一岁的开端，是春季的一个确定时日。后来“冬”用作季节名，为了区别另作“终”字。古典常用的“终始”若按现代语义，时序是颠倒的，原本不是，而是一个过程以终为先、始为后。

“秋”的甲骨文，代表型之一也含太阳形象，不过在表示太阳的圆圈上头加了两件，其形如翼，表示高飞，下面是弯牛角形，可能是表示土圭的立柱和地影。旁侧的十字形指标表示影长很短。另一个“秋”字在日下画的是蜷伏的动物，这大概是今言盛暑为“伏”的起源；而第三个“秋”则在动物下面画了一团火，这个“秋”字被后人继承，先还用“龜”（龟）代替那个动物，用“禾”代替那两个翅膀，写作“龝”，后来简化为只有“禾”和“火”了。因此，甲骨文的“秋”实际所指是现在的夏。至于“夏”字，在甲骨文中没有用为季节的，只是族名、国名而已。这也可证明当时还没有完整的四时概念。

从殷人文字所见其春的概念，是单纯天文意义的。其秋的概念也是以天文为主。这是以春为岁首的原始理由，中国天文学从头以正午日影观测为基准。造字、写字的人就是作占卜的人，大概也就是作天文测量的人。他们把与时节有关的字造成那样，很合情理。到周代，王廷颁布的历日仍是冬至之月为“正月”，这也合情理。《春秋》遵沿这一传统，对其书的历日必须这样理解。孔子说过“天何言哉，四时行焉，百物兴焉”，所以他那时候已有四时的概念无疑。《论语》记曾点述志：“莫春者……浴乎沂，风乎舞雩，咏而归。”则暮春三月的气候应是夏历样的。而《春秋》记事中，凡涉物候者都证明是用周历。如鲁襄公二十八年“春无冰”，意谓气候不正常，正常是该有冰的，这是夏历的冬令；很多水旱虫灾的时令也是这样。可见，孔子时的四时定义已非固定一致，日常语言已取夏正，而孔子作正史仍用周历。

《左传·桓六》有“季梁谏追楚师”一段。季梁说：

> 夫民，神之主也……奉盛以告曰“絜粢丰盛”，谓其三时不害而民和年丰也。……故务其三时，修其五政，亲其九族，以致其禋祀，于是民和而神降之福，故动则有成。……

有前儒解文中“三时”为四时之三，略冬而不言，非。说那话时是公元前706年，还没有四时概念，三时是全年——春、秋、冬。若说以四季而仅言三时，行文就太反常了。

再过三十年而有《管子》之文，其书有“四时”之篇，不必是战国之作。多处用“春秋冬夏”之语，次序不合自然，而今则说“春夏秋冬”。盖当时新出词语，以“夏”附加于旧三时之末也。

《左传·桓六》：秋大雩。书不时也。凡祀，启蛰而郊，龙见而雩，始杀而尝，闭蛰而蒸。过则书。

这里的“启蛰”不应混同于二十四气的惊蛰，而是所谓“分至启闭”的启，闭是“闭蛰”。“龙见”指东方苍龙，而取《夏小正》见伏之义，实指当时秋分前后天象，于周历为冬。

《左传·僖五》：正月辛亥朔，日南至。公既视朔，遂登观台以望，而书，礼也。凡分至启闭必书云物，为备故也。

此言“分至启闭”应即是二分二至加上启蛰和闭蛰。二分二至四个日子已平分一年为四等分，则闭蛰当在立冬，启蛰当在立春。而一年的四次祀礼[①]，郊、雩、尝、蒸，应各当四立之日，后世历代皇朝考定的郊祀礼大致也定在这些时日。“始杀”是开始收获，杀的是禾麦，不是动物，更不是人。而“尝”为尝食新谷，前儒之解为是。

《左传·僖五》记晋灭虢，晋的星占家卜偃说：

> 童谣云：“丙之晨，龙尾伏辰，取虢之旂，鹑之贲贲，天策焞焞，火中成军，虢公其奔。”其九月十月之交乎？丙子旦，日在尾，月在策，鹑火中。必是时也。

接着作者说：冬十二月，丙子朔，晋灭虢，虢公丑奔京师。

童谣文亦见于《国语》，可证不是汉儒伪造，但却可能是卜偃编造的，这不害于我们的讨论。“九月十月之交”是卜偃之言，而“冬十二月”是左氏之言，两者说的是同一件事，卜偃用的是夏历，左氏则依《春秋》而用周历。由此可见，公元前655年之前，晋人已用夏历。“龙尾伏辰”是说日在尾宿而尾“伏”。辰，或指日月相会，或指近地。“天策”是傅说星，也在尾旁。“火中成军”之语尤当注意，这个“火”不是大火（心宿二），而是十二次的鹑火，是柳星张几宿。《诗经》“七月流火”到底是哪个火？“十月之交”与这里的含义有何异同？这都要考虑本文所研讨的岁时概念沿革而后决定。

直到公元前3世纪，似仍保有三时制的语言残迹。《庄子》“秋水”篇首文曰：“秋水时至，百川灌河。”河即黄河。时至是应季节而至不违常期。这当然是夏季的事，其言“秋水”，就是用当时的古文。然而传到后来，人们忘了旧义，更赋予这“秋”字以寒洁清远的诗意。对此，我们若再去执意做书蠹式的考证纠错，则杀风景。

后来出现了所谓“三正论”，还有邹衍的与此相关的“五德论”。日本人新城新藏[②]认为三正论是对古代历法的曲解，他是对的，但这曲解却早出自《左传》。事实是，到了春秋时期，各诸侯国开始自定历法，有的就把冬至过两月定为正月岁首，仍用正二三月为春，而以草木发生为岁首的定义，这是个生态物候学的定义。这种历法应产生于晋，自命为“夏历”，因为晋的贵族们自命为夏的后代，不包括公族，公族姓姬，属周王一族。《左传》明确记着晋国所用历法是

① 注意，祀有别于祭，祀是祈年，祭是祭祖。李志超有考证。

② 新城新藏．东洋天文学史研究．沈璿译．中华学艺社，1933

与周鲁不同的夏历。孔子大概是倾向于以指导农事为第一，便说了愿“行夏之时”的话。至于与夏历并立的殷历，如其真是传承或发展了殷人历法，那也应该是与周历和鲁历一样的，以冬至之月为正月。如果像以前学者们判断的，所谓《颛顼历》、《黄帝历》也和夏历一样规定正月，则历史上从来就没有过所谓“殷正”。至于《尚书》四仲，则与夏历同，是否其文出自秦晋?

3.《吕氏春秋》与二十四气

邹衍首倡“五德”循环更始之论，秦始皇曾依据这套理论认定自己是“获水德”，把岁首定为十月。历代儒者多认为其月序仍用夏历之数，此说矛盾亦多，还可能是把冬至月叫十月，于是其正月是夏历二月。按这样说，先秦时代就可以有四种不同的正月规定。现在还说不清三正论的出现是在邹衍之前还是其后，两者肯定互有影响。无论如何，三正论和五德论都很快成了历史的陈迹，人们更关心的是更精细的季节制度——二十四气产生的历史。作为岁首的春，从天文的冬至变到农事开始，这反映了人们对人事和生产活动的重视压过了纯天文现象，或者说，人们心中的天更进一步与人事和生命现象密切结合了。《夏小正》内容主要是农事和生态。

以往说二十四气制的发明是源于农业生产之需，恐又是“生产第一，劳动至上”论的思维成果，也不足取。《管子》有“幼官”之篇，其中以十二日为单位，分配春八夏七秋八冬七，共30个单位360日，各有说辞，似有名又似非名，如“小卯”、“中卯”即重复使用于春秋二季。主十月太阳历者以此为证，然则四季不等长，且每季皆不得整数月。实际上《管子》之文不是历法，只不过是一年行事的计划表而已。但这却可资证明，当时还没有二十四气的概念，若有，管子不会另立30单位分割之数。若从农业生产之需而言，30分法既已有之，也就无须再立什么24分法了。但无论如何，秦汉之际，以夏历和二十四气的通行为标志，天文的周期与农事已被尽可能精确地调合（包括月亮），得使今人称夏历为“农历”。这意味着天地万物及人事和谐一致的问题很被看重，且在战国末年被历家巧妙地解决了。

二十四气之法，从历学而言，有绝妙甚巧之处。它设计的置闰法极好地调和了回归年与朔望月的数序。若把一年等分（或近似等分如现行公历）为12份，命为“月”则与月亮盈亏不协。其数为30.44日，比朔望月29.53日大了0.91日。历法家拿这12个等分节点命为“中气”，凡遇某一朔望月中无中气，就不给这个月独立编序，而命之为上月之“闰月”，于是12个中气就总对应一个固定的朔望月序号，如冬至常为十一月。若再插入12个“节气”即成二十四气，则保证每月必有其气，一般有一个中气和一个节气。有这样功能的二十四气制是保得阴阳合历延续两千多年至今不废的关键，其发明之功不可谓不大。可是这发明人是谁？完备的二十四气始见于《淮南子》之“天文训”篇，这又是汉代之作，其中已称启蛰为“惊蛰”。①

因当时所行历法是《颛顼历》，此历早出于秦，则二十四气法当出于《吕氏春秋》成书之时（公元前239年），这还是邹衍或其后几十年间的事。那无疑是天文历法之学发生飞跃的一个时代。

必须重视《吕氏春秋》首创的“月令”之文，义似《夏小正》而更精密，《淮南子》和《大戴礼记》都抄袭它。蔡邕专作《月令章句》，可见其受儒者重视。此书作于秦王政八年（公元前239年），时当邹衍身后不久。其书分“十二纪”、“八览”、“六论”三大部。“十二纪”即以十二月各为一纪，用“孟、仲、季”和“春、夏、秋、冬”组合为月名。第一个月是“孟春”，第一句话是天文之事：“孟春之月，日在营室，昏参中，旦尾中……”下段说：“是月也，以立春……”如此样式，每月之纪开头讲天文，凡孟月是四立，即“立春”、“立夏”、“立秋”、“立冬”；仲春和仲秋是“日夜分”，仲夏是“日长至”，仲冬是“日短至”，四仲名不用“春、夏、秋、冬”字样。或因此前历学的这四个天文时节之名本不用那四个字，改了会有争议以至误解。这是二十四气中的八个，即所谓“四时八节”司马迁把二至二分四立合称为“八节”，今人则统称二十四气为“节气”。注意一年的第一个节气是“立春”。有人说《吕氏春秋》书中有十二个节气，其实那另外四个还不能算是节气之名，只是形容气候之语而已，后来的节气名取用这四个词，不等于当时用它们作节气名，犹如用“鹑火”为十二

---

① 关于“启蛰”：郑玄注《周礼》：“中数曰歲，朔数曰年。中、朔不齐，正之以閏。”孔颖达疏曰：“一年之內有二十四气，一月二气。皆朔气在前，中气在后。中气在晦则后月閏，中气在朔则前月閏。节气有入前月法，中气无入前月法。中气匝则为歲，朔气匝则为年。假令十二月中气在晦，则閏十二月十六日得后正月立春节。此即朔数曰年。至后年正月一日得启蛰中，此中气匝。此即是中数曰歲。”《春秋左传注疏》臣（齐）召南按：“注云：‘启蛰夏正建寅之月’。疏引《释例》（按即杜预《春秋释例》）曰：‘正月节立春，启蛰为中气；二月节惊蛰，春分为中气。’此古时节气也。《礼记》郑注云：‘《夏小正》正月启蛰。汉始亦以惊蛰为正月中。’疏曰：‘汉时立春为正月节，惊蛰为正月中，雨水为二月节，春分为二月中。’前汉之末，刘歆作三统歷，改惊蛰为二月节。然则不以启蛰名节，自汉初已然矣。”这位齐召南说是刘歆改惊蛰为二月节气，改启蛰为正月中气（今为雨水），而与《淮南子》不合。然而杜预离古未远，所言汉初节气名称沿革应有所据。

次之一命名①。

历家由此对“岁”和“年”有专业区分（《尔雅》“载，岁也。夏曰岁，商曰祀，周曰年。唐虞曰载。”这是解读《尚书》的训诂学说法，与历法无关）。纪史用“年、月、日”，月是朔望月，一年当然是从正月初一起始。而天文学的“岁首”却是冬至。如果像旧法，冬至月为正月，也就不必区分了。说到这里，就联系上所谓“中气”和“节气”之别，冬至是中气，立春是节气。究其源，可能是二十四气之前先有《夏小正》的一个中气——冬至，进一步有《吕氏春秋》的八气，其中四个是中气。凡“四仲”之气（二分和二至）皆在一季之中；“四立”之气（立春、立夏、立秋、立冬）皆在一季初或上季末，为两季之“节”，其名用“立”也是一季开始之义。进一步，为要把置闰更精确到每个月，就还得在这八个气之外再加十六个气，就是上面说的二十四气置闰法。而这外加的十六个气也被依其在置闰法中的地位功能，与四仲和四立同异，分命为“中气”和“节气”。依此分析推度，则《吕氏春秋》时只有八气，尚无二十四气，或许有用四个中气所在月为仲月的规定，则置闰已在一季度之内有定准了。所以，二十四气正式产生也只是其后几年的事。于是我们看到，《夏小正》—《吕氏春秋》—《淮南子》是中气闰法的三级跳（注意，周历无二十四气置闰法）。

与《夏小正》之文相关，还有个“甲寅元”问题。中国古历学极重天象周期性，不似西历只管太阳周期，而是要把日月五星的周期尽可能地统合，找出一个精密的大周期来。上推某年为“日月合璧，五星联珠”，七曜皆起于某次或某宿，就是历元之年。在历学中重视历元概念，是与探讨长期周期性有关的命题。此事留待后文细论。

从秦王政八年改历就显示历家偏爱用甲寅作历元的倾向，迄今未知其缘由。实际上，当时天文历法有两大事实可作解释：第一是立春日昏后斗柄指地平之寅，柄体也在天空子午线东侧寅区；第二是太阳所在，以冬至点为“子正”，则立春为“寅初”。可见甲寅元之兴，是作为夏历的《颛顼历》初制时的天象特征，使新历家把甲子之“子”换成“寅”，以此强调其相对于旧周正制的革命性。可以说，夏历是对周历的一次科学革命。《夏小正》是这些新历家托古之

---

① 《伪古文尚书·胤征篇》：“乃季秋月朔辰弗集于房”与《吕氏春秋》：“季秋之月，日在房”比较，二文太过相似。《尚书·胤征》之文不可信。梅赜不知岁差，竟以吕览天象移植于夏仲康。按2011年李志超的考证，夏仲康元年（或五年），即公元前1999年6月1日（儒略历）儒略日991 385春分前54日日全食，中心带在兰州—包头稍西。这是夏商周断代的第一个时标。

作，是给新历法造舆论的。

现在好说阴阳合历长期流行的理由。中国自古重视天文周期，认为这与地上生态和人类生活紧密相关。月亮是仅次于太阳的明大天体，被称为“太阴”。因而，朔望月的周期就必须作为历法的重大要素。事实上中国人早就发现了这个周期在生命现象中的相应表现。

我们之所以花很多篇幅谈历法的事，就是因为中国古代历学对天象周期性特别关怀。而这关怀则是以宇宙与生态和人类有密切关联的观念为基础的，是宇宙学思想的重点之一，是中国文化史的一件大事。

总结本章，我们确定了武王伐纣的历日，这是中国天文学史的第一个精确时间坐标点。加上本书第三章确定了汉武帝太初改历为浑天说取代盖天说的年份，我们就有了第二个时间坐标点。如此方能把上古天文学史大事的发生次序大致排列无误并加合理解读。

这些都与史料信息有严格的逻辑符合，与历史发展逻辑一致。

第三章　早期儒道哲学宇宙论

一、时　空　观

现实世界可以看作一分为二与合二而一的多层次重复。存在的复杂性在于“阴中有阳，阳中有阴”，古人用阴阳鱼图案表示这个情态。中国古代早有历史的进化观，认为人类远古茹毛饮血，穴居野处，结绳记事，只知有母不知有父。至于宇宙的进化则是阴阳分合的作用结果。“易为变易”表示的变化观是共同信仰，变化是时间中的差异表现。《墨经》名言：“久弥异时也，宇弥异所也。”是古今中外最好的宇宙学时空定义，转为今言是：

时间是宇宙总体自身实现差异的分合方式；

空间是宇宙局部彼此展列差异的分合方式。

墨家思想是“变易论”，是从道家和易学思想整合而得，它从根本上否定时间可逆和空间有限。有同是可比的条件，如果绝对无同，无序无理，则世界不可知而等于无。

《老子》[①]：“无，名天地之始；有，名万物之母。”认定宇宙整体的未来（始或台）是无，而过去是有[②]。这是“玄始论”，或称“有无论”。存在就是历史，历史则不断生新。“玄之又玄，众妙之门”玄是现下的瞬刻（详论见后文）。寥寥数语，已经把现代宇宙学中那些“时间隧道”之类的谬论妄说消弭了。未来还没有发生，不是存在，哪里会有未来的人跑进现实生活?!未来掌控在现在的存在者手中，我有主观能动性。

易学继承老子，《系辞》曰：“日新之谓盛德，生生之谓易”。

还有《老子》反复说的“一”，就是“混一论”。视、听、搏“三者不可致

---

① 本书引用《老子》参考中华书局《诸子集成》及朱谦之《老子集释》。

② 若以一纵坐标线表示时间，上为古，下为今，按现代汉语之义，线上任一点都是其下历史的“始”。现在之前的任一时刻都不是整体宇宙的始，而只是从那时到现在之间的部分有限存在历史之始。现在时刻是今后待生而未生的历史之始，未来是宇宙之“无”。《老子》言此“无”即是“天地之始”。

诘，故混而为一”。刘歆简化之，说是“太极元气函三为一”（刘歆没有细说这个一，可以解为视听搏，也可以是天地人）。宇宙既是不断生新的，又是唯一的存在。如有回到过去时间的事物，现在时刻可以有未来人物参加，不管是谁，想来就来要走就走，则同一时刻的宇宙就可以有不止一个的状态，因而也就没有是非和因果等概念了，哪还有什么存在?! 所以《老子》说：“天得一以清，地得一以宁。”一！这是有无、是非、因果的逻辑基础。在同异论的时间概念下，因果性由唯一性决定。宇宙天地的一是唯一的一，但它也要一分为二，故也是对立统一的一。

从墨家的宇久和老子的有无，可以引申为下述宇宙学公理：

（1）宇宙整体自身没有两个时刻全同；一切局部之间混一相关必有所同。

（2）过去是有，未来是无。

（3）自无生有，遵道循理。

道是实际综合因果性，理是道的分析组分，即规律。

既然唯一的宇宙之久是弥异时的，请问现代宇宙学家们，是否应该找一找那推导时间隧道的程序里必定含有的错误呢？若非低级错误，那根子必定就在广义相对论本身！爱因斯坦创造了四维时空说，把时间与三维空间等同处理，却没有说明时空的重大差异。这导致后来的“时间隧道”、“时间旅行”一类谬说。须知空间允许局域存在者在有限区间作自由选择，可来可往。而时间是宇宙总体自身差异的实现，故不受任何有限存在者的“时间机器”选择操控。时间当然单向延续没有回头。

有学者说，存在我们宇宙之外的宇宙。此话逻辑不通！宇宙至大无外。如其有另外的宇宙，它若与我们的宇宙之间没有时空通道，对我们就是神秘的无，因为我们无法确认它的存在；如其有通道，那它就只是这唯一宇宙的一个部分，根本不是什么另外的宇宙。唯一的宇宙当然无限，而所谓“时空虫洞”是梦幻思维。

有限而循环的说法之所以不通，在于循环于宇宙的旅行需用其所说的“宇宙年龄”的时间才能走到“前一周”经过的地点。而按其说，在前一周时宇宙尚未发生，即或发生了，那地点已随时间变易到无可指认。故他们所谓的“循环”在他们的逻辑中本不存在。

宇宙依时变易，变的是空间的差异。残余未变者不过是部分之间的同，犹如时间中的循环。“昨日之日不可留”，太阳虽每日复出于东，今日却非昨日。变化既是绝对的，则不存在异时而绝对同一的空间位置，故宇宙空间无限。

宇宙整体既是唯一的，何以允许用不同的参考系把某一部分一会说成运动一会说成静止？须知：运动相对性原理本身是相对的。相对论的讲解者把它说成绝对的，那是错误。纬书《考灵耀》说："人在大舟中闭牖而坐，舟行而人不觉。"其前提条件是"闭牖"，意即自为孤立系统。打开窗户向外看，立即可以断定自己的船是动是止。因为外面是个比船大得多的系统，你会看见山河大地树木宫室都是互相定位的，只有这船相对那一切的位置关系在变。若一定说是自己不动，决然是主观唯心，所谓"不是幡动是风动，不是风动是心动"。伽利略在被迫承诺不再讲日心说时，心中却说："地球还是在动的呀!"实际上，他的《对话》引用船行之喻，意在说明以为地不动是错觉，本意并非要说地球可以被看作不动。

中国古文中的"太极"应视为系统整体，既指事和物，也指道和理。如"易有太极，是生两仪""太极元气，函三为一"。朱熹说"人人有一太极，物物有一太极"，当然都是指自成系统。

物理学描述运动用参考系，其价值或作用是说明系统状态，所要说明的系统只需 一个参考系就够了。系统的局部越小，就越不适合用作系统整体参考系的载体，除非它正好与系统整体质心固合。光子是基本粒子，可是没人把参考系放在它身上，那样整个宇宙的时空就都成为0了。在原子核上或外层电子上取定参考系的做法是分析地处理原子物理问题的方法，所遵只是理，不是实际。实际是综合的，是大系统，原则上是整体宇宙。在有限的科学实践范围里，取定有限区间系统的参考系，自然以系统整体为准。由此而言，说宇宙有绝对时空是对的，但不可如牛顿那样与物质脱离而为言，亦即必以差异变化为根本才能说绝对时空。时空相对性仅是有限系统内的认知操作的设定，小系统附属于并服从于更大的系统。

所以，时空和运动的相对性本身是相对的。

用以描述一个物体状态的时空参数，是分析的物理量。自然哲学或宇宙学意义上的时间和空间则是抽象概括的概念，如果说那是"物质的存在方式"，也不过是哲学的物质概念的局部内涵的同义反复。真正表现物质存在的是自然的信息。

存在就是以往的历史，包含从现在的瞬刻倒回去的任意有限小时段，一分一秒都是历史。而历史以信息作用于现在，所以信息是物质的实际存在方式。老子说："人法地，地法天，天法道，道法自然。"这是认识论判断。地是实际环境条件，天是宇宙总体，道是实际因果性，而"自然"是指历史。物理世界的连续变量经历时空距离越短则所变越小，追认前一时刻的状态就越容易越精细，但总有所变。有效信息是记录变化的，而且记录内容一定是以某一规模广延的时空范围的综合变化，也就是说，必须包含多元差异项目。随着时空距离加大，信息将越来越模糊，差异细节渐趋消失以至于无。信息对现在状态的变化实行控制，这种过程不具物理运动守恒定律的特征；微弱信息能引发巨变，这是中国古代"机发论"观点。

二、《老子》开篇创名解

"道可道，非常道；名可名，非常名。无，名天地之始；有，名万物之母。故常无，欲以观其妙；常有，欲以观其皦。此两者同出而异名。同，谓之'玄'。玄之又玄，众妙之门。"

《老子》开篇第一字便是"道"。道，是实际过程的因果关系；名，是语词及其内涵概念。文义显然：道分"常道"、"非常道"，名分"常名"、"非常名"。凡道和名之可由人造为者，当属非常道、非常名。而常道、常名则非人所造为（"道"作"曰"义之用只出于唐宋）。老子没有语言发展史观念，以常名与常道为一样，也是自然，非人为。

事物过程之可由人改变者，只能是现实的有限事物及其过程。不可由人改变者是由事物的分析的本性决定的规律。这不是实际事物本身，实际事物本身是综合的，其时空有限，而其分析的质项多至无穷（此所谓时空有限实源于主观感觉的分析，而质项无穷是物质混一性的当然）。规律是分析的质项的因果关系。故常道与非常道之分，本质上是分析与综合之分。常道相当于后人说的理，是朱熹所谓"理在气先"、"理一分殊"的理。理是规律，而道包括规律，不全是规律。

语词可定义者指称普通内涵有限的概念，不是常名。哲学基本范畴概念不能定义，例如时空、异同，是常名。还有些不能任意理解和定义的基本概念，其符号形式可以不同，而所指概念内涵不变，也是常名，如宇宙、生命、数和形。于是老子首举"无"和"有"作为宇宙学的历史概念，"常无……常有……"语中之"常"是动词，言以"无"和"有"为名而命其为常者也。可以断定他是要声明：

"这里的有无与现有通用含义不同，我用以专指宇宙总体的过去（有）和未

来（无）。”（虽可由我为之命名，似是可名者。然其名之所指却是常的，本非可名。我今借非常名用之，当转视之为常名也）

在时间推进中，新生事物是累积微分而成其伟大的，微分而新谓之“妙”；既已累积形成则为显在，谓之“皦”（即“徼”）。

“异名”指“有”、“无”二名之异。显微无间，共有现在，是谓“同出”。“同，谓之玄”，把这共有的现在时刻“同”称名为“玄”（若把此“同”字看成副词，去指“有”和“无”，一同地称名为“玄”，那就又多出个共名“玄”，与上句的“异名”之义无意义地逆反，毫无道理。故此“同”必是名词）。“现在”是流变的、多元化的，故曰“玄之又玄”。玄是无穷多的新生微分之妙的产门，是为“众妙之门”。这样用“玄”字也是《老子》独创，虽属形上却易理解，故可曰：“吾言甚易知”。

玄字初文与幺同①，原义仅为胎幼。图形[古文字形]，是两个“玄”的初文叠罗汉。这二字的古文竖写形象地描绘了时间流变。“幺”字后转虚化之义，为了区分才另造“玄”字。近指代词“兹”是二玄并立，有“现在”义。“滋、孳”皆有繁生义。“变”字汉隶为[古文字形]，是“言玄又玄”合成（字存《周公礼殿记》）。

“玄，牝之门，为天地根，绵绵若存，用之不勤。”（用力为勤，不勤就是不费劲）此则与《易·系辞》“天地之大德曰生”同义。魏晋人称老、庄、易为“三玄”，在玄的“始生”之义上，这三家确实都可称“玄”（但实际上《庄子》和《易》都很少用“玄”字，且取义都是形下的，或为人名。坤卦“龙战于野，其血玄黄”，那玄是颜色，不是《老子》的玄。玄学家以虚幻神秘不可言说为玄，更搅浑了水）。

注意“无”字原文此处即是此字，而非繁体“無”。所指既非一般有限时空中的空虚缺失，而整体宇宙则只有未来是无。对比的有，初文为[古文字形]（又），像手执，后加[古文字形]（月肉）于又字之下以别于又。月肉象形是被杀死的动物（一扇肋）意指它以前曾是活的。而加又的“有”指过去的实际历史存在，如“有虞”、“有夏”。

“始”之初文为“台”（读 Yi），再早为“厶”，即“以”之左旁，篆作[古文字形]，为“已”倒写。“以”、“已”二字本互通，指过去与未来之分界，如“以（已）前”“以（已）后”。在宇宙总体过程的时间分界，则为已有与尚无之际，即现

① 此处古文字形义，参考《中文大辞典》（台北 1968），及《金石大字典》。

在。“厶”下加“口”为“台”，指包括现在的未来，那是史官造字，以其将为可口述者。《尚书》汤誓、盘庚、高宗彤日、西伯勘黎四篇皆有“其如台”，意谓“以下的时间要如何?”简言之就是“怎么办?”“贻”、“迨”等字用“台”造成，皆含未来义。《说文》:“始，女之初也。”则是女婴。故老子此文中“始”与“母”为对仗关系，显然在时间上母在前而女在后。“能知古台（始），是为道己（纪）”“古台”即指过去、现在和未来。旁证如《墨经》:“始，当时也。”《荀子·不苟篇》:“天地始者，今日是也。”[①] 皆同《老子》义。《庄子·知北游》:“生者死之徒，死者生之始。”其中的“始”亦用结束之义。而其“徒”当解为“徒役”之义，即“生服务于死”。

“道法自然”的自然也是时间概念。“自”之初文是篆文的“厶”与其镜像合成，“自从”与“以来”意义相近。“然”之初文由“月犬”合成，义近于有。故“自然”即过程，道为过程之路。“无为”就是认对象的变化是其自身遵道之自然，自无而为有者。主体操控不能代替对象自身的变化，所能起的作用只是机发性的。此则《尚书·洪范》“无有作好，遵王之道；无有作恶，遵王之路。”的本义。客观自然事物不管你喜欢不喜欢都一样遵道而生。

唯如此解《老子》，才与其文“天地不自生”协调。老子不认为宇宙有创生。注意今人批判决定论，多忘记过去的历史是决定的，只有未来才是非决定的。《墨经》说:“有之而不可去，说在尝然。”此语中的“有”，就是老子指称宇宙时间之过去的“有”。正所谓“历史不能篡改，南京大屠杀不能抹煞”。如其连历史也不确定，何道之有！可是时髦的宇宙学家居然从广义相对论推算出“时间隧道”，遂令过去的历史成不定态，未来则似乎是明白的存在。过去与未来犹如地球与月球、海峡的两岸，可以驾机往返，以时间全等于空间。告诉他们：老子在2400年前就判定这是谬论！老子说：过去是皦然不改的存在，未来是众妙将生的虚无。这就是老子的玄始论历史观。

有个老大难问题，即“无为无不为”之谜。这是句自为矛盾的话。若令两个“无”词性不同：前一个是“无名天地之始”之无，是主词；后一个是普通的“没有”，是谓词。那话就是“无之所为，无所不为。”但今传《老子》文本又不适合作此解释，或传写有误?

庄子继承老子的玄始论。《庄子·齐物论》有段话：

---

① 引用墨经、庄子、荀子、王弼、向郭、葛洪等文取自中华书局《诸子集成》。

有，始也者。有未始有，始也者。“有未始有”夫未始有，始也者。有，有也者！

有，无也者。有未始有，无也者。“有未始有”夫未始有，无也者。俄而有无矣。而未知有无之果孰有孰无也。

上列引文有意把版式排成并列比对式样。第一字“有”不是谓语是主语，与《老子》义同，所以我们加逗点强调。同样，每一以句号分出的句子中，逗点前都是主语。上引末句明确把有无作为考察对象，故陈述开头的“有”不可能是谓语。《庄子》此文当然是解释老子之言（不管他原要导出的“有无等价，没有分别”的结论）。

据此作今译：

有由始生出。在有尚未始之时的有，也由始生出。进而那“有未始有”还未始之时的有，也由始生出（于是，有是由有生出的［因为未来的每个始所生都已是有，故其前之有生于有］）。然而……。

有原本是无。在有尚未始之时的有，原本也是无。进而那“有未始有”还未始之时的有，原本也是无。一下子（上面那一小段说的）有就成了无！因而我们不知道有和无到底哪是有，哪是无。

这段话是阐发时间的流变本性：无，不停顿地化生为有。从任一时刻观看过去都是有，后之视今亦犹今之视昔；看未来则都是无，昔之视今亦犹今之视后。

庄子演绎出两个互相矛盾的推论，正如康德的“二律背反”。康德《纯粹理性批判》以严格逻辑论证四个“二律背反”，其中第一条即：时间有起点，空间有边界；时间无起点，空间无边界。庄子这条二律背反与康德有同，都是谈时间概念。康德的时空有限无限是个非现实的命题，而庄子的命题和概念虽更基本、更抽象，却是绝对现实的。庄子说的是现在，是把当下的“生生变易”提到最高抽象度来做根本性思辨处理，其论式与辩证法家说的：运动为“既在又不在某处”一样。庄子的“始”只能指流变的现在，其先为有，其后为无，既是有，又是无。若以为那是宇宙发生论意义上的概念——天地产生的始，其先为无，其后为有，则那个“始”早已过去，是固定不可变的，就不能在“齐物论”的意义上有逻辑通达的译解了。“论”之可“齐”者以此。庄子所要“齐”的是概念的对立的矛盾关系，齐就是统一。

《庄子·齐物论》揭示了存在和思维二者皆有对立统一本性，就此论证齐同重于分异，理论性很强。然而我们则以分异为主。

至于儒道之异同，有《易·系辞》之言为证：

> 富有之谓大业，日新之谓盛德，生生之谓易，成象之谓乾，效法之谓坤，极数知来之谓占，通变之谓事，阴阳不测之谓神。

儒家不否定占卜，但“极数知来”是说按规律推定未来，又以未来可通变以取消占卜的决定权，加上“阴阳不测”的反决定论发展观，则实际上否定了占卜的效用，至少是给予很大限制。“日新”、“生生”是“玄之又玄，众妙之门”的发挥，是明确的进化观。

特别是“阴阳不测”强调事物发展的非决定性，还说这是神。这个神不是上帝鬼神，是君子的自我精神。君子是人！君子之神，能做到富有日新而生生，能成像日月效法天地，能极数知来而通变。君子有自行决定之权而出乎外界的预料，故谓之“神”。神，战国人把它从外在的鬼神转化为人的内在精神，是思想史大事。

易学继承老庄宇宙观，只是把看似消极保守的人生观改进明确表述为积极进取。老子从天地万物的对立统一，大讲辩证方法的“柔静无为”；而《易·系辞》则要“君子以自强不息”成就“盛德大业”。

三、《墨经》的时空观

墨家的开创者墨翟，后称墨子，时代少后于孔子，据说原本从学于儒，后自立一家，成为与儒家等势的大学派。其书《墨子》是墨子的几派门人所编墨子言论的合成本，其中数篇有三份，同样篇名而内容相近重复。唯其中的“经上”、“经下”、“经说上”、“经说下”四篇内容特殊，不是谈人伦政治，而是专讲“名辩”的，加上“大取”、“小取”两篇，合称《墨经》。此处只摘其与宇宙学有关部分作介绍讲解讨论。

下面依原文次序列述含“宇、久”的诸条。读者可以看到，我们的训解很少依靠对原文的改动。引文时［经说］省略“上、下”字样。注意凡［经说］下面第一个字（下画线字）都是标符，不入正文。

［经上］：久，弥异时也；宇，弥异所也。

［经说］：<u>久</u>　久，古今旦暮；宇，东西家南北。

本条依传本当作一条而不应分之为二条。原文“守”，遵前人改为“宇”。经说牒经标题之“久”，原本为“今”。想是因二久叠用，前者为标题，后者为正文，而抄录者不解，改前“久”为“今”。这应是隶书行用之后发生的事。“且、暮”原为“且、莫”，亦遵前人改，然“且”也是个时间概念。暮、莫，可作通假关系理解，而“莫”也不一定除“暮”之义外没有时间性含义。“且莫”，事之方然、未然合言也。《墨经》另有［经上］：“且，且言然也。［经说］：且自前曰且，自后曰已，方然亦且。”取其“方然”之义。犹今语“现在、未来”。

本条精华之处在经不在说。重复使用“弥异”一语，大有深意。弥，覆盖包容，“弥异”就是包容一切有差异的某类事物，此处即时空。这是古今中外独树一帜的时空观念，有极强的逻辑性。如知先秦名辩之学以同异之辨为主旨，则知此处一个“异”字的分量。本条之上为“同，异而俱于之一也。”恰是本条的逻辑原理。谭戒甫《墨辩发微》逞臆断而擅移该条于隔 40 条之后，又取消“同”字下之逗号，无理之甚。对客观世界的求知是由辨异同起步的，要认识时空先从辨异同入手，乃是不二法门。墨家时空观与世界历史上其他大家之比较，请见李志超《天人古义》之文“时间—计量—波粒变换”。比较《尸子》：“四方上下谓之宇，往古来今谓之宙。”一个“宙”字已不如“久”字好，而其判断内涵总体不如墨家，归纳而已，不严密。墨家的判断不是归纳性的，“弥异”不是归纳列举操作。然而举“四方上下”是所谓“六合”，等于今之“三维”，比《墨经》的平面化似乎好些。《庄子·庚桑楚》：“有所出而无窍者，有实。有实而无乎处者，宇也。有长而无本剽者，宙也。”如果理解“所出无窍”是指有限空间，可以指称其实在者，那么，“无乎处”就是延展到无穷的意思。实，当有异有变，但不如墨家“弥异”之辞明确。

［经上］：始，当时也。

［经说］：始　时，或有久，或无久，始当无久。

前条既已区分“久”和“时”，以久为总体时间，以时为具体相别的时刻或时段，此条释久与时不当有别种说法，仅以“当时”二字定义“始”，看来不是指现今所用的开端之义。确实，一事之始，为时则正当前事之末，既非端，则有相对之义。故“当时”者，仅言其为一具体指定的时段或时刻。而经说之言“有久”、“无久”，应解作“占有时间”、“不占有时间”。这里的时间指有限长的时段，是久的非零部分。犹如言：“端，体之无，序而最前者也。”端是体而无体。始之为时，犹如端之为体，“始当无久”，犹如“端之无体”。其思路可以互证。

然而，按我们对《老子》“无名天地之始，有名万物之母”的解说，无是未来，有是过去，而始是女孩，与母成对仗关系。《老子》文中以“玄”为过去和未来共有的时刻，即瞬刻的现在。那么，始则应是包括未来的概念，不仅是现在瞬刻。“始当无久”则应解为：始是未来的时间，“无久”即属于无的久。这简直就是在“解老”。

［经上］：止，以久也。

［经说］：止　无久之不止，当牛非马，若夫过楹；有久之不止，当马非马，若人过梁。

此条“久”也一样应解作一般的总体的时间。“止以久”是说：“只有永恒的东西才有真正静止。”这思想也非常高级。所以［经说］只讲什么是“不止”，不讲什么东西“止”。而不止又有两类。一类直观地正在运动着，若夫（此字或改为“矢”，不害大意）过楹，在门楹处没有占据时间（时段长为0）；一类是相对静止，实际仍在动中，若人过桥。如从此人在此时段内在桥上而不出其外，则可曰“人止于桥”了。好像一个人进屋又关门闭户，屋外人不知他在里面干什么，可以说那人“止于室”，但室中人不会绝对静止。桥上人也终究得与此桥分离，不会永久待在桥上，上桥下桥则已无久而非止矣，在桥上焉能不动而致过桥？至于“牛非马”、“马非马”，那是对逻辑形式作比喻说明。“马非马”者“止非止”之喻也。即是说，一般人说的止实际上不是真正的止，只有止的部分属性，并不完备。好像你见到一个动物，以为是马，其实不是，那是骡子。

［经下］：宇或从，说在长宇久。

［经说］：宇　徙而有处，宇宇，南北在且又在莫，宇徙久。

“从”或改为“徙”，无伤大意。“且”改“旦”亦然。从，依时序而变动也。宇，这是整体宇宙的空间，它依时序而变动。“长”，若释为生长、发展，则读作 zhǎng。但若说墨家认为宇宙在膨胀，那太现代化了，不敢。那么，只好读“长”为 cháng，把“长宇久”解为“承认宇久为无限的”。

“徙而有处”，即言动中有静，处是静而不是“止”，在室、在梁即是处。前已说过，止是永恒静止，处仅是相对静止。《庄子·天运》“天其运乎？地其处乎？”用法与此处全同。“宇宇”，叠字，是复数名词。今之汉语仍有“天天”、“年年”、“处处”、“人人”之用法。日语也一样，如“群山”作“山山（やまやま）”。“宇宇”者不同时刻之宇也，非一宇也。“南北在旦又在莫”，同为南北，在旦与在暮非一也。所以，宇虽然包容了一切异所，却仍不止是一个宇，那是从依时序变化而言的。

请注意，这一条恰好放在其前两条谈“一”的后面。“合与一，或复否”，“欧物，一体也，说在俱一唯是”，“若数指，指五而五一”。而本条宇本为一，依时推移则又非一。“宇徙久”，宇之推移成久也。这里显然与逻辑同一律相关。《荀子·正名》有与此同义的说法：“状变而实无别，而为异者，谓之化。有化而无别，谓之一实。”

[经下]：无久，与宇坚白，说在因。

[经说]：无　坚得白，必相盈也。

“无久”当与“无久之不止”之“无久”作同解，即“不占时间”。“与宇坚白”，坚白即不同属性之谓；与，参与、对付之义。经的意思是：要讨论宇的不同属性（内容）只能以某一个时刻的宇为对象，这是由于不同时刻的宇只是相接续（因）的关系，前后已异，指称不一，无以言一物之属性。[经说] 讲的是：坚与白若是同一事物之表征，则必相盈（共处于一个统一体）。否则，甲坚而乙白，甲乙不是一物。以坚白区分甲乙，就是违反“异类不比”的规定。甲坚不得乙白，甲坚与乙白没有关系。反之，一物既坚又白，则坚白之间或有联系，可以讨论了。

现代物理学用四维时空函数描写一个力学态，如 $\Psi(x, y, z, t)$。若 Ψ_1 中的 $t=t_1$，Ψ_2 中的 $t=t_2$，则 $\Psi_1 \neq \Psi_2$，故要了解研究 Ψ 的完备属性，必在一确定的 t 值方可。本条是对公孙龙“离坚白”的批判，是“盈坚白”的精简表述。我们先不管这一观点之是非，只说该陈述反映了一项极抽象的思维，其水平连现代未受此种强化教育的人也难以企及。但若说简单，倒也很简单，墨家可以仅从遵守逻辑同一律的角度论证离坚白之非。

[经下]：宇进无近，说在敷。

[经说]：宇　不可偏举，宇也。进行者，先敷近，后敷远。

此条仍论宇之为全部空间不同于局部空间，宇的变移不能用尺度量。进，一步一步地走，不是超距跳跃。敷，可以直接讲成“连续”的位置移动，当然是先到达近处再及远处。但远近之分只是以局部空间而言的，而作为全部空间的宇“不可偏举”，指称任何局域都不是宇。所以，宇的运行是不能讲什么远近的，只有随时间的变化。“宇进无近”可视为“宇进无远近”的简缩语。这里用“远近”来规定“敷”，强调其作用于局域空间的含意。谭戒甫《墨辩发微》把经说原文上收“区”字，下集“久有穷无穷”五字，不可取。那些字应作何处理，让它各找各的主儿去，何必非到这一条里来掺和？

［经下］：行循以久，说在先后。

［经说］：<u>行</u>　者行者必先近而后远，远修近修也，先后久也。民行修必以久也。

本条原接上条之后，更进而说明运动的连续性。像葛洪讲的，神仙们会“立在坐亡”，作超时空的移形运动，那在现实中是不存在的。“循”，是在空间中连续依序操作之意，今言“循序渐进”正是这个用法未变。经说题下第一字“者”当如何解，暂不解决，不害全文之理解。“远修近修”是说不论远和近都是修，都是有限一定的长度。想要通过（行）这个长度（修），都得花时间（必以久）。“先后久也”当然不是久的定义，前面已经说过久是“弥异时”了。《墨经》中的“久”，有的是直接指总体时间，还有许多是以与总体时间之关联而使用的。“无久”、“有久”、“先后久也”、“行修以久”，都是这样。其中作为单词的“久”仍不离定义，而与其他词组合，则以词义之关联而更生新的指意。这里没有逻辑的混乱。前条说整体空间之变易无远近之可言，而本条说具体事物（民）之移动必有先后之参数。请想想，如果不讲先后了，又何来状态变化？一事物自身与自身比较而有所不同，不以时间区分开，那不是同义反复的同吗？异由何生？

总观上列七条，都是直接谈宇和久的，有个共同点：都不离同异之辨。对这一点的认识似乎从先秦起的古人比现代人还清楚。“坚白同异”、“名实同异”、“是非同异”，屡见称谓。这不是很发人深省的现象吗？

这七条虽然都说宇、久，内容密切相关，在全书中则分散编排而不连属。这正是因为作者的主旨是以同异之辨为中心，其他内容都服从这个中心，围绕这个中心转。各条上下文分析比较，在同异之辨的意义上连属性更强。然而，我们把这些条目排在一起，立即看出墨家在时空概念的理解上有着令人惊异的一贯性、完备性和深刻性。这里还没有把相关的但不直接含有“宇久”字样的条目引来。加上那些就更可观了。我们试试把墨家时空观总结一下：

（1）墨家为时空作了定义。他们突破了哲学界的“时空作为范畴性概念，逻辑上不能定义”之说。其方法是运用同异概念，把具体可指的有限时空按“一、多”关系拿来规定抽象的时空。于是，思维的抽象和具体这一对逆反过程不是相仇的不兼容关系，而是夫妇式的调和关系。中国人没有在范畴概念的死胡同里一筹莫展地木立。也许你会问：“同异、一多又怎么处理？”一样的！任何单件抽象概念不仅要把多件具体概念作为在下的基础，也要作为在上的源头。认知与思维只有在这种循环运动中求发展。时间空间是什么？墨家没有抛开时空中的物质存在去定义什么“纯粹的”时空，“有异”是存在的属性。所以：时间是整体存在自身差异的实现；空间是同时的一切局部存在彼此差异的展列。

（2）由此可见，墨家的陈述把时间放在逻辑关系的第一位，空间次之。“宇或从”、“宇宇”，这都是“宇非一”之义，而“久唯一”。

（3）墨家未规定宇宙有限无限，“异时、异所”不管有限无限。

（4）墨家的时空是有相对性的，“始，当时”说明始仅是具体事件所有，始或为终，终或为始。于“久”则不论“有始”。而宇的变易则不可用尺度量，无所谓远近长短。这方面与宇宙大爆炸学说不一样。

（5）墨家把时空和运动看成连续的，“行循以久”。

四、《墨经》有无论

《墨经》中除了直接谈“宇、久”，还有谈“有、无”之文。

［经下］：可无也，有之而不可去，说在尝然。

［经说］：可　无也已给，则当给不可无也。

意思是：“某事物可以说‘无’了，但有过此事却总为实。已无的，如纺线结束不再接续（给），而纺绩过程中续进的丝麻料和成品线是不能说无的。”此言：历史是不能改变的实在。

联系上面考释《老子》之文，加上上文的“始，当时也。”就大有新意了。现在看《墨经》有关条目，下列五条是原文中紧密相连的条目群组：

1. ［经下］：无不必待有，说在所谓

［经说］：无　若无焉，则有之而后无；无天陷，则无之而无。

经：无不必以有为条件（待）。以“所谓”解说。

经说：假如说你（原文“若”意为“你”）无了，是原本有而后无；说无天陷，是原本即无而言其无。

2. ［经下］：擢虑不疑，说在有无

［经说］：擢　疑，无谓也。臧也今死，而智也得文。文，死也可。

经：消除顾虑即不疑惑。以“有无”解说。

经说：疑，是源于缺少能说服人的陈述。臧（某人）今日死了，而他所知之事被记录下来。他的知识有记录，虽死而仍可祛疑。

这里是说：人死了，而其心志成果则永久留存。其所谓“文”就是信息。这实际上是后世形神之争的起源。

本条意在说明过去信息的留存就是有，不是无。

3. ［经下］：且、然不可正，而不害用工。说在宜

［经说］：且　犹是也。且，且必然且，已必已且。用工而后已者，必用工后已。

前此有［经上］：且，且言然也。［经说］：且　自前曰且，自后曰已，方然亦且。

［经下］此条似有舛误。宜，或本为二字，如“已且”。但可肯定，然、且、已，都是在时间过程中的事件的代词。“然”是“是如此”；“且”是前头；“已”是后头；“犹”则指与另有所指的某事物相似或相同者为言，带有“仍是”“还是”之意。此条大意应是：

经：刚开头或正在进行的事物不能用作认知或论辩的根据（原文“正”，即证），但不妨碍对其作出干预（用工）。以“宜”解说。

经说：因为总还是那件事。方开头的总有随后的实现，已往的也必有已往的开头。受外部干预而成其结果，那就必须以被干预的结果为实在。

这一方面是对历史实在之客观性（不可改变）所作的判断，同时却隐含实验概念的萌动。“用工”的深意——干预，须额外注意。

4. ［经下］：均之绝不，说在所均

［经说］：均　均。悬轻而发绝，不均也。均，其绝也莫绝。

直解是：

经：均匀的悬丝断或不断，由所定义的“均”为解。

经下：说发丝是均的，但悬物虽轻也断了，断点必与别处有异而不均。若绝对均一，那断点不会断。

这与现代晶须强度理论一致。近人多以此条为纯粹物理学的议论，但却夹在非物理条目中间，故必须承认其本意为喻言。这是要说明：任何现实事物的结构

没有绝对的均同，唯有差异是绝对的。

5. ［经下］：尧之义也，生于今而处于古而异时。说在所义二

［经说］：尧　霍，或以名视人，或以实视人。举友富商也，是以名视人也；指是霍也，是以实视人也。尧之义也，是声也于今，所义实处于古。若殆于城，门与于臧也。

经："尧"的含义流行于今世而实出于古代，时间上不一致。由所用的定义不一作解。

经说：谈论霍（某人名）这个人，或只关心其某一自涵的概念（名），或欲观其实际存在。说他是友人或是一个富商，关心的是名；指着霍这个人说话或办事，则是按实际定夺的。至于尧之义，现世已是随音之声（像回声一样，只是名），其定义实出于古。好像城是陈旧坏败了，而门还好好的（"臧"是"否"的反义词。这也是名实不一，或如荀子言，二实而一名，随时间变化了）。

本条与上一条所论相关，说的是差异。上条以空间结构为喻，本条则指时间的古今新旧不同。过去的事物留存于今的只是名，不是实。这名是概念，是信息记忆，也大有用处。

总观这相连五条主旨是：在时序的意义上细致地讨论有无同异，特别强调实在就是历史的东西，包括有主观干预的。如果认定老庄墨三家之文同出于战国时代，从大家都共同关心的命题来说，讨论当然是要用共同语言才行。由解墨足以说明，本文所持对老庄有无之文的训释符合实际。所引《墨经》之文都可视为解老，这应因其书在《老子》之后，而《老子》则很受各家注意。

联系考察几乎同时之作的《易传》，其中的天地变化观念也同老庄墨一致。《易传》不谈宇宙的发生和消灭，只讲变化。说"天行健"是运行不息，自在自为。万有运化是过程，当然是以时间为第一存在方式。至于"易有太极，是生两仪"在《易·系辞》本意原非以两仪为天地。极是穹庐的中柱，太极即大极，是指理论的核心范畴；仪是标准柱，两仪也只是指第二层次的理论概念。后代有人迳以太极为元气，以两仪为天地，是狭隘的形下化理解。

关心宇宙发生问题之作，最早见于《淮南子》。其先邹衍是讲宇宙论的。但只知他讲五德终始，是一种循环论，与天地自无生有之说不协调。《史记》说他讲的是从"天地剖判"开始的事，并不是说他讨论过"天地剖判"的命题本身。唯《庄子》"天地"篇有"泰初有无……"之文，义训和作者都不清楚，按前人

一般引读如下：

泰初有无，无有无名。一之所起，有一而未形。物得以生，谓之德。

读成“泰初有无，无有无名”文理不通。以“有”为谓语，以“无”为宾语，义不相谐。应当说：泰初“是”无，而非“有”无。言“一之所起”，却无所起者，也不通。要依王夫之改读如下：

泰初有无无。有无名，一之所起。有一而未形。物得以生，谓之德。（《庄子解》）

意为：泰初原无所谓“有无”。“有无”的概念发生了，“一”才有了起始。其末句是取《易传》之义：“天地之大德曰生。”

这是最古朴的宇宙发生论的思考，实际上只是演化论，还谈不到发生论。“天长地久”本是肇自原始知识的古初观念。宇宙发生则是个抽象度较高的命题，与现实经验和功利几无干涉，自当晚出。“杞人忧天”的寓言以及上引《墨经》“无天陷”之语，都表示一种无视这个命题的情态。对这一发生所需的必要条件和过程，须作超验的形而上的思维。

《淮南子》“俶真训”篇抄掠《庄子》，以宇宙发生论立场袭用“有始……”之文，率意更改原文并作曲解，把“有始”解为宇宙创生。魏晋以降，从王弼、郭象到王夫之，以至现代宇宙大爆炸说，学者作有无之辩迄未休止。崇无派皆以宇宙之原初发生为“始”，于是无先于有；而崇有派唯主宇宙为无始，更主张无无。张载“无无”之论仅以空间结构而言有无，全不知老子是从时间生化为说，思维自然流于固结。

老子说“天地不自生，故能长生。”天地是包容一切的大一，如非自生，则再无其外为生的条件原因，当然就是无生无灭无穷永久的过程。故在此命题上，老子与崇有论一致，而王弼是曲解。

像《淮南子》那样，普遍地误解先秦存在论思想，而且旷日持久积重难返，此事是思想史的耐人寻味的问题①。究其所以，恐又与佛道二教有关。佛说宇宙，历劫轮回，万法皆空。儒者以道对佛，不知不觉中全盘陷进佛家范式的框套。犹如20世纪中国的全盘西化思潮，数典而忘祖了。而道教为了寻求立教的

① 我对《淮南子》的评价是，多为吹嘘而很少创意，类似《吕氏春秋》。若说吕氏低浅，则淮南冗繁，皆非强学大师之作。其篇幅庞大，只有可供今人考据需用的价值，而无多少思想史价值。这可能是因其作者多为黄老之徒，学力浅薄，司马迁所谓“其文不雅驯，缙绅先生难言之。”司马迁不知黄老学派起源，以为先秦诸子多用黄老之说，实际是黄老之徒抄掠百家。

原旨，最需要《淮南子》那样的宇宙创生论，甚至更把老子神化为宇宙创造者，于是按淮南造说，全背于老庄本义。

五、《列子》的时空观和物质观

列御寇是先秦道家系列中的人物，在老子之后，庄子之前。今传《列子》之书被疑为晋朝人张湛的伪作。看它的前几章内容，伪作是肯定的。通篇是抄录《老子》、《庄子》、《淮南子》以至纬书之文，明明是《老子》的话，偏要说是《黄帝》书，例如："黄帝书曰，谷神不死，是为玄牝。"抄别人的就直接说是"子列子曰……"了。但若说全书都是伪作则不然，第五章"汤问"就可能有列御寇原作，其中"愚公移山"、"小儿辩日"等寓言不似张湛或其时人所能为者。从其宇宙论观点也可作出这样的判断。其文开头说：

> 殷汤问于夏革曰"古初有物乎?"夏革曰"古初无物，今恶得物?后之人将谓今之无物，可乎?"殷汤曰"然则物无先后乎?"夏革曰"物之终始，初无极已。始或为终，终或为始，恶知其纪?然自物之外自事之先，朕所不知也。"殷汤曰"然则上下八方有极尽乎?"革曰"不知也。"汤固问。革曰"无则无极，有则有尽。朕何以知之?然则无极之外复无无极，无尽之中复无无尽。无极复无无极，无尽复无无尽。朕以是知其无极无尽也，而不知其有极有尽也。"汤又问曰"四海之外奚有?"革曰"犹齐州也。"汤曰"汝奚以实之?"革曰"朕东行至营，人民犹是也。问营之东，复犹营也；西行至豳，人民犹是也。问豳之西，复犹豳也。朕以是知四海四荒四极之不异是也，故大小相含无穷极也，含万物者亦如含天地。含万物也故不穷，含天地也故无极。朕亦焉知天地之表不有大天地者乎?亦吾所不知也。

"古初"是指宇宙时间的极早时刻，"上下八方"是指宇宙空间的全体。汤之问是宇宙学命题。夏革的解答是：宇宙的时空都是无限的。这无限不是空指的、非现实的，而是充满与我们最近的现实生命（人民和物）一样的时空。这观念与《淮南子》的宇宙观全不一样，只能是先秦的，是与老庄一致的。

此处须对"尽"字作出与前人不同的训解："尽"是器物的中空态，故有用"中"字之语——"无尽之中"。前人把此"尽"字与"极"字等同，认为也是指有限空间的最外边，于是就降低了原文的思维抽象度。夏革说的是：只有完全虚空的空间（无）才没有边界（极），而实有的存在物（有）里面会有空洞（尽）。他的话是包括至大和至小两极的，前人之解则丢掉了一极。“无极之外复无无极，无尽之中复无无尽。”意思是：无极的虚空外围还是虚空，当然仍是原本那个无极，不是另外又有个无极；无尽的虚空内部仍是虚空，当然还是原本那个无尽，不是另外又有个无尽。此言逻辑精密，所指是牛顿式的纯粹虚空的空间，他认为这种空间没有最大和最小。

在“大小相含，无穷极也”的宇宙中，物质的结构形态是类似“分形学”的模式。这在汤问篇的另一段文字有所表现：“焦螟群飞而集于蚊睫，弗相触也，栖宿去来，蚊弗觉也。”这种超小型飞虫当然也会有睫毛，那上面也会落着一群更小的飞虫。这样的物质结构观念完全不同于原子论，没有哪一个空间层次具有全同的粒子性。这是与元气说相合的物质观。毛泽东与坂田昌一对话，赞成物质无限可分，与列子或夏革的观点一样。

还是汤问篇的一段故事，可为这种观念作注解：

来丹要报父仇，而仇人黑卵太强。有人告诉他，卫孔周家有三把宝剑可以用。他去借剑，卫孔周说：三把剑都不能杀人。“一曰含光，视之不可见，运之不知有其所触也，泯然无际，经物而物不觉。二曰承影，将旦昧爽之交，日夕昏明之际，北面而察之，淡淡焉若有物存，莫识其状。其所触也，窃窃然有声。经物而物不疾也。三曰宵练，方昼则见影而不见光，方夜见光而不见形。其触物也騞然而过，随过随合，觉疾而不血刃焉。此三宝者传之十三世矣，而无施于事，匣而藏之，未尝启封。”来丹借宵练去行刺，当然不成。

这剑和被切物不可能由原子构成，否则，各种原子的大小相差无几，则切斫动作必致破伤。只有绝对的连续态才能“随过随合”不出血，正所谓“抽刀断水水更流”。这只能是元气说类型的物质结构，然而文中并未使用“元气”一词。

六、宇宙构成的物料——元气说及其前史

元素，这是晚近从西方传入的语词的翻译。相应于此的概念在先秦也有。这种概念也是高度抽象思维的成果，是对宇宙万有最本根的质料共性的求索。万有是否有共性本根？古希腊人和古印度人都有“四元素说”，即气、火、水、土四

大项。他们没有再去寻求这四者之上还有什么更本根的共性。而中国人到战国末期已经想到了一个叫“元气”的概念，说它是宇宙万有的终极本根。元气是个形上性高到无以复加的概念，说它是物质，却看不见摸不着，无形质，无轻重，无大小，无内外，只有很抽象的阴阳两性和聚散运作，而这两性也不是从空间上分的。元气是彻底连续的，有超距互感之性，这导致把宇宙万物看作混一存在的观念。是为“混一论”。

《老子》曰：“视之不见名曰夷，听之不闻名曰希，搏之不得名曰微。此三者不可致诘，故混而为一。”

元气是中国古代哲学远远超越于其他民族之上的标识。这项思维当然是彻底分析类型的。西人分到四元素就再分不下去了，中国人的分析比西人大进一步，进到底了，甚至连现代物理学也不能超越了。可见，今人有说中国古代不善于分析思维的，正是他自己的思维修养未及古人的水平。但不能排除另一种说法：如此高度抽象分析的思维却妨碍了近代物理学的产生。

老实说，元气说在先秦只是萌芽，如前述伯阳父论地震。它的成熟要到汉代。战国的文献只有：《管子》说过“精气”的概念，《庄子》说过“人之生，气之聚也”，《孟子》说过“吾善养吾浩然之气”等，尚未进到明确的普遍物质本元的水平，论述也很简单片面。有《鹖冠子》一书提过“元气”一词，但无发挥。且其书是黄老之徒所作，水平不高，多所抄掠，似不早于汉初。因此这里不对此过多议论，先来讲述元气说之前的。

《管子》书中有一篇重要的自然哲学论文——“水地”篇①。虽然此篇只涉及生命问题，未言天地模型，但所言与宇宙论大有关系，是有关物质元素的。

前人解说文中“水者万物之本原”为与古希腊一样的“水本原论”，误以“万物”为宇宙论的物质，而实际上那是指生物，尤其是动物，且主要讨论人②。

其说以纯粹物理学模式构成假说，把生命的最核心的特征概念（遗传和感觉意识等）抽象出来，给予全自然化的分析性解释，丝毫没有神创论的痕迹，也没有神秘性论点或论式。有这种思想，意味着宇宙论已达某种不借神力的高级水准，作为自然科学而前进。

此外还要注意，其说只用五行的水、土两项，不用五行的另外三个——金、

---

① 李志超．国学薪火．合肥：中国科技大学出版社，2002

② 春秋时代文献以“物”为动物，很多中国哲学史家竟然无此知识。不知他们如何解读《论语》“四时行焉，百物生焉”。

木、火，也不用元气类型的概念，而这无损其科学性。本来，金可作为土的特类；木，本来即是其水土说所解释的生命形态，可归之于水土；火则有形而无质，有动而无静，不能作为结构材料。

其实，五行说从头就不是个元素说，而是表示生克（克）关系的最简模式系统。五行排成循环：水—木—火—土—金—水……，命为邻位前生后，隔位前克后。构成这种关系的基元最少要五个。这次序不关紧要，因其本即符号而已。《尚书·洪范》曰：

> 五行，一曰水，二曰火，三曰木。四曰金，五曰土。水曰润下，火曰炎上，木曰曲直，金曰从革，土爰稼穑。

火之谓“炎上”，或与解释天和日有关，天清虚在上而日为盛阳大火。此或西方古以火为元素的理由。木之谓“曲直”或与解说生命复杂性有关，生命体的构形没有直线和平面。金是从土用火炼出的，又要用火熔炼铸锻成器，都是人为而非自然，故曰：“从革。”木和金都不能作为自然构造的元素。

此处我们还必须澄清流行近百年的一条误断——说《墨经》有“原子”概念。始作俑者是梁启超，他把欧洲刚见报的科学新发现的电子与《墨经》的“端”认同，说端就是电子。后不久，人们觉得还是说“端是原子”更妥当。此说到20世纪80年代因徐克明在《物理》杂志的宣传而流行更盛。1990年李志超和关增建首破其论，证明《墨经》的“端”既非原子也不是几何的点，那个字在《墨经》仍只是迄今最流行的用义——尖端、顶端、端头……①

对一条误解而已更正的说法本不必提说，但那涉及中国传统宇宙观的核心。原子说与元气说是恰成对立的两极，充满中国学术史的都是元气说，怎么就突然从《墨经》冒出那么一条孤零零的很单薄的原子说来？完全不合思维发展史的逻辑性！这种论断的产生反映了近代中国一些人的学风。

七、天　人　观

伯阳父是周幽王之臣，其言在《国语·周语》，所论为地震：

> 幽王二年西周三川皆震。伯阳父曰：“周将亡矣。夫天地之气不失

---

① 李志超．天人古义．郑州：河南教育出版社，1995

其序，若过其序，民乱之也。阳伏而不能出，阴迫而不能蒸，于是有地震。……”

从宇宙学看，他的议论主要是元气和阴阳观念的早期萌芽，还包含以有序为正常的思想。

管仲是早于孔子的政治家。以《管子》为名的书大部分内容是战国时代齐国的稷下学者所作，但其中有少部分当是管仲本人的言论记录。宇宙学史最当注意其“宙合”篇，在现存传本中的原文有三千多字，笔者认为，其文仅前210个字（占全篇7%）是原作，其余都是汉唐间人作的解说文①。唐人尹知章作注，既不懂文义，句读也一团混乱，迄今千余年未得厘清。在这二百余字中有重要的宇宙学的信息。其文末句是：

夫天地一险一易，若鼓之有椁槁，□挡则击。天地万物之橐，宙合有橐天地。

“险”是高悬，“易”是低平，“椁槁”是山梨木的鼓槌。“挡则击”三字未解，□处或有脱字。说的是：如果天地像大鼓一样有可敲打它的槌子，那么一旦被敲动就会形成巨大冲击。“橐”是皮囊。“宙合”，依上文当是指天地之外的太空。此句原欲说明：

一高一低的天地也不是永保安定无事的，说不定哪一天会从天地之外突来巨大冲击。因为，天地虽为装载万物的箱囊，在天地外面还有包容天地的箱囊叫做“宙合”。

由此可见，管仲的宇宙观是超越感知经验之外，推而至于未知境界。他认为直接感知的天和地都是有限的实体，而空间是无限的，宇宙中大局的运变也有特大规模的震荡，并非总如日常经验那么平稳。这是一种极为宏伟开阔的世界观，有清醒的忧患意识，却无所畏惧。他这种超级理性化的心情有强有力的科学基础，那就是“大揆度仪”的知识。

可靠的原始文献所记先秦诸子百家中，以孔子（公元前551～前479年）及其学派——儒家为最早，也最为显赫而有大成。作为一代大师，学派的创始者，不能没有对宇宙论的说法。他虽然也提到过此类命题，却未曾展开地讨论。从几

① 参见李志超《国学薪火》“管子‘宙合’辨析”。其文含“天地”之词，应是稷下学者复述带进来的新词语。有“大揆度仪”之语，表示天体可测而知。

条语录看，孔子是相信“天道自然”的。他说：

> 天何言哉？四时行焉，百物生焉，天何言哉？（天说话吗？四时自在运行，动物们自在生育，天说话吗？）
>
> 祭神如神在。（你要是祭神，你就要把神当做真实存在。）
>
> 获罪于天，无所祷也。（你得罪了天，又能向别的谁去求告祈祷呢？）

在孔子看来，天这个庞然大物似乎没有思想意识，神灵也只是人心所造。不信神又何必去祭神呢？当然天是伟大雄强的，做出与天道相违之事，向谁祈祷也没用。这些想法是现实的理性的。但是相信天道自然还不等于正确了解了事物间的关系和规律。

孔子教课有《春秋》，其中记录了36次日食以及朔望日正误，还有很多气候反常的事。孔子不仅关心而且像世传史官一样懂天文和历法。这导致后世很多大儒，特别是作史的，都研究天文历法。《春秋》用周王廷历法，而孔子却表示希望“行夏之时”。当时夏历还是个新事物，孔子并不因他的尊王立场而独尊周历。这是他的科技观先进之处。但儒家一部分人对日食和气候生态的反常，与星占家的想法一样，认为这些现象具有上天对人示警的意义。《易·系辞》有所谓“天垂象，见吉凶”之言，这是那个时代的共识。到了汉代，董仲舒把这个思想作了详细发挥。司马迁作《史记》，在“天官书”里大讲星占。直到欧阳修作《新五代史》才明确地抛弃了这种思想。此事要在第五章细说。

整个先秦时代，孔子的门人后学人数很多，只有孟子和荀子留有可观的著作。与易学有关的思想，留待后文。

孟子名轲（公元前372～前289年），活动盛年与邹衍大体同时而略早，以继承孔子的事业自命，授徒讲学，在齐国及其近邻各国游说王者，不得志，作《孟子》。书中涉及宇宙论者很少。一是关于气的议论，二是关于历学的一句话。他说到天地之间有所谓“气”者，并未言及这气与宇宙构成是什么关系，只说：“吾善养吾浩然之气。”限于个人道德修养的命题而已。他说：“苟知其故，则千岁之日至可坐而致也。”这反映的是当时的天文历算专家们正在研究解决用天象常数和计算公式推算未来长期冬至以及其他重要历法时日问题。在这之前的历家只能“观象授时”，也就是靠当下几日内的观测来预报几日后为朔望分至等事，犹如今之气象预报。大概就在孟子写下他这句话的时候，邹衍正在建立初期的历法预报计算公式。同样，在孟子说气的时候，关于宇宙构成的基本元素——元气的讨论正在开端。所以可知，孟子本人虽不直接钻研宇宙论，却不是个闭塞的人，他了解当时学术前沿的情况。

荀子（约公元前330～前227年）名况，后于孟子和邹衍。荀子显然继承老子并大有发扬，论天独有所长。《荀子》书中有“天论”篇，其中“天”指大自然。

荀子的宇宙观与现代唯物主义一致。不仅如此，他还更重视宇宙中的生命现象，以物比天，物是指动物。进一步，他强调人的能动作用，人要制天。他讲“天人之分”，与今人多所说道的“天人合一”有所不同。所有这些都与孔学传统相合而尤有过之。他的思想还与儒学的另一大块——易学一致。如果易传之作晚于荀子，则有可能执笔者就是荀子门人；若反之，荀子晚于《易传》，则当认为易传所述是孔子之言。例如，《易·系辞下》曰：“天地之大德曰生”，《荀子》王制篇则曰：“天地者生之始也”；又如，《易·系辞上》曰：“悬象著明莫大于日月”，《荀子》“天论”篇则曰：“在天者莫明于日月。”

第四章　汉代的宇宙学革命

一、太初改历——科学革命

在现存的中国历史书上有正式记录的第一部历法是《史记·历书》的“历术甲子篇”。但那却是一部未曾行用过的被废掉的历法，而且流传至今的内容也远非详尽。从下文可知，那是司马迁自己的或他那个学派小组的成果，被汉武帝否决了。前代学者有说那是汉代人褚先生（不知其名，或名曰少孙）加进去的。持其说者不知道汉武帝时发生的天文学革命，而这是李志超和他的学生们在1985年发现的。被汉武帝否定的历法有十七家，如果《周髀》作于此后不久，则其书的后部分内容也可能是这十七部中的一部。它比“历术甲子篇”内容稍丰富些，但不如《汉书》所记的《三统历》。在司马迁当时，被采用的《太初历》是浑天派洛下闳和邓平之作。

《汉书·律历志》记录了更详细的历法，今人可以根据那记录编出当时的历书。那历法叫《三统历》，是由王莽政府的首席学者国师刘歆写成的，而其内容特征又与《太初历》没有差别。到后汉章帝（公元85年）改历，称新历为《四分历》。其实按历法性质说，此前三百年的历法都是四分历。“三统”之名其实就是王莽改朝换代的结果，改名不改实。回归年小数是1/4，朔望月小数是43/81，这都与邓平的数一样。而且《后汉书·律历志》讲汉章帝诏用《四分历》之前的历法，也是忽而叫“三统”忽而又叫“太初”，反复无常。“四分历”是专家们按实质内容特点给出的类属性称呼，而汉章帝则以之作为新历专名。这些对本书关系不大，就不多说了。当下我们最关心的是改历引爆的中国宇宙学史上的重大革命事件。

第二章说过了由邹衍代表的平天说宇宙学，以及那两个世纪的历法进展。秦始皇按邹衍的“五德终始论”给自己定为水德，还把黄河改名叫“德水”。与水相配，服色尚黑（这是今人排演影视剧给秦始皇和青年汉武帝穿黑袍的根据）。在历法中，按三正法把“岁首”定为十月。所有这些便是史书常说的“正朔服色”。汉朝初期一百年，由于种种原因，没有改变秦的这些制度，史称“袭秦正朔”。汉武帝登极30年后，司马迁倡议改制修历，当时的朔望冬至都差得远了。

司马迁，他的生卒年有争议，大约生于公元前146年，比汉武帝小十岁，是史官世家子弟。如《汉书》所言，他的家世是：“重黎氏世序天地。其在周，程伯休甫其后也。当宣王时，官失其守而为司马氏。司马氏世典周史。”他父亲司马谈官为太史公，是国家天文历法机构的首长，公元前110年（元封元年）去世。公元前108年（元封三年）司马迁承袭父职作太史公，他联合朝中大臣上书建议造汉历。这个建议很投合汉武帝的心意，立即批准启动。他们的日程计划大概是用三年完成，元封七年即可行用。武帝下治历诏书说要“改元封七年为太初元年”。

出乎这位雄心勃勃的新太史公的意料之外，在这意义重大的历史事件过程中，他作为发起人和主管官，竟成了一个失败者！一些非专职的民间天文家酝酿的宇宙学大革命——以浑天说取代平天说，条件已经成熟。汉武帝否决平天派旧法所定的历法，采用了洛下闳创始的浑天派新法。此事是否后来汉武帝处司马迁以宫刑的契机？但总是因此之故，在《史记》里没有这一重大科学史事件的详细记录。《汉书》虽有记录，却隐去了司马迁落败的情节，可能是为尊者讳。后之人读史作史，对宇宙学不了解，没兴趣，不求甚解。于是魏晋以后这件大事就成了一笔糊涂账，要20世纪末来清算！

按《汉书·律历志》所记，司马迁领导一批人，领衔的是非专业官员公孙卿和壶遂。应有他父亲的老师（也应是他的老师）唐都在内，唐老先生自然是平天派的传人。特别提到一个叫“大典星射姓”的人，大典星是官职名，姓射名“姓”。他们的工作程序是：

定东西，立晷仪，下漏刻，以追廿八宿相距于四方，举终以定晦朔分至躔离弦望。

这是后文要讲的《周髀》的平天古法。定东西，是以一日内竿影最短的日位为南，辅之以夜观极星定出东西；立晷仪，是在平地上竖立八尺表竿；下漏刻，是设置漏水计时器（本章末细讲）。廿八宿相距，是各相邻宿的距度星（即标识星）的“距度”。这指的是相邻二宿标识星在天赤道上投影的相对距离，其度量单位是赤道全长的1/365.25。这所谓“赤道”又叫“中衡”，即是春秋分日位所在的以北极为中心的圆圈。在绢图上用赤色画出。故称“赤道”。

测量这相距的方法如下：按图4-1，在平地上画一大圆，周长365.25尺，圆心处立表竿，圆周南线置游仪（活动表竿）。在同一时刻观正南宿的距度星和它前边那宿的距度星。从中心表竿向所测星瞄准，把游仪放在中表和被测星的准直方向上的圆周线上，记下圆周线上的游仪位置，两星间圆弧长度尺数是直接的测量结果。游仪不需很高，它只供为被测星向地面垂直投影到圆周线上的地点作记号。这尺数还不是所要的距度，它们的总和大于365.25尺，但不管多少，只要取其总和的1/365.25为单位（仍以“尺”称呼它）算得的才是距度。所以，《周髀》书中所说地平大圆并不需要精确规定周长或直径的绝对值，也不需要画完整，只要南边三四十尺的圆弧就够用了。也可以不必什么折算，只是缩小圆弧半径，使每日星移在弧上投影恰为1尺。甚至不论半径多大，迳以一日星移投影于地的弧长为一个单位，就叫它“一尺”。

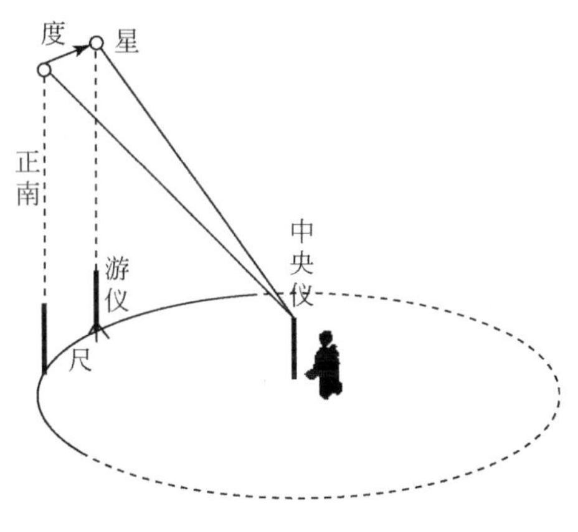

图4-1　周髀测影图

《周髀》书中还讲道：从中表竿顶“引绳至地而识之”。这对测距度是不必要的，应是绘制小天区星图的操作。所得应是以天顶为中心原点的极坐标图。可是天顶的星不停地移动，所以平天家绘制全天星图的工作充满艰辛和困惑，可能要动员多人同时操作。大概这就是引发浑天说的最直接的动因。然而，无论如何，平天家是把“立竿测影”这一最原始最简单的测量技术发挥到极致了。这八尺表竿，不管怎么说，都应算得上是真正的科学仪器。确实，如今广泛用于称呼科学用具的汉字“仪”，本即源于古代影竿之名。

关于《周髀》，后文再细说。

把廿八宿测完一周天，就可以按测得之数画成圆图了，这就是“四方”一词的含义。至于“举终以定”云云，则是指处理日与月的运行周期和离合关系的推算程序。“举终”一语含有总指观测和推算的意思，应是《左传》“履端于始，举正于中，归余于终”这 12 字的简缩。左氏之语原甚含糊，只是治历程序的最简约的概括。阴阳合历要调合月序，使与回归年保持相对定常的关系，即每季月份序数不变。上章已说明，这是靠闰月法解决的。后人解释说“履端”就是从过去的年月找个“历元”之日，在那一天，日月五星集会在一个小天区，此后的天象便以各天体的周期向下推算；“举正”是指每年冬至日的预报和测定，或扩展其义，兼指二至和二分日，以致于指各节气日；“归余”是把一年十二个整月之外的十九分之七月归拢成一整月，以此置闰（即十九年七个闰月），而太初之前行用的《颛顼历》是闰在冬至前月，是一岁之终；“晦朔”是月亮与太阳赤经相合；“分至”是日行黄道的四个等分的标志点；“躔离”是日月道的分合；“弦望”是月相。

《汉书》说司马迁这项工作已经得到结果：“已得太初本星度新正”。新，那当然是与旧不同，是观测得来的。其数据是：

以前历上元泰初四千六百一十七岁，至于元封七年复得阏逢摄提格之岁，中冬十一月甲子朔旦冬至，日月在建星，太岁在子。

于是历元是元封七年之前的 4617 年，“阏逢—摄提格”就是甲寅，这一年的冬至日是甲子日，又是朔日。旧说以建星为斗宿里的小星组，这与史料不合。太初以冬至日在牛初，不在斗宿。此事容后再论。“太岁”是与岁（木星）作反向运动的虚拟天体，“在子”是在正北方。

然而此时发生了“姓等奏不能为算”的意外事件。姓，就是射姓。不能为算，这是说：运算的活儿干不下去，或不能这样干。上奏的显然不是一个人，但却不包括司马迁，若有他，那就得说“迁等奏”。那么就是，姓等与学术领导人司马迁有意见分歧了。姓等说：“愿募治历者更造密度，各自增减以造汉《太初历》。”更造密度，当然是说已得的度不密（不精密），明显地是在否定司马迁等已得的数据成果。既曰“奏”，当然是直接向皇帝报告，是越级提异议。按汉武帝作风，他当然要亲自处理。结果是：

乃选治历邓平及长乐司马可、酒泉侯宜君、侍郎尊及与民间治历者凡二十余人。方士唐都、巴郡洛下闳与焉。都分天部，而闳运算转历。其法以律起历，曰：律容一龠，积八十一［分］（寸），则一日之分也。与长相终，律长九寸，百七十一分而终复，三复而得甲子。夫律阴阳九六爻象所出也，故黄钟纪元气之谓律。律，法也，莫不取法焉。与邓平

> 所治同。于是皆观新星度日月行，更以算推，如闳平法。法：一月之日，二十九日八十一分日之四十三。

这是批准姓等之奏，募治历者二十余人，从头干。文中首提邓平，因为他是最后胜家，再提及三名有官爵的，其余是民间历人。史文作者又特别点出唐都和洛下闳的名，说他俩是民间历人中的两个，用意当是强调相异门派平等竞争。唐都是守旧的平天家，他所作的是“分天部”（按陆宗达《训诂简论》，“部”是车盖的中轴顶端，又称“葆”。）也就是以前的“追廿八宿相距于四方”。洛下闳是革新的浑天派，他所作的是“运算转历”。这 4 个字的意思不明白。但下接一段文字说的则仅是洛下闳的成果，“如闳、平法”，其成果与邓平一样而与唐都无关。朔望月的日数是 29 加余分 43/81，实等于 29. 53086，精度好于 10^5。这不是仅靠观测能得到的，是从长年（至少 300 年）朔日（特别是日食）记录的干支数算出来的，所以倒也不是非浑天不可。《周髀》的余分是 499/940，一个朔望月的日数实等于 29. 53085，不比邓平差。但在冬至的日所在宿度上，浑天新法就比平天旧法强多了。这优势对预报日月食最有用。

月行速率是日行的 13 倍多，且可夜间直接观星定位。而太阳则不能直接定位，若用漏刻计时来间接定位，不单与计时精度有关，更与星宿经度的数据精度有关。平天旧法正是在这一点上大大不如浑天新法。此事将在下文细说。《汉书》所记的《三统历》有推算月食的公式，原则上可以算到任何年份的月食。这大概是中国最早的“以算报食”。此前只能按近期日月行迹观测结果来作预报。但究竟何时始有推算日食的方法？这还是个谜，按理不早于太初，现存最早的记有推日食之法的历法，只在三国以后。而《晋书・律历志》却说刘歆已作日食的推算，这在史料中没有找到其他根据。而此事却是宇宙学史的重要事件。

《汉书》文中“以律起历”是一条重要观念，虽非测算之必需，却流行了很久，直到明代朱载堉作《圣寿万年历》仍持此说。《史记》虽亦重律而作“律书”，却未与“历书”混为一谈。《汉书》合为“律历志”是这观念实行的最初表述，对后世影响很大。

“律”是发声的吹管。早自先秦已经发现和谐的音阶有简单整数关系。《管子》记有“三分损益”定律，这是弦乐器上弦长的比例关系，与古希腊毕达哥拉斯的发现一致。如《国语》伶州鸠之言，这是表现“天地之和”的数值关系，谐和音之数是宇宙学的数。

可是，弦是不够稳定的，所以用管作成标准，称其所发之音为“黄钟”。再辅之以弦，得出其他各音。规定黄钟之律长为九寸，管口直径三分（0.3 寸）。当时以 3 为圆周率，故管口周长九寸，乘以管长，得管的内表面积 81 平方分。把这个数加上（相终）九寸（90 分）得 171 分，此数乘 3（三复）得 513，从甲子起，数过 470 个干支是甲寅，513－470＝43，这就是朔望月余数的分子。

由这种推演可以看出，其程序没有直接的经验和逻辑根据，纯属凑数。当时的科学方法有“凑数”这个显著的特征，后文讲刘歆的象数学和《周髀》之学时还要提到。但这只是为了诠释，实用之数还是以经验判断取舍的。其诠释之辞就是接下的那段话：律为“阴阳九六爻象”之所出，这指的是周易的卦爻。爻有阴阳，六爻为一卦，一卦之内阴爻称“六”而阳爻称“九”。“黄钟纪元气”是说那支标准律管表现了元气，所以它才据有作标准的资格。这里，元气的概念首次被用在科学理论之中了，虽然只是形式的而非理性的。

《汉书》的下文说明了：每月日数取整，如何与朔望月的小数调合，即所谓“借半日法”。这其实也是一种“归余于终”，只不过是月中之日，而非年中的月。按每月 29 日，每两个月加一日，即所谓“大月”“小月”。然后就说：

> 乃诏迁用邓平所造八十一分律历，罢废尤疏远者十七家。复使校历律昏明宦者淳于陵渠复覆太初历，晦朔弦望皆最密，日月如合璧，五星如连珠。陵渠奏状。遂用邓平历，以平为太史丞。

这是说，皇帝诏命主管官司马迁，采用邓平的“八十一分律历”作为《太初历》，罢废了其他十七家，自然也包括司马迁一家。皇帝还派宦官去复核查验，确定无疑后才正式行用，并任命邓平为太史丞（即太史公的副手）。先说有诏用邓平历，又说查验，再说用邓平历。意示此中有争议过程，提反对意见的只能是司马迁或他的同派人了。

《汉书》不单未提司马迁的失败，也没提“浑天”和“盖天”字样。这是使后世人不知此中含浑盖之争本源的主要原因。后世文献皆以洛下闳为浑天创始人，邓平事迹则只限于此。在《史记》提到洛下闳处，《索引》注引陈寿所著《益部耆旧传》（原书已佚）：

> 闳字长公，明晓天文，隐于洛下。武帝征待诏太史，于地中转浑天，改《颛顼历》作《太初历》，拜侍中不受也。

洛下闳辞官不受，还做隐士。至于何为“于地中转浑天”？留待后文细说。此书当是蜀地人物传记，但其成书晚至西晋。

最早说出“浑天”“盖天”两个名词的是扬雄《法言》。扬雄也是蜀人。其言曰：

> 或问浑天，曰：洛下闳营之，鲜于妄人度之，耿中丞象之。几乎几乎，莫之能违也。或问盖天，曰：盖哉盖哉，应难未几也。

“浑”是形容球的形状“浑浑然无端末”，找不到哪一点有作头尾的特征。“盖”本是器皿的盖子，后来又指伞，“盖天”的盖是伞。“营”是创立、设计、实施，“度”是测量，“象”是绘图或做模型，“应难”是回答问题，“几”是接近真实。“未几”是答案不合实际。

扬雄是王莽朝的大儒，与刘歆同时而互为密友。比起刘歆，他可是个大老实人，甚至近于迂腐。他的书比太初改历只晚了百余年，比鲜于妄人的活动晚不到六十年，比耿寿昌中丞晚不过一二十年，比《汉书》之作早不到百年。在上引《法言》之文前面还有一句：“或问《黄帝》《终始》，曰：托也。”前人作注皆未明言所指就是《汉书》所记两部历法（即《汉书》下文中的《黄帝调历》和《终始历》）。而扬雄说：那两部历法都是伪托的，就好像大禹治水累瘸了腿，巫师们都学禹走路的姿态，还叫什么“禹步”。可见他主张说话都要讲究有根有据。那么，后世流传的“浑天”便是由洛下闳创始无疑，这与我们对《史记》和《汉书》的解说相合。至于“盖天”这个词，即便不是扬雄首创，也不会比他早很多。

不仅如此，《汉书》里接下去的文字还有重要信息。在此引出原文，并给出今译：

> 后二十七年，元凤三年，太史令张寿王上书言：“历者天地之大纪也，上帝所为，传《黄帝调律历》，汉元年以来用之。今阴阳不调，宜更历之过也。”诏下主历使者鲜于妄人诘问，寿王不服。妄人请：“与治历大司农中丞麻光等二十余人，杂候日月晦朔弦望八节二十四气，均校诸历用状。”奏可。诏与丞相、御史、大将军、右将军史各一人，杂候上林清台。“课诸历疏密凡十一家，以元凤三年十一月朔旦冬至尽五年十二月，各有第。寿王课疏远。案汉元年不用《黄帝调历》，寿王非汉历，逆天道，非所宜言，大不敬。”有诏勿劾，复候。尽六年，《太初历》第一。即墨徐万且、长安徐禹治《太初历》亦第一。寿王及待诏李信治《黄帝调历》课皆疏阔，又言：“黄帝至元凤

三年六千余岁。”丞相属宝、长安单安国、安陵桮育治《终始》，言“黄帝以来三千六百二十九岁”不与寿王合。寿王又移《帝王录》舜禹年岁，不合人年。寿王言：“化益为天子代禹，骊山女亦为天子，在殷周间。”皆不合经术。寿王历乃太史官《殷历》也。寿王猥曰：“安得五家历？”又妄言：“《太初历》亏四分日之三，去小余七百五分，以故阴阳不调，谓之乱世。”劾寿王：“吏八百石，古之大夫，服儒衣，诵不祥之辞，作妖言，欲乱制度，不道。”奏可。寿王候课比三年下，终不服。再劾“死”，更诏勿劾，遂不更言。诽谤益甚，竟以下吏。故历本之验在于天。自汉历初起，尽元凤六年，三十六岁而是非坚定。

今译：

过了二十七年，到元凤三年，太史令张寿王上书说：“历法是天地的伟大规范，是前代帝王所作，传下来的《黄帝调律历》从汉朝（开国）元年以来就用它。现在阴阳不调（有天灾）应是改历造成的过失。”诏书下来，命主历使者鲜于妄人去诘问他，寿王不服。妄人请求：“与治历的大司农中丞麻光等二十余人进行多项观测，如日月晦朔、八节二十四气，平等地考验各家历法的表现。”申请被批准。下诏命与丞相、御史、大将军、右将军各出一名文书（史）到上林（官庭园林）的清台作各项观测。（结果的报告是:）“考核诸历十一家精密度，从元凤三年十一月朔旦冬至到元凤五年十二月，各有名次。寿王的考绩最差。经查，汉元年不是用《黄帝调历》，寿王反对汉的历法，违背天道，说不该说的话，为大不敬。”有诏：“勿劾，再观测。”到元凤六年底，结果是（太史官的）《太初历》第一，即墨人徐万且和长安人徐禹所编制的《太初历》也是第一，寿王和待诏李信编制的《黄帝调历》考绩都很差，他们还说从黄帝到元凤三年是六千岁。丞相属宝、长安的单安国、安陵的桮育编制《终始》历，说黄帝至今是三千六百二十九岁，与寿王不合。寿王又篡改《帝王录》的舜和禹的年岁，都不符合正常人的寿命。寿王说：“化益取代禹作天子，骊山女也是天子，是殷周间人。”这都不符合经术（公认最正确的知识）。寿王的历是太史官府保存的殷历，寿王却胡说什么“哪来的五家历？”又胡说：“《太初历》少了四分之三日，去掉了小余705分，以致阴阳不调，这叫乱世。”弹劾寿王是：“俸禄八百石的官员，级别相当于古时的大夫，着装是儒服，却口诵不祥之辞，编造妖言，企图破坏国家制度，是大逆不道之罪。”弹劾被批准。

寿王被考察了三年，到底还是不服。被再次弹劾为死罪，又被诏免，别人便不再说话。而他却诽谤得更厉害，终究还是被交付法官审判了。

故历学原则的验证者是真实天象。从汉历初起到元凤六年，历经三十六年，是非才被牢牢地确定了。

这里不避冗长，引述并翻译这段文字。其字数在《汉书》这一节里占的比重，较前文讲述太初改历的过程几乎一样。按说，一个不学无术的庸官干的无功骚扰，在这种正史之作里本不必理睬。可这里却花去这么多笔墨，为什么？

这是作史者用曲笔表明：太初改历是有严重争议的。前段讲事件本末，既然不想明言司马迁先与射姓等人后又与洛下闳等人的争议，于是就在张寿王的事上大做文章，最后用“三十六年”概括此事的首尾全程。而这 36 年的首年是元封元年（前 110 年）。那年司马迁丧父，他应居丧而不能正式就职，但由他继任太史公①却是明确肯定的。所以他当然会实际过问公务，改历之议已始酝酿了。

从这段文字还可获得一些附带的信息。张寿王是二十五史中一连串争历事件的第一人。在他之前，司马迁与浑天派已经是争历了。从两汉经六朝隋唐两宋，直到明清传教士与杨光先等人，争历充满正史。这与西方大不一样，说明中国古代科学的争鸣自由度曾比西方大。元凤年间的皇帝是汉武帝的小儿子汉昭帝，年龄仅十六七岁。他一再下诏勿劾，保护争鸣的少数弱者。汉武帝支持的浑天家在当时也是少数，且不当权。而汉武帝的决断，使中国宇宙学开了新生面，也使争鸣之风得以通畅流行，是文化史上的伟大贡献。

张寿王顽抗到底是坚持家学，他做太史令，应是世传专业。可见，先秦史官的家世尚在延续。他不会不知道汉初百年行用的历法是秦的《颛顼历》，却拿出《黄帝调历》来，大概是考虑要恢复秦历有政治上的忌讳。那么，这《黄帝调历》应是旧法平天说之属。他的史学知识却不能恭维。这说明家传史官的学术素质已经衰落，他们太专注于保守被革了命的祖传专业。

司马迁则在汉武帝天汉二年（公元前 99 年，太初历行用后五年）因李陵兵

---

① 司马迁官名“太史公”，汉宣帝改名“太史令”。此取《汉书》如淳注之说。

败降敌之案，被处宫刑，不当太史公了，从此专事作史，终成大业，为一代伟人（汉武帝不尊重其学术，却未就学术处罚他，忍到此时）。在这36年里参加改历的有很多民间专家，而浑天新说即出自民间。

《汉书》本节的最后之言“历本之验在于天”非常深刻。这句话成了后世历学的根本性指导原则，是经验理性的重要宣言。以司马迁的才识，这话该是由他说出来，很可惜他未能说出这样的话。但平天家很快就做出反应，作成《周髀》之书，其中也一样表达了明确的无神论的理性主义，对经验则有以思维超越的倾向。这要比《汉书·律历志》还高出一头。

二、《周髀》——终结一个时代的里程碑

失去了正统官方地位的平天家们，为了保存其祖传文化遗产，就精心地编写了《周髀》。前此没有这样的全面阐述宇宙学的书，或许是虽有而未得流传。譬如《汉书·艺文志》所录的刘歆《七略》记有邹衍的书，应该就是，却早就不见了。也可能是不及《周髀》之精致，被自然淘汰了。

虽然从桓谭、扬雄起就批判《周髀》学说的错误，但这部书却一直流行不衰，竟得以完整地保留至今。究其原，盖在于它代表着科学史的重大历程之一，即太初改历前的宇宙观和科学理论。它的科学史价值一点也不亚于托勒密的《至大论》（Almagest）。

《周髀》并没有从一开始先说明天和地的几何形状，但全书内容却清楚明白地显示了这个前提的假说。作者之所以不作说明，也许是没有想到后世有此需要，所言是时人共识。它的天地形状就是一对平行平面。当然地面上有山泽起伏，它都不管，只强调在轴心的北极位置地上有一个大的凸起，高六万里，外围半径一万一千五百里。书中称之为“璇玑”。对应的天也有一个向上的凹洞，但这不重要，不影响计算。这是个纯化的假说。前人如钱宝琮，说《周髀》的天地形状是球冠形曲面，还有说是大球的，都没根据。

书中另有一作了说明的物理假说是光行极限167 000里，这一数字与书中其他数据有配合关系（作者虽然混淆天极与极下去日距离的差别，但无伤大局。或许有后人臆改）。书中最重要的一个半经验性公式是：八尺高的垂直竿子正午的阴影长度南北地差千里增减一寸。我们简称“千里一寸公式”。这公式被沿用了几百年，而立竿测影则一直被作为天文学的基本操作传袭到明代，这就是所谓

“圭表测景”。

与竿影测量结合，《周髀》的数学手段就是勾股定理与相似三角形方法。这些数学内容使《周髀》在其天文理论失效后作为一部数学著作长期受到重视，故得名《周髀算经》。由汉至清两千年，人们不知甲骨文，解书名的“髀”为勾股的“股”，很勉强。恐怕应该解为刻写甲骨文的牛髀骨才对，《周髀》作者必有祖上秘传的牛骨文字资料。勾股定理还曾被叫做商高定理。此书在数学史上的价值可以作如下评说：它的勾股定理和相似三角形的比例计算以及由方及圆的原则，从古代水平看，完全满足定量几何学的应用需要。它的数据体系有效数字长达十一位，对比地看，公式中圆径与圆周数字比例数又是最简单的整数，$\pi=3$。这是历算家夸耀心态的刻意表演，既是一种美学追求，也是他们用理论改造经验数据的结果。这种改造也与光行极限数一样要从全部数字体系信息中看它的来龙去脉。在上述物理假说和数学方法基础上，经过逻辑演绎，得出下列结论：天高八万里，日月直径1250里。天以北极为轴的旋转使一昼夜内太阳周期地轮流照亮大地的不同局域，遂有昼夜现象。太阳在黄道上的周年运动又引起地上的四季寒暑变化。并预言：北极之下一年只有一个昼夜循环。北极是最寒冷万物不生的地方。

《周髀》对实测数据系列所作的理论改造，既令人迷惑，也很令人感兴趣。这种改造是为了适应一套看起来非常简单而和谐的数学模型，作者所表现的技巧亦足令人赞叹。他居然能把大量实测数据与一个子虚乌有的简单几何结构凑合一致。

这个数学模型是：恒星所在的天是个平面，以北极为中心旋转，周期为一昼夜。在平面上以北极为中心画星图，这是个极坐标天文图，古称“盖图”，《周髀》书中称“七衡六间图”。由于不认为天是球面，所以不存在球面展开为平面产生畸变的问题。把太阳一年在恒星背景上运动的轨迹用黄色画成，叫“黄道”。廿八宿星在黄道两侧分布。用7个同心圆划分全天星图，圆心是北极，从里到外，第一圈为“内衡”，夏至太阳在这一圈上；第四圈为“中衡”，春秋分太阳在这一圈上，用红色画成，叫“赤道”；第七圈亦即最外圈为“外衡”，是冬至太阳所在。外衡半径恰为内衡的2倍，中衡半径又恰是内外衡的平均值，即内衡的1.5倍。

如取现在周公测景台所在地登封作为书中所说的“周城”，地理纬度是34.5°，则有表4-1所列表影尺数：

表 4-1　北纬 34.5°正午表影长度数据的三个系列

	冬至	平二分	夏至	北极
真值	12.80	5.5	1.56	-11.64
后汉书	13.00	5.25	1.50	
周髀	13.50	7.55	1.60	-10.30

如认为冬至晷影 13.5 尺大了 0.7 尺还算在误差之内，则春秋分的 7.55 尺和北极的 10.30 尺就无法认可了。这显然是把实测数改变以凑合理论模型——平行天地，外衡半径 238 千里，且有精确算式 A：

$$23.8 = 13.5 + 10.3 = (7.55 + 10.3) \times 4/3 = (1.6 + 10.3) \times 2$$

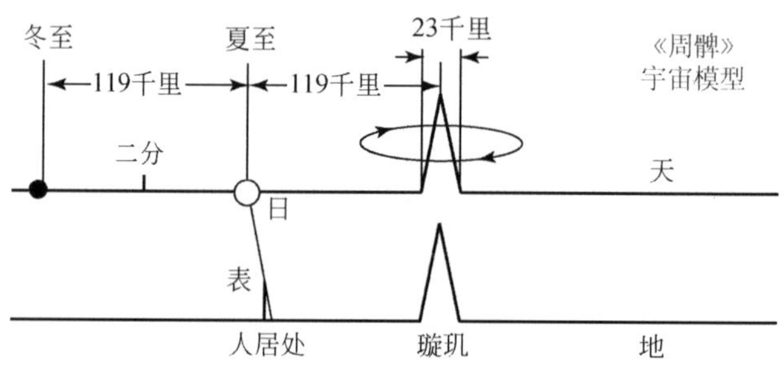

图 4-2　《周髀》的宇宙模型

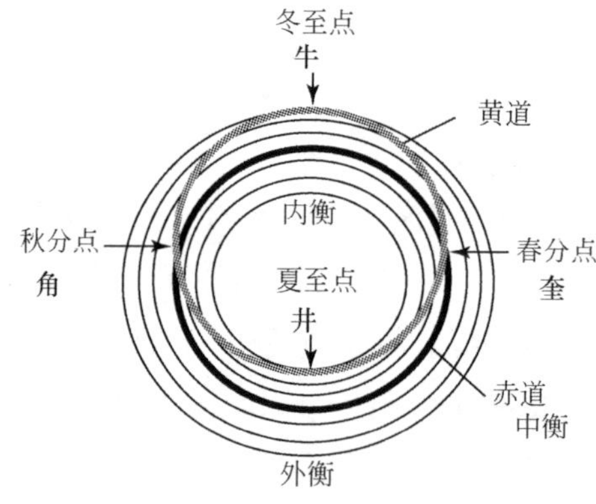

图 4-3　七衡六间图（不是传本之图，是依文意重画的）

由此得各衡半径：内衡 119 000 里，外衡 238 000 里，中衡 178 500 里，正是上列 A 式之数。许多前辈学者拿这些数据去寻找周城位置，闹得大惑不解。其实，若明白那不是原始实测数据，便一通百通了。

如果说极下一年一个昼夜，则春秋二分应恰是北极（注意这是天极）日出日入之日，按《周髀》说法是日光初到和方离之日。那么中衡赤道与北极距离按千里一寸公式得 178 500 里，那与上面说的光行极限 167 000 里不符，所差的 11 500里被说成璇玑半径，于是，光至璇玑就算到了天极。可这又是为什么呢？直接说光行极限 178 500 里不就行了吗？这里埋伏着一个机关，那璇玑之设是另有用意，但要给它赋予较强的物理意义，就把光行极限拉来服务了。这另有用意是什么？是要凑一组“去极度”数据。何谓“去极度”？去极度是浑天说中与北极距离的“度”数，何谓“度”？按赤道上恒星每隔一日西移（实为太阳相对于恒星背景东移）的距离定义天球上的长度单位就是一度。本来盖天说的中衡也可说周长 365. 25 度，但其他如内衡外衡若也都分为 365. 25 度，则度就不是常数。在七衡的半径方向上更无所谓度，直接说多少多少里也就完了。在浑天说中天是球面，任何一个球面大圆都与赤道一样，可以共享同一个长度计量单位。于是乃有去极度之定义：某一天体与天极的距离数，以度为单位表示。这用浑仪很容易测定。实际太阳去极夏至 67. 3 度，春秋分 91. 3 度，冬至 115. 3 度（注意，不是 360°制）都较精确。

《周髀》居然也要计算这几个去极度，算法是：

以内衡周长的 1/365. 25 为单位 d。外衡半径减璇玑半径，再除 d，得冬至去极度；中衡半径除以 d，得春秋分去极度；内衡半径加上璇玑半径，再除以 d，得夏至去极度。所用圆周率是 3。

所得结果竟与上述浑天去极度数完全一样！

这太有意思了！对此我们作何解释呢？这是盖天派学者在与浑天派抗争中显示自己的数算水平或能力：“你们不是搞了个去极度吗？我们这里也一样算得出这一套数，丝毫不差！”但他们却没有考虑，承认去极度概念就等于承认浑天的测度法——圆弧的瞄准测量，而这意味着天是球。盖天本法是八尺竿头水平投影，是基于平行天地模型而来的方法。若以此说《周髀》之天是球壳，全书即不可解。

钱宝琮早就提出《周髀》成书在西汉，他是按书中分至点的星宿从岁差计算得来。从这里的去极度推算一事也可证认其成书年代，因为汉武帝太初改历浑天说方始成立。或因测天之器尚非完备，上述去极度数的取得亦当稍晚；或由于此前浑天原未取代盖天的正统地位，即便浑天家有其去极度数，盖天派也无须去做这种凑合。

图4-4 解说《周髀》影长。表高8尺。曲线 e－e 是北纬35度实际影长。《周髀》理论模型所定影长数在直线 bc 上，影长与南北距离成正比，故为直线。a 点是夏至影长，b 点是冬至影长，c 点是北极影长，d 点是二分影长。人居处天顶（对应浑天30度）影长为0。

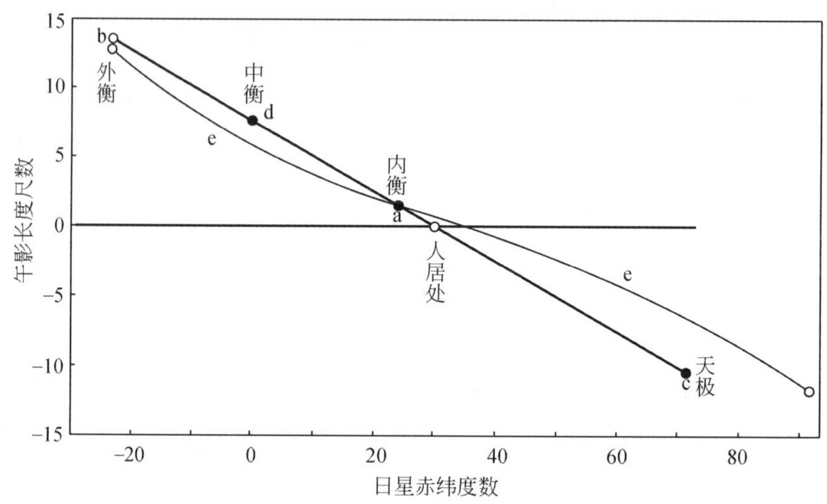

图4-4 《周髀》影长图解（负的影长是在表南）

《周髀》还有一个漂亮的谐和数，即宇宙中日照所及（包括一个瞬时的日照）直径八十一万里，这个数的凑成应是在后，即大体得出三个去极度之后发现日照径已近于八十一万，那就把各数少作调整，就凑好了。请注意，八十一是邹衍大九州之数，也是扬雄《太玄经》的总卦数，$81=3^4$。

总之，《周髀》的数据体系是以经验实测为参考，由理论计算而得出。这与现代宇宙学和粒子物理学常见的做法一样，理论得出自己的数据依照的是假说模型，但也参照经验实测数据。然后拿去与已有实验数据比，还预言某些数据，指导人们再去做实验。《周髀》的方法也是这样，其数是理论的。与实验的矛盾迫使人们改进理论，或建立全新的理论，《周髀》则被放弃了。

除了上述理论内容外，《周髀》也记录了盖天说的观测方法，上文已述。这方法很简易，却能保证一定精度，对不同的理论体系采取不同的数据处理都可以由此得到必要的结果。那是用八尺直竿做水平投影。盖天家把它的功能扩展到测量星图和廿八宿赤经差。

容易理解，从竿头引绳，以人目就绳之下端瞄准天顶附近的天体，再把绳子延长到水平地面，作出记号，这就得出了星图。这种点投影制图方法当然会启发光学成像理论，无怪乎中国历代讨论成像的著作都讲述点投影几何相似形，《墨经》如此，《梦溪笔谈》也如此。可是远离天顶的星象用这种方法就带来了巨大的畸变。可以设想，浑天说就是从这种操作中获得启发，想到天不是平面，而是球面。像郭守敬的仰釜那样用朝天半球面来承接竿顶投影，获得的才是无畸变的天文图。也许正因这里是盖天说被突破的弱点，所以《周髀》不肯详细陈述那关键性的数据处理方法。此外，它的七衡六间图那 7 个圆圈如果严格按书中规定的比例来画，在向上填星的时候，星位的安置就大成问题了①。如果恒星的经度是如下文以每日西移一度为准，则各星在图上的距离必出现很大畸变。这可能也是它那图上没有星象的原因。

用周髀竿影法测廿八宿差度，要使用日误差不超过 2 分钟的刻漏计时器。每过一天，同一时刻，恒星在赤道上西移一度。这就是中国古代分周天为 365. 25 度的根源。直接测得的数据是邻近恒星的距离，故星度表示以每宿“距度差”和“入宿度”（与所在宿的距度星之差）为主，而非从春分点或冬至点起算的“积度”，这距度差和 365. 25 分度制也被浑天家继承而不变。沈括曾说，古代以选用正处在分度整数的位置上的星为距星。这是合理的，因为取这样的星作测量标志较为方便。

从《周髀》的竿影测量可以看到，直到明代的中国古代天文学，所保存的许多制度原来是盖天古制的遗存。这非常符合历史的规律性，尤其是中国学者尊重继承的流风。

《周髀》是个完备的天体物理学理论体系，它有天地结构模型假说，有适应的观测仪器和方法，有处理观测数据的数学手段，有对昼夜四季寒暑的解释，有对赤道地区和北极地区的状态预言。这些解释和预言都与实际符合，胜于浑天说。当然漏洞也不少。

请注意：《周髀》明确表达了人可知天之理，而全篇无一字言及鬼神上帝。这与平天说统治 200 年中的主流天地观没有矛盾。

《周髀》的理论虽然在二千一百年前就被浑天说取代而淘汰了，但它是中国科学发展史上的一座丰碑，一座代表一个科学时代终结的里程碑。它所反映的理

---

① 李约瑟《中国科学技术史》天文卷的自制极坐标天文图即因此出错，把南斗一颗星的黄道内外搞反了。

性精神，科学理论的典范性，至今仍是应该肯定的。说中国古代没有物理学，更没有理论物理学的论点，不能解释《周髀》的一切。近代的《周髀》研究者恐怕也正是在这一点上不敢突破，才陷入困惑，他们对理论物理学方法了解太少。

前人的另一心理障碍怕是因为盖天说已被证明不对，认为错误理论都是胡说，不能有好评价，便不下力钻研。这观念违反历史主义原则，不知科学是个渐进的发展过程。盖天说是科学史必经之路。

三、浑天说的宇宙模型

1. 扬雄的认识

最早给浑天说天地形状做出说明的是扬雄的《法言》和桓谭的《新论》，而浑天说的经典之作是张衡的《灵宪》。桓谭的资料很少，且其真伪有待考证，张衡要单立专节讲述。这里我们只讲扬雄。

扬雄本来是信盖天说的，被桓谭说服而改信浑天说。今传桓谭《新论》记其事：

桓扬二人在朝堂外廊下坐待召入议事，背对上午的太阳取暖。桓对扬说（今译）：“你看，廊下的日光是怎么移动的？如果太阳是（在与地为平行平面的天上）平转，光不会像这样‘拔出去’。”

这“拔出去”三字是原文，意思是随着接近正午，原来进入廊内的光逐渐退出去了，这证明太阳是升高了。而按平天说，太阳不升高，只是平转，所以廊内的光不会退走。

在《隋书·天文志》里记有扬雄的“难盖天八事”。其言虽较外行，却仍值得细说。一是它最早说明浑盖异同；二是迄今几乎没有细解其文的资料；三是它反映了当时顶级学者的知识状态。

现分述其文如下：

> 其一云，日之东行循黄道，画中规。牵牛距北极北百一十度，东井距北极南七十度。并百八十度。周三径一，二十八宿周天当五百四十度。今三百六十度何也？

日在恒星背景上是向东沿黄道运行。“画”是它的运动画成的轨迹；“中”是动词，读如仲，意为符合；规是圆形。黄道上的牵牛（廿八宿牛宿，不是今人俗称的牛郎星）距离北极 110 度而在北边，东井距北极 70 度而在南边。这里的南和北是按天上四维的意义而言的，因而这个“规”的直径是两者之和 180 度。按周三径一（π =3）其周长是 540 度（注意，度是长度）。可现在是 360 度，为什么？

这一问反映扬雄的几何概念不明确，不构成对盖天说的破坏。逻辑完备的盖天理论体系不承认 110 和 70 两个度数。《周髀》书中的去极度也不能被其本门派的专家认可。

> 其二曰，春秋分之日正出在卯，入在酉，而昼为五十刻。即天盖转，夜当倍昼，今夜亦五十刻，何也？

这里的“卯”是指东方，“酉”是西方，日出正东，日没正西。如按（即）天是像盖样转动的模式，人之所居在旋转中心（北极）之南很远处，从人居处画东西直线，与一日间日行所画之圆相交，南半的弧长只有北半弧长的一半。而计时却是昼夜相等，为什么？

此问有颠覆性。

> 其三曰，日入而星见，日出而不见。即斗下见日六月，不见日六月。北斗亦当见六月不见六月。今，夜常见，何也？

这一问的逻辑是：按盖天说，星之可见不可见，取决于其与日距离，远了日光照不到就看不见。“斗下”是廿八宿的斗宿及其下直到地面的空间。日与斗距离，以可见为界，一年有半年在界外（实际不止半年）。北斗七星离北极很近，即便说北极与日距离总在可见之内，那北斗应是有半年（或少于半年）与日距离超过可见之界。可是北斗却长年可见，为什么？

此问是盖天说不能解释的。对公众来说，理解此问的道理，须先知盖天说如何解释星之见与不见。那就是上节说的，光之所照最远 167 000 里，而星月之明来自日光之照。

> 其四曰，以盖图观天河，起斗而东入狼弧间，曲如轮。今视天河直如绳，何也？

这一问虽是难解，却非有力。现代天文图的极图上的天河也是“曲如轮”的。仅以目视感觉而言，不足服人。

> 其五曰，周天二十八宿，以盖图视天，星见者当少，不见者当多。今见与不见等，何？无冬夏而两宿十四星当见，不以日长短故见有多

少，何也？

此问仍以第三问的盖天说之理为言。从人之所居画东西线，北边黄道上的各宿应不见的是多半，实际是见一半不见一半。为什么？“两宿十四星”意指把全数各宿分为两等份，每份是十四宿之星。不论冬夏昼夜长短，总是正一半的星在地上可见，为什么？

这正是浑天说反对盖天说最直接最有力的论据——天是球壳状，而地在球壳正中。

其六曰，天至高也，地至卑也。日托天而旋，可谓至高矣。纵人目可夺，水与景不可夺也。今从高山上以水望日，日出水下，景上行，何也？

这一问是与上述桓谭的“拔出去”等价的。若日附于盖天表面，对日出日入的解释就与浑天不同。说那是人目的畸见吗？那么就用客观的物理分析实测把人目的畸变消去：站在高山（如崂山）上看大海，水面可是平的，且在人的下方，明确无疑。日出是从水下上来的，是从比人低处上升的。“景”指发光体的光线。从高山顶上看，日初出时的光线到人必是从下向上走的，可是过不多久再看日光，就要仰视。水与光之“不可夺”，是说：水面之平及光线之直，是不可改变的物理定律，无可怀疑。

其七曰，视物近则大，远则小，今日与北斗，近我而小，远我而大，何也？

盖天说的天与人有远近，浑天说之天与地中等距，人居在地中附近。看日和星没有远近视差，按盖天说为远者，反而感觉大些。

其八曰，视盖橑与车辐间近杠毂即密，益远益疏。今北极为天杠毂，二十八宿为天橑辐，以星度度天，南方次地星间当数倍。今交密，何也？

“盖橑”是伞骨，“杠毂”是车轮的轴承。按盖天说，星的相对距离分布应如伞面车轮之结构。扬雄的意思是南方低位的星应该很稀疏。此问未中要害。后来，唐代的一行提问的是：“为什么南方低位的星转的是小圈？”这样问就对了。

这八问的用意是“难盖通浑”。从汉武太初以降直至明清，浑盖之争未已。扬雄之言是现存最早的论辩资料，有代表性，对文化史、思想史研究有重要价值。20 世纪曾流行滥传的郑玄之说，他注《尚书》说“璇玑玉衡”就是浑仪，认为至少从舜代就有浑天说和浑仪。他这说法从一出台时就有人反对。信了他，不单科学史和哲学史，连文化史和通史也都坏了。

2. 张衡及其《灵宪》、《浑仪注》

张衡（公元 78 ~ 139 年）的时代离太初改历已逾两个世纪，汉文化正处在发展的顶峰。张衡是应运而生的两汉科学技术的代表，是中国科技史上最伟大的里程碑。他的《灵宪》和《浑仪》二文是浑天说留存至今最早的两篇较完整的代表作，被保存在《后汉书》的注（南朝梁刘昭作）所引的文字里。其中描述的天地形状清楚明白，无可怀疑。但这两篇文章须要考定真伪校勘讹误。

刘昭注文里紧接《浑仪》是蔡邕《表志》，其中说到蔡邕本人在东观治律时，史官用浑天之法，却“官有其器，而无本书，前志亦阙。臣求其旧文，连年不得。”如后文将说到的，蔡邕所见之器当是张衡之作，所谓“本书”亦当指张衡之作。现存《周髀》书中有赵爽的注，赵爽是三国时人，离张衡不过百年。他写的序说：“浑天有《灵宪》之文，盖天有《周髀》之法。”则本有《灵宪》无疑，赵爽应也看到了。蔡邕距张衡不到半世纪，官府里却找不到相关资料，赵爽、刘昭又从何得来那些文字？那一定是狡猾的史官欺蔡邕非其同门而藏匿了。

刘昭所引《灵宪》1352 字。开头约三百字讲宇宙发生论（待后文细说），所分时段之名有“太素”、“太玄”，同于纬书。以张衡反对谶纬的态度，这是可疑的。末尾三百多字则大谈星占，附会易数，也与张衡的求实风格不类。后文要说到：谶纬家多是跟从浑天说的。不排除现存《灵宪》有谶纬家窜改或伪托的可能。不管这些，现存之文也很多明显的讹误。但这都不妨碍我们借此了解汉代浑天说。其中涉及浑天宇宙模型的实质部分，有下列文句：

> 八极之维，径二亿三万二千三百（232 300）里，南北则短减千里，东西则广增千里。自地至天半于八极，则地之深亦如之。通而度之，则是浑已。将覆其数，用重钩股。悬天之景、薄地之义，皆移千里而差一寸得之。……悬象著明莫大乎日月，其径当天周七百三十六分之一，地广二百四十二分之一。

“八极”是地平面与天相接的大圆上八个等分点。“维”本指绑绳，这里指虚拟的对极相连的几何线。“自地至天”是从地中（也是天球中心）到天顶，

“半于八极”就是地面直径的一半，“深亦如之”是指地下的一半直径。“景”是指日光；“薄”是迫近；“义”通仪，即表杆。南北地差千里，午影增减一寸。这完全是盖天古法，也就是“勾股重差法”。这“千里一寸”公式运用的条件，理论上要求地必须是平面。张衡的说法反映了历史的进程——浑天说的许多细节都是先继承盖天说，而后才逐步发展的。显然，如果张衡认为地是个球，就绝不会说这些话。张衡所说地的直径就是天的直径，地面是天球正中的水平大圆面，整个大地是个半球体。《灵宪》文中还有另一个狭义的地的定义：“地至质者曰地而已，至多莫若水。”质，就是质料的坚实性。他的意思是：平常说的地是土石之质的硬地，而宇宙学的地还包含海洋的大量水。有的历史学家不懂这句话，把句中第一个字删掉，那就不对了。

前人有说张衡认为地是球，他们有一条口实。在唐代的书《开元占经》所载的张衡《浑天仪注》文中劈头第一句是：

> 浑天如鸡子，天体圆如弹丸，地如鸡中黄，孤居于内。天大而地小。天表里有水，天之包地，犹壳之裹黄。

此语不足作地球观念之徵。一是刘昭注中所引《浑仪》之文在《开元占经》的《浑天仪注》中都有，却唯独没有这段话；二是这段话并不意味着地形如球。鸡蛋是常见物，用它形容天是强调天如蛋壳，比实心球贴切。既已言天如鸡子，则言地如其内含之物是自然的。这个比喻只是要说明天在外、地在内的相对位置关系，并未说地形如蛋黄。再看直接的下文：

> 天地各乘气而立，载水而浮，周天三百六十五度四分度之一，又中分之，则一百八十二度八分之五覆地上，一百八十二度八分之五绕地下。

这地不是在天球正中吗？地表面不是天球正中的水平大圆面吗？再下面又说：北极“出地上三十六度”，南极“入地三十六度”。连地上南北所见北极出地差异都不提，把三十六度当作常数。这正是浑天说的大地为正半球的特征，但也正是其弱点所在。盖天家可以由此反驳浑天家，因为盖天模型里没有这个死结。金祖孟①以此而言盖天说比浑天说先进，致成偏失。这个死结要到地心说才能解开，不是张衡所能负责解决的。

---

① 金祖孟．中国古宇宙论．武汉：华东师范大学出版社，1996

天地直径 232 300 里，这个数又是怎么得来的呢？为什么东西要加一千里，南北要减一千里？解说关键在其日月之度数。《灵宪》文中 736 和 242 两个数初看没有道理，许多学者提了各种校正建议。四库本为“二百四十二”与今传刘昭注引文同。实际上，242 是 232 之讹变，其起因也许是改字的人以周三径一为率，242 ×3 =726 更近于 730（ =365 ╳ 2）之数吧。

《开元占经》引祖暅（祖冲之的儿子）《浑天论》：

> 张衡日月共径，当周天七百三十六分之一，地广二百三十二分之一。案此而论，天周分母圆周率也（注意，此四字语意为圆之“周率”，为下文“圆径率”的对偶词），地广分母圆径率也。以八约之，得周率九十二，径率二十九，其率伤于周多径少，衡之疏也。衡以日月之径居一度之半，又言八极之维，既非考定日月之径，又不明其理，饰词华说，不足穷覈也。望日月法，立于地中，以人目属径寸之管而望日月，令日月大满管孔，(及)［乃］定管长，以管径乘天高，管长除之，即日月径也。(取自严可均辑《全梁文》)

日月径半度是浑仪实测之数，是较精确的。而半度等于一千里却是《灵宪》的臆造。“悬天之景，薄地之仪，皆千里而差一寸。”在《周髀》是符合逻辑的，只是精度嫌低。《周髀》有：

> 取竹空径一寸，长八尺，捕影而视之，空正掩日。

这些数不精确，实际是竹长 11 尺才“空正掩日”。但在《周髀》的模型中，天高为常数，而太阳远近不同，视角应有大小变化，理论上这竹长不能固定。《周髀》只说，取斜至日十万里时是这样，乃有日径 1250 里。须知《周髀》书中一切数据都不是实测的原始数据，而是按其理论改造过的实测数据。这个“长八尺”也一样。这种陈述理论计算数据而不顾实际又不加证明的风格，在汉代的书中是常见的，如《淮南万毕术》所述几项物理实验就只是理论的推测，纬书则更多，连张衡之作也不免。张衡既已持浑天说，如以日月为球体，且与接近地中的宛洛地区的地面处直线距离等于天球半径，是个常数，那就不能随便改造实测数据了。

在浑天说谈“千里一寸”则要先规定日高，例如冬至正午日高八万里。祖暅建议的管窥法乃《周髀》古法，必先知天高之数，这数从何而来？祖暅也没说。但他不该以“天高”为条件，实际上日径与高低无关。

《灵宪》言“千里一寸”，既无日高亦无表高，只是凑合“一度二千里”的整数而已。照此思路，周天 365.25 度，当然长为 730.5 千里。730.5/232.3 ≈ 3.145，与真实 π 值很接近，只差万分之一。某些传本中的 736 之数是不可能的，“六”字当为讹衍。242 这个数也是一样，是讹变。它与张衡时的圆周率知识不合，那时张衡肯定已不再用“周三径一”了。

后来的浑天家，陆绩迳取《周髀》中衡直径 357 千里为天径，王蕃则以夏至日高八万里算得天径 162 788 里。唐一行实测南北夏至午影，526 里差二寸有余，若以地为平面计算，天径才 5 万里。一行说那太小了，他实际是否定大地为平面的假说。此为后话。

“南北短减千里，东西广增千里”从何而来呢？其差值 2 千里恰是日月作为立体球的运动轨道所占尺度。《灵宪》说到日月五星并非贴在天表面上，而有远近：“近天则迟，远天则速”，这迟速指的是相对于恒星的视运行速度。太阳属迟，也非与天相合，那么这 2 千里也许是留给太阳的一条空道。

总之，《灵宪》的天地日月尺度数皆有所出，不全是凭空造说。与《周髀》比，《灵宪》的计算内容很少，这是因为浑天模型更贴近天文实际，使计算大为简化。再说，《周髀》讲计算已相当详尽，除勾股重差之外的东西，在当时的天文历算中也很少涉及了。《灵宪》计算内容少而精是进步的反映，其中含有两点重要进步：一是圆周率从周三径一改进到 3.14；二是使太阳离开天球表面，使太阳系天体按远近分别，且其次序基本合理，与亚里士多德一样，这就为太阳系内天体运行的动力学研讨开辟了接近实际的新道路，但却未被后人继承发展①。

在这样的天地日月尺寸关系中，解释月食成了大难点，这难题一直困扰着中国科学家，直到明末地心说传入。《灵宪》曰：

> 月光生于日之所照，魄生于日之所蔽，当日则光盈，就日则光尽也。众星被耀，因水转光。当日之冲光常不合者，蔽于地也。是为暗虚，在星星微，月过则食。

近人多引此文，说张衡的暗虚就是地球的阴影，以地心说模型解释《灵宪》，但请问：大地宽度 232 千里，日月直径仅 1 千里，隔地相对，各与地中相距 116 千里，地的阴影全部遮住了上半个天球，岂止一个“暗虚”呢？那些宣讲暗虚为地球阴影的人要么不读《灵宪》，要么是受清初西学中源论的影响。实际

---

① 关增建．中国古代物理思想探索．长沙：湖南教育出版社，1992

上，张衡说的是：当太阳在地下时，地上星月所受的光是由水转来的，地的组成“至多莫若水”，水是透光的，但大海既非平静也不清澈，故海水传光应是以漫散射方式进行。那么地的不透光的“至质”部分虽然也有几万里，面积比太阳大几十倍，而光线仍能绕到几何阴影的里面去，使全暗的阴影空间局限为一以陆地为底的锥体形状，锥体的尖部就是“暗虚”。如图4-5。

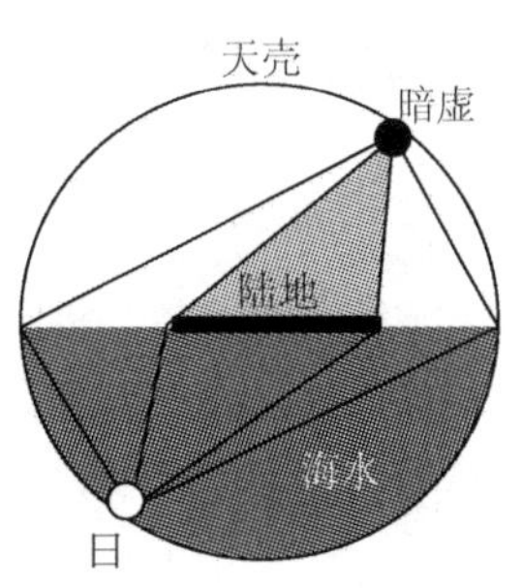

图4-5　张衡暗虚示意图

这解说因其出发点不正确当然是漏洞甚多，但毕竟是纯物理的，较之后人滥用玄虚的阴阳互变观念作解还是高出一筹。

张衡的这种解释没有被后代人理解和接受，但“暗虚”这个由张衡始创的词却流传下来，历代解释暗虚的物理本质的人费尽了脑筋和口舌，还是说不清楚，连朱熹也说不清楚，沈括根本就没敢碰一碰这个难题，直到明末地心说传入，才算解决了。但今人反而又说什么：“哈！张衡早就这么说过了啊！”从清初的梅文鼎就有这种谬说，至今不止，这也是发人深省的事。

张衡没有摆脱董仲舒—司马迁的星占观念，他认为天心是有的，天象与人事相关：

> 在野象物，在朝象官，在人象事。……动变定占，实司王命……日月运行，历示吉凶；五纬更次，用告祸福。则天心于是见矣。

此皆不离《易·系辞》“天垂象，见吉凶”之义。

图4-6采录自南宋杨甲《六经图》卷二。此书是诠释儒经的，此图及文依从

图4-6　杨甲《六经图》的天地和四时日行图

郑玄，以浑天说的大地为平板。图中圆内正中水平粗黑条带下左右注字是两个“地面”，各反向横书。

原书说明文：

> 周天三百六十五度四分度之一。天体圆如弹丸，北高南下。北极出地上三十六度，南极入地下三十六度。南极去北极直径一百二十二度弱，其依天体隆曲南极去北极一百八十二度强。正当天之中央，南北二极中等之处，谓之赤道。去南北极各九十一度为春分秋分日之所行。夏至则日渐北去赤道之北二十四度，去北极六十七度，去南极一百一十五度，谓之黑道。冬至则日渐南去赤道之南二十四度，去北极一百一十五度，去南极六十七度，谓之黄道。月行之道与日道相近，其交路过半，在日道之里。日道发南，去极弥远，其景弥长。日道敛北，去极弥近，其景弥短。二正之道齐，景正为春秋分。

四、浑天仪象的创作

1. 早期浑天仪象之作

宇宙学史少不了时间和空间的概念发展史，而这些概念发展以实验的科学和技术为基础。与浑盖之争密切相关的早期仪象史，是天文学史中久未澄清的内容。仪象诸器不仅是宇宙学理论的具体、形象的表现，也是整体科学技术以及工艺美学的代表物。构造一幅完备清晰的仪象史图卷是很重要的史学课题。问题的关键是在汉代，那是奠定基础的时期，但却文献不足，因而使后代的传述发生混乱。让我们试作些整理分析，立论的基点是：浑天说创始于洛下闳。浑天说取代盖天说是一次革命过程，浑盖之争的核心问题是：天是否有一半在地下？据此，一切倡言在西汉之前有浑仪的说法都不可信。下面就按时间顺序讨论有关史料。

竿影的位态随时间变化，可以指示时间，但一年中每日的竿影变化不同，加上夜里和阴天没有日影，所以测记比一昼夜小的时间要另找别的物理过程。中国古代找到的是“漏壶”。给一个底上有漏孔的陶壶装一定量的水，从开始到漏完，是个定长的时间。调整装水的量，可以做到两日的正午之间（正好一昼夜）漏完 100 壶。这样的“一壶”时长是 864 秒，误差小于 1% ，累计 100 壶的误差是 0.1% （86 秒），不比 19 世纪普通的廉价机械钟表差。

近世出土的汉初的两个石质日晷，如图4-7，一个出自内蒙古托克托（现藏国家博物馆），圆圈直径234 ±2 毫米，厚35 毫米。其中心孔应是用以插小表的，下边有69 根辐射状线条，角度间隔是圆周的1/100。另一个出自洛阳金村，还有山西右玉出一残角。三件形制完全一样，说明那是当时流行较广的器物。给这两件东西判定科学史含义并不容易，因为那要先有较正确的相关史事的年谱知识。李鉴澄和李约瑟①都讨论了这件事。由于不知道浑天说取代盖天说的革命过程，也就不能正确认识这几件文物的史学内涵了。

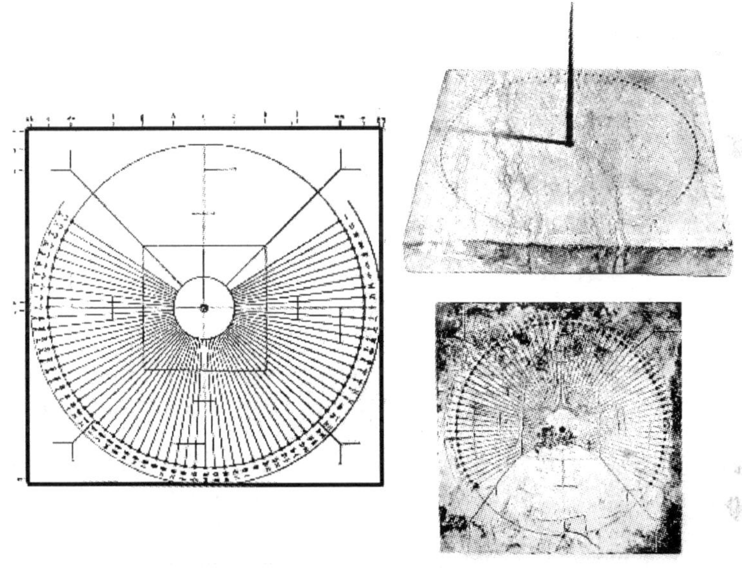

图4-7　汉初玉仪之图

左图是描线图，右为照片，上为斜视，下为顶视

这种日晷的制造早于浑天说问世不久，而其表面上的等角度百刻分划却意味着这个表面与天赤道平行放置，即是赤道式日晷。这在浑天说之前的平天家是不可能想象的。那么，便只可能是发明它的实验者独立地想到：竿的投影是在以指向天极的竿为轴的赤道圆面上等速运动，或者说是赤道上相等的弧长对应相等的时间（也有可能这是测日圆仪，69 根百刻线朝上，外端小孔插活动小仪，与中心仪连线指向太阳。以中心仪顶端为参考点，可以由外边的游仪度量日高）。无

---

①　李鉴澄．晷仪——我国现存最古老的天文仪器．载：中国古代天文文物论集．北京：文物出版社，1988；李约瑟．中国科学技术史·天文卷．北京：科学出版社，1975

论如何，这位发明家一定用精确的一日百分的漏壶做过验证，知道日行是等角速度的。百分圆周的69根刻线不可能是地平式日晷或定方向的仪器。李鉴澄说：应给它命名为“晷仪”，因为它就是《汉书·律历志》说的“定东西，立晷仪”之所指。他说错了，《周髀》的那个晷仪是地平式表竿。而这个石质的器物则可以与下引《考灵耀》之文（录自明代人孙瑴所编《古微书》）完全对应：

> 分寸之晷，代天气生，以制方员，方员以成，参以规矩，昏明主时，乃命中星，观玉仪之游。玉仪之制，昏明主时。

很多古书所引此文都只是“观玉仪之游，昏明主时”九个字。内蒙古出土那件确然是玉的，而且是显含昏明时刻的计时器，以及方圆规矩纹饰，皆与此文恰合。故应给它命名为“玉仪”。

可以推定，这项实验是浑天说产生的前奏。当时的平天说认为：日月星等天上的物体都在一个与地面平行的平面上，那平面就是狭义的天。所以，天体由竿顶投影于地平面是天象的几何相似形。但是铅垂竖立的竿子，在平地的日影转动不是等角速度。而这玉仪的影子转动角速度是不变的，与时间的关系显然比地平晷仪简整，也与“天行健”的传统观念一致。如果坚持竿顶投影与天上方位几何成比例相似形的原则，这就意味着天不是平面，而是球面，半在地上，半在地下。这是浑天说的基本假设。由此推知：浑天说是在精确的时空计量实验基础上，结合旧宇宙学的部分概念建立的。先是以日晷计测日行，导致天形的空间概念革新突破，于是再把赤道日晷改造为测星的赤道浑仪。

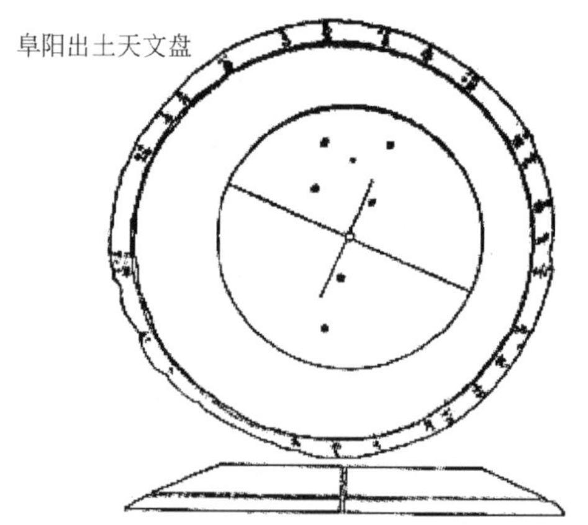

图4-8 阜阳出土的天文盘

上为顶视图，下为平视图

有测赤道度功能的赤道仪不需转动结构，也不需要望筒，只要有可供瞄准定位的小棒，这种小棒是“仪”字的根据。浑天家早期观测技术和仪器以继承盖天旧法为主，少加改造就可以适应浑天模式。大概就是把《周髀》所说地面大圆缩小后斜置，使与赤道平行，正如汉初玉仪那样。阜阳汝阴侯墓出土的廿八宿盘，年代比太初早约70年，几乎与上述日晷同时，构形也很接近。那上面的圆有东西南北十字线，中心有孔可插小表，圆周分365.25等分格，各有一小孔，可插小游仪。用这些仪和表可以对廿八宿做赤经测量。

我们可以设想（图4-9）：圆心孔所插的仪表有个高度，以顶端作中心，过此中心与底板圆面平行的面是赤道面；另有廿八支小表，各对应廿八宿距度星，按距度分插于周边之孔，而其高度对应于该距星纬度，或表长一样，而在对应星高处做标识。若表高皆等，且高于最高距星，则可在赤道的高度上加个与各表杆垂直交合的圆圈，代表赤道，并起加固作用。这样，我们所看到的是个简化的浑天模型，又有测度功能。

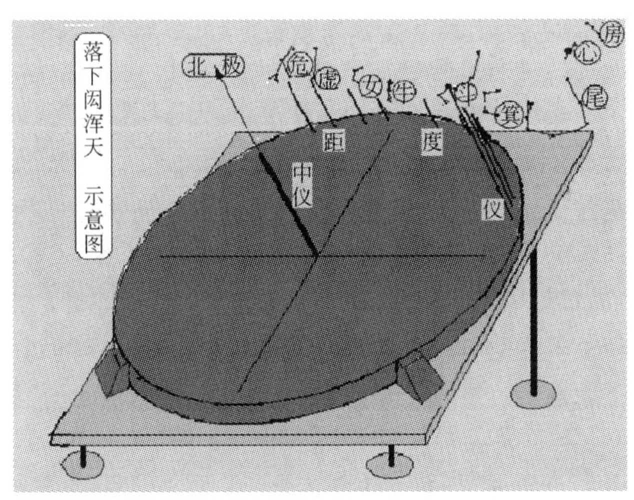

图4-9　推度的阜阳天文式盘用法

《隋书·天文志》引虞喜之言，以及《史记索隐》引《益部耆旧传》说：洛下闳“于地中转浑天”，这“浑天”应是一种有测度功用的器物，否则不必在地中，因为依浑天模式，不在地中的测量因为视差不均衡是不合要求的。但它也不会是后代那种多圈式浑仪，很可能兼有一些演示功能，即带有如浑象的星图。当然，这句“于地中转浑天”的来源也可疑。我们以出土汉初玉仪和汝阴侯墓的廿八宿盘为依据，推想洛下闳所转的“浑天”是图4-9样。回头看前述汉初玉仪，那可能是与夜间测星并行的白昼测日的赤道仪。或是，为向呼和浩特那样高纬度区推行，恒星方位变化大，不能套用中原的数据，便只测日高了。也可能是因为恒星数据繁多，制造不便，民间便只做测日的百刻。因其不受地区限制，便于推广。

杨雄《法言》有：“洛下闳营之，鲜于妄人度之，耿中丞象之。”这“营”字是否包括设计和制造仪器？但“度”字无疑有测量之义，必然涉及仪器。“象”可能是立体球形的浑象，也可能只是一张图，即便是立体模型也不一定很完备，比如说，既无支架更无转轴。

桓谭《新论》：“扬子云好天文，问之于黄门作浑天老工……”

这“浑天”或指某种仪象，或指各种浑天仪器用具，但不可能是后来的浑仪。老工对曰：“殊不晓达其意。”可以想象当时浑天观念很不普及，陈述和演示决非完善通俗。

《后汉书·律历志》记公元85年“贾逵论历”是可靠的史料。

> 臣前上“傅安等用黄道度日月，弦望多近。史官一以赤道度之，不与日月同，于今历弦望至差一日以上。辄奏以为变，至以为日却缩退行。于黄道，日得行度，不为变。愿请太史官日月宿簿及星度课，与待诏星象考校。”奏可。臣谨案前对言：冬至日去极一百一十五度，夏至日去极六十七度，春秋分日去极九十一度。《洪范》日月之行则有冬夏。《五纪论》“日月循黄道，南至牵牛，北至东井。率日，日行一度，月行十三度十九分度七也。”今史官一以赤道为度，不与日月行同。其斗、牵牛、舆鬼，赤道得十五，而黄道得十三度半。行东壁、奎、娄、轸、角、亢，赤道十度，黄道八度。或月行多而日月相去反少，谓之“日却”。案，黄道值牵牛，出赤道南二十五度；其值东井、舆鬼，出赤道北［二十］五度。赤道者为中天，去极俱九十度，非日月道。而以遥准度日月，失其实行故也。以今太史官候注考元和二年九月已来，月行牵牛、东井四十九事，无行十一度者；行娄、角三十七事，无行十五六度者。如安言。问典星待诏姚崇、井毕等十二人皆曰“星图有规法，日月实从黄道，官无其器，不知实行。”案甘露二年（按即公元前52年）大司农中丞耿寿昌奏“以圆仪度日月行，考验天运状，日月行至牵牛、东井，日过一度，月行十五度；至

娄、角，日行一度，月行十三度。”赤道使然，此前世所共知也。如言，黄道有验合天，日无前却，弦望不差一日，比用赤道密近，宜施用。……

今译：

臣前曾上呈傅安等人的意见：“用黄道量度日月的方位，弦望多近于实际。史官一律用赤道（球面坐标经度）去量度，与日月实际行迹不一致，与现行历书竟至差到一日。他们总报告说发生了变动，甚至说是太阳倒退回去走了。在黄道上，太阳有一定速度，并无变动。我们请求：拿到太史官的日月方位记录簿及星度测量记录，与待诏官员的星象历书比对。”此奏被批准了。臣谨案上述奏对文件陈述如下：冬至太阳离北极一百一十五度，夏至太阳离北极六十七度，春秋分太阳离北极九十一度。按《洪范》，日月之行有冬夏之别。《五纪论》说：“日月沿黄道而行，南至牵牛，北至东井。每一日，太阳走一度，月行十三又十九分之七度。”今史官一律以赤道来量度，不会与日月运行的速率一致。在斗、牛、鬼几宿上赤道之数得出十五，而黄道数是十三度半。在壁、奎、角、轸、亢处，赤道是十度，黄道是八度。或可有月行偏多而日行反少，被说成“日却”（退却）。案，黄道在牵牛处出于赤道之南二十五度；在井、鬼处出赤道北（二十）五度。赤道是天之正中，离北极总是九十度，那不是日月的行道。而以隔着（弧线）距离遥遥对准（赤道）的测法来量度日月行度，当然要偏离实际了。拿现在太史官的观测记录考察元和二年九月以来的事件，月行牛、井四十九条，无行十一度者；行娄、角三十七条，无行十五六度者。这与傅安等人说的一样。问过典星待诏姚崇、井毕等十二人，都说：“星图有规法，日月确实走的是黄道，但主管部门没有那种仪器，不知道怎么办。”案甘露二年大司农中丞耿寿昌曾上奏；“以圆仪量度日月之行，考验天体运行情状，日月行至牛、井，每日太阳所行超过一度，月行达十五度；到娄、角处，每日太阳所行是一度，月行是十三度。”这是用赤道坐标经度的当然结果。是前代人都知道的事。如上所说，黄道数有验证，与天象相符，日行没有超前和后退，弦望差不到一日，比用赤道坐标经度要精密，应予施用。……

这段话说明，当时人们觉察出太阳在黄道上是匀速运行的，月亮运行也以在黄道坐标中更近于均匀，尚未提出月行黄道度有快慢变化的问题，更未提出独立的球面月道（白道）概念。耿寿昌所用的圆仪只是一种赤道仪。“遥准”之语含义即是：用洛下闳式的“浑天”（图 4-9），把不在赤道上的天体正投影到赤道上，再计数投影点的赤道度。球面上的经度线间距越近于两极就越狭窄。黄道上一度弧长在二至处投到赤道上要大于一度；而在二分处，因其斜行，赤道度差又小了。这些认识，虽然尚与月道概念有一段距离，也是不能在平天说基础上达到的。

到永元四年开始提出造黄道仪的建议，过了 11 年（永元十五年，公元 103 年）才有“诏书造太史黄道铜仪”，并取得一系列数据，却因“仪、黄道与度转运，难以候，是以少循其事。”

到贾逵时为什么要造黄道仪呢？这是出于对日月运行进行跟踪的需要，这种跟踪可供直观地预测交会。为此，要有一个黄道圈，要“缀有经星七曜”，即廿八宿星象和可移位的日月行星模型。整个黄道圈应该随天运转，这一点在贾逵的时候是大难题，贾逵所作大概只能以手动解决，甚至连轴都没有，因而出现“与度转运，难以候”的状况。它的使用程序应该是：白天追随太阳，到晚上仅日落到星见一段时间（即“初昏”）要用漏刻参定，入夜则五纬经星都要与仪中所缀者准合。这对了解月亮的方位和移动趋向是直观而简单的，为此应备有赤道全周星图，以上述洛下闳的浑天为据，不难做成像下文讲“石氏距度”一节的赤道坐标方图。黄道仪上缀有廿八宿距星和经星七曜模型，因此同时具有测度功能和演示功能，这造成后世区分浑仪和浑象的困难。而实物过早毁失，又缺少必要的文字记述，竟令后人困惑不已。汉晋间史料有“二仪”之词，这不是易学的“太极分两仪”，而是测天的赤黄二仪。

《后汉书·律历志》记宗诚、张恂争历：

> 夫日月之术，日循黄道，月从九道。以赤道仪，日冬至去极俱一百一十五度；其入宿也，赤道在斗二十一，而黄道在斗十九。两仪相参，日月之行，曲直有差，以生进退。

“月从九道”是当时对月行轨迹的认识。以平面星图追踪描绘月行路径，所得是在黄道两侧出入不定的不重复曲线。按一年中月道出入黄道多次而命曰“九”，九就是很多的意思。再画得多了就如一团乱麻，看不出规律，沈括形容那好像“绳之绕木”。“入宿”是指与距度星的距离，而以赤道度为单位，这里的宿是斗宿。冬至太阳在黄道，赤纬为南二十四度，与斗距星的距离的黄经和赤

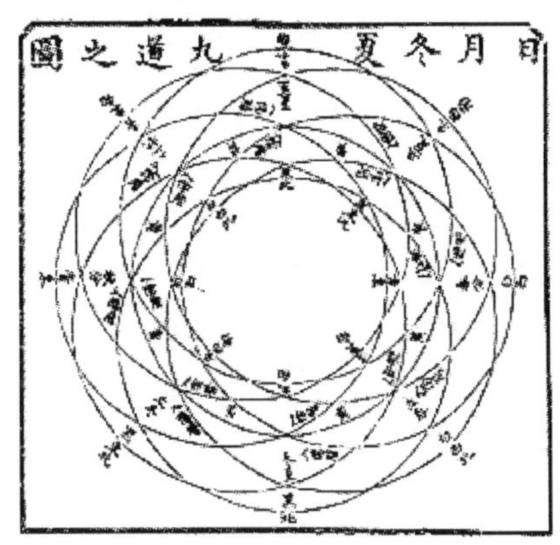

图 4-10　月行九道图

经不同。又，《宋书·天文志》王蕃曰："黄赤二道相与交错，其间相去二十四度。以两仪推之，二道俱三百六十五度有奇，是以知天体圆如弹丸。"此处的"两仪"都是指赤道仪和黄道仪。

2. 张衡发明多圈赤道式浑仪

张衡是仪象史上最重要的人物。《后汉书·张衡传》有：

> 安帝雅闻衡善术学，公车特征拜郎中，再迁为太史令，遂乃研覈阴阳，妙尽旋机之正，作浑天仪，著灵宪、算罔论，言甚详明。……阳嘉元年复造候风地动仪。

安帝在位是公元 107 年到 125 年，阳嘉元年也就是永建七年，是公元 132 年。他那"言甚详明"的几部著作早就失传了。

《隋书·天文志》说：

> 永元十五年，诏左中郎将贾逵，乃始造太史黄道铜仪。至桓帝延熹七年，太史令张衡，更以铜制，以四分为一度，周天一丈四尺六寸一分，亦于密室中，以漏水转之……

张衡卒于顺帝永和四年，即公元 139 年，六十岁。而延熹七年是公元 164 年，显然不对了，合理的时间可能是永建七年，公元 132 年，更制黄道铜仪之后"复造"候风地动仪。而安帝时"作浑天仪"一事，从上下文看，似是指刘昭注所引的《浑仪》一文及文中所述“小浑”的制作。严可均辑录的全文包纳了更多内容，所出或名“浑天仪注”或名“浑仪注”。估计这多出的部分必有不少窜入的衍文，有人据以断言全文不是张衡之作，理由也不充足。《后汉书·律历志》的“衡、兴参案仪注”当是此注。

《浑仪》一文应是一份天文数据表的说明书，本无独立标题，所以单引时可加“注”字。它在举出几个数据之后说：

上头横行第一行者黄道进退之数也。本当以铜仪日月度之，则可知也。以仪一岁乃竟，而中间又有阴雨，难卒成也。是以作小浑……

“横行第一行”无疑是指数表的行列，《后汉书·律历志》刘昭注确也把它放在两份数表中间。张衡说：要用铜仪去取得这些数据，就得一天天、一月月连续地实测，中间有阴雨就测不成。于是他做了一个小天球模型，用竹篾连成一个活动子午圈，在两极处插针作轴，可转动以量度不同纬度上天体的赤经，可以确定黄道各点的赤道度和去极度，或黄道出入进退之数。如果当时铜仪已是可测二维天度的多圈铜仪，上有可转的子午圈的话，那又何必搞这个小模型呢？即便没有黄道圈，在那上临时加一个竹圈也比做模型好办又精密。由此可见，张衡写作此文时还没有那样的浑仪。仅凭这一点就可认定刘昭注引的《浑仪》不是伪托之作。

但是张衡既然做过那样的天球仪实验模型，他就不难想到：应该设计一个有可转动子午圈的浑仪。可转动子午圈就是后世浑仪中带动望筒的四游双环，它要有一对南北极轴，轴承要架在南北向固定的子午双环之间。它本身也是双环，这样使中间的夹隙空出来可以准望待测的星。老式圆仪在中心部的表对昼间观日之影也许更合适，但夜间观星却不方便，它被望筒取代了。望筒就是在《周髀》书中提到过的“取竹空径一寸、长八尺，捕影而视之”的那支竹筒，原只是求日径大小。张衡特制以取代旧圆仪中的仪和表，于是经纬两个坐标的读数都因采用转动部件而连续化了。这个发明是超越时代的。原义的“仪”虽然去掉了，但这个字却被沿用，一直演化为今日泛称的科学“仪器”，人们过早忘记了《周髀》的“仪”。

张衡的望筒运转机构是万向轴装置，具有二维方向角读数功能，是现代大地测量经纬仪和赤道式天文望远镜的源头，差别只在望筒不是望远镜。万向轴装置也许不是张衡的发明。《西京杂记》记有丁缓作被中香炉，可能就是万向轴机构。望筒又名为“衡管”，这衡字使用的依据未知所出，也可能是用张衡的名。在史料中最早提到浑仪中的望筒的应是郑玄，他解《尚书》：“旋玑玉衡”，谓即浑仪，且言：“动运为机，持正为衡。”机，是有轴的机械部件；衡，无疑是望筒。《隋书·天文志》云：“马季长（马融）创谓玑衡为浑天仪。”这可能是郑玄的托词，也可能是马融提到过玑衡为测天之器，而由郑玄具体化了。无论如何，郑玄是知道张衡的浑仪的，张衡作浑仪时郑玄五岁。《宋书·天文志》引徐爰的话：“张衡为太史令，乃铸铜制范，衡传云‘其作浑天仪，考步阴阳，最为详密。’故知自衡以前未有斯仪矣。”所引“衡传”与《后汉书》不一致。

《宋书》又有：

> 衡所造浑仪，传至魏晋，中华覆败，沉没戎虏……晋安帝义熙十四年，高祖平长安，得衡旧器，仪状虽举，不缀经星七曜。

文中“高祖”指刘裕。这不是黄道仪，《宋书》作者也许听说过缀有经星七曜的说法，这台仪器却没有，所以他要特叙一笔。

《隋书·天文志》谈及此仪则云：

> 检其镌题，是伪刘曜光初六年，史官丞南阳孔挺所造。

说何承天、徐爰、沈约都搞错了，这怎么可能呢？多少人有目共睹，就看不见这个铭文吗？《艺文类聚》有：

> 宋颜延之请立浑天仪表曰：“张衡创物，蔡邕造论，戎夏相接，世重其术。臣昔奉使入关，值大军旋斾。浑仪在路、肆观奇秘，绝代异宝，旋及王府。考诸前志，诚应夙闻；《尚书》‘璇玑玉衡，以齐七政’；崔瑗所谓‘数术穷天地，制作侔造化’。经志所云，图宪所本，故体度不渝，精测尚矣。”

这条史料告诉我们，浑仪这种一向禁在秘府的东西，这次千里随军一路展览，很招人围观。而当时的颜延之等学者都认为是张衡所造，引经据典地讨论这件事物，绝不会发生《隋书·天文志》作者李淳风所说的那种错误。李淳风所见实物应当是另外的一件。

刘曜时代孔挺造的以及后魏晁崇、斛兰造的两架浑仪，大概都是仿张衡之作。前者留在江南，后者在长安一直到一行时代还在被使用。关于它们的结构有详细记述，是一种双重环组。外层为固定的坐标框架，含水平环、子午双环、赤

图 4-11 李志超所制张衡浑仪模型

道环；内层为可转的子午双环，中有可在环面内旋转的望筒，没有黄道。后来一行和梁令瓒作黄道游仪则是以斛兰之仪为参考，材料照旧用铁，而令赤道可以在原位滑动旋转，赤道又带上黄道和白道。在这之前，李淳风设计并制造了一台三重环组的浑仪，但没有实际使用过，放在宫中丢失了，连一行也没见过。这事很怪，那么大而重的东西怎么会丢失？又不是战乱时代。估计是被权贵人物损坏了，没法交代，便报失了事。此物应当埋在西安唐故宫遗址地下，最可能是在当时为池塘的位置。后来宋代人依照记录制作了多架三重环组的浑天仪，这些都有详文，无需细考了。由于一行、梁令瓒所制黄道游仪唐末已失，《唐书》新旧两部记录错上加错，以致宋人皆误以为它同李淳风的一样是三层环组，此类误解一直延至现代，不久前由李志超考订复原了。①

3. 漏水计时

由李志超和他的学生华同旭 1979 ~ 1988 的工作②解开了中国古代漏刻计时技术的秘密，发现：直到惠更斯发明摆钟以前，中国漏刻才是全世界最好的时间计量技术。这一科学史的新发现，对中国古代无科学、无精密计量、无精密实验的谬说是强有力的否定。

检索最早记录天文观测的计时之事的史料，桓谭《新论》说到计时的刻漏要求“寒温燥湿”条件稳定，但其文难说是真作。再就是《汉书》那句话：“定东西，立晷仪，下漏刻……”考古所得有几件西汉时代的沉箭式单漏壶，都是直圆桶形容器，容积数升，下边近底处有漏嘴。用法是：先灌满水，在其中置一浮块，上载直立的刻尺，这尺名为“箭”。随着水的漏出，壶中水面下降，从尺上的刻度可以把握时间。而漏水流量（单位时间流过的体积）与水压有关，沉漏水面从高到低，流量渐慢，很难做好等时刻度分划。因而沉漏只以漏完一壶为计时单位才是较精确的，实际应是箭尺上只有两个刻线是有效的，漏完两线之间的

① 李志超．黄道游仪的考证和复原．载：天人古义．郑州：大象出版社，1998

② 华同旭．中国漏刻．合肥：安徽科学技术出版社，1990；李志超．水运仪象志．合肥：中国科学技术大学出版社，1998

水即为一壶（单位）。其下线不可太低，要令漏完一个单位容量时壶中水面高于漏孔一个适当距离。一整日计时误差与浑仪的角精度为半度相适应。故若以瞄准日行标定箭尺刻度，也能满足当时观天之需。

关于“箭”名的起源，王振铎认为是古挈壶氏在军井旁以地上插箭数显示漏水壶数。但“刻”字的起源也很早，王振铎没有解释。那应该是在接纳漏水的桶里直立一浮动标尺，每落完一壶浮上一条刻线。最初的标尺应即是插在漂浮木块上的一支箭。这比在地上插箭更简便。后来这套系统就演变成浮箭漏。很可能考古文物的汉代单漏壶本来配有受水的浮箭壶，全套系统已是浮箭制的。

张衡已有二级浮漏，其精度好于日误差 1～2 分钟。史料根据是他为黄道浑仪自动运转而做的“水运浑象”，文在《晋书·天文志》：

> 张平子既作铜浑天仪，于密室中转之，令伺之者闭户而唱之，其伺之者以告灵台之观天者曰：“璇玑所加，某星始见，某星已中，某星今没。”皆如合符也。……至顺帝时张衡又制浑象，……以漏水转之于殿上室内，星中出没与天相应。

这两段话不是紧连着说的，前说是浑天仪，后说是浑象。我们将在下一段讲仪和象的分辨，按我们的论证去理解，那本来是洛下闳式的“浑天”，既可称“浑天仪”，也可称“浑象”。特别是进入密室后改成球面天文图，应称“浑象”，唯旧名保留未改而已。此处我们只关心其“漏水转之”的部分。较详细的资料出于唐玄宗时的《初学记》，标题是“张衡漏水转浑天仪”，这显然是二级浮漏。后世传承的浮漏有更详尽的史料，唐代吕才已描绘了四级浮漏。所谓“浮漏”是把漏壶的漏水注入无漏的受水壶，浮箭则放在受水壶里，随时间上浮。只要均匀地给上位的漏水壶供水，那下漏的水流量就更均匀。如果漏水壶的横截面积很大，则流出同样体积的水导致的水面高度变化就很小，水压变化也就很小，流量就稳定多了。于是上浮的箭尺刻度即可做成等间距的。如果把一日所用的水量规定下来，比如装满一个铜缸，则日误差可以小于 2 分钟。要想令一日内的任何时刻都有一样的高精度，那就用再加上一级的复式漏壶来供水，这就是上引文中“再叠差置”所指，这叫“二级浮漏”。再多的级数实际是不必要的。流体力学的数理分析在李志超《水运仪象志》中有详细介绍。这种计时器要求经常由天文观测对准，如以日南中校准，所以它本质上只是个“分时的”装置，即把一个既定的较大时间单位细分为若干相等的小时段，如分一昼夜为 100 段，而不是个独立的时间标准。由于最高处的供水壶的水面高度可以用尺标示，所以这种浮漏也不是没有绝对标准的特性，但其绝对精度较低，远不及分时的相对精度好。把它与天象结合就有精度很高的绝对时间数据了。后世用刻漏做出的标志性成果，例如，何承天测定春秋分日出日入时刻和方位的蒙气差效应，沈括测定冬夏二至（靠近近日点和远日点）真太阳时的长短变化。

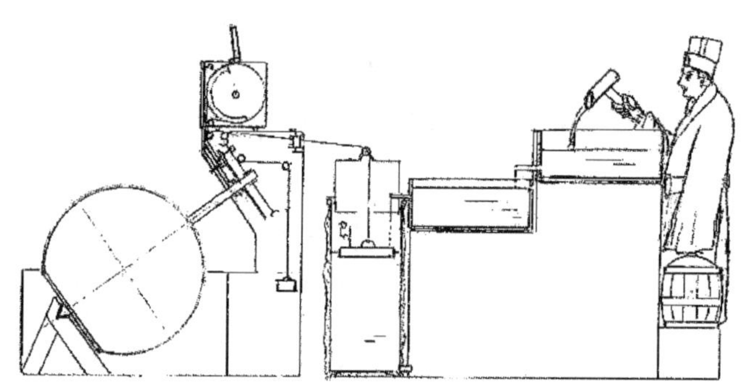

图 4-12 张衡水运浑象示意图（李志超 1996 年设计）

这种漏水计时技术是中国古代最大发明，远远超越欧洲的计时水平，直到惠更斯发明摆钟，而那已是公元 1678 年的事了。张衡利用这种二级浮漏的浮力，以绳轮拉动浑象以及日历牌，这就是“漏水转浑天仪”，是世界上最早的机械天文钟。

为了追求计时的高精度，人们做了很多纯物理的实验研究。如桓谭《新论》所说“寒温燥湿”等环境条件影响早就发现了，所以张衡的漏水转浑天仪要放在密室里。

4. 浑仪、浑象的概念混淆和区分

前已述及，东汉的黄道铜仪可能是导致混淆的根源。张衡接续贾逵未竟之业，要解决“黄道与度转运，难以候”的课题，创用漏水浮子法推动黄道仪自动随天旋转，成为世界上第一架天文钟。这架机器一做成，自然就发现，它不必放在露天的高台上了，放在地下密室里更有利于保持温湿度不变，运转会更稳定。既然原本由洛下闳设计的廿八宿浑天仪被用漏水推动随天而运，不再用它瞄准天体而只是察验“某星始出，某星已中”，那就干脆做成个实球面，画上更多的星象。这已不再是“仪”，而是“象”了。可是人们却按惯性仍一直称之为“浑天仪”。这就是后来闹出仪象概念混淆不清的真正原因。

《宋书·天文志》引王蕃说：

古旧浑象以二分为一度，凡周七尺三寸半分。张衡更制，以四分为一度，凡周一丈四尺六寸。蕃以古制局小，星辰稠概，衡器伤大，难可转移，更制浑象，以三分为一度，凡周天一丈九寸五分四分分之三也。

这是把张衡的黄道仪认作浑象，不算错误。后来，“太史令钱乐之更铸浑仪……置日月五星于黄道之上，置立漏刻，以水转仪，昏明中星，与天相应”。这是仿张衡之作，叫成浑仪了，也不算错。

《隋书·天文志》说它：以为浑仪，则内阙衡管；以为浑象，而地不在外。是参两法，别为一体。就器用而求，犹浑象之流，外内天地之状，不失其位也。

《晋书·天文志》说：

张平子、陆公纪之徒咸以为推步七曜之道度……莫密于浑象者也。张平子既作铜浑天仪，于密室中以漏水转之.……张衡又制浑象……以漏水转之于殿上……

这些话中仪象不分，确是事实，但只限于张衡这一件“漏水转之”的东西。

前引《隋书·天文志》中延熹七年之文也与《晋书·天文志》相似，《隋书·天文志》更反复阐明仪与象之区别，先引王蕃：

浑天仪者，羲和之旧器，积代相传，谓之玑衡。其为用也，以察三光，以分宿度者也。又有浑天象者，以着天体，以布星辰……

接着说：

浑天仪者，其制有机有衡，既动静兼状，以效二仪之情，又周旋衡管，用考三光之分，所以揆正宿度，准步盈虚，来古之遗法也。……浑天象者，其制有机而无衡，梁末秘府有，以木为之，其圆如丸，其大数围，南北两头有轴，遍体布二十八宿三家星、黄赤二道及天汉等。……不如浑仪，别有衡管，测揆日月，分步星度者也。吴太史令陈苗云：“先贤制木为仪，名曰浑天。”即此之谓耶？由斯而言，仪象二器，远不相涉。则张衡所造，盖亦止在浑象七曜，而何承天莫辨仪象之异，亦为乖失。

《隋书·天文志》的申言，似乎在向人们表明：前面那些混淆名义之文都是前人遗作，这里只是照抄而已。他认为张衡做的是浑象，却不知张衡实际上做过三种东西：浑仪、浑象和亦仪亦象的漏水转黄道仪。说陈苗之言指浑象，却又错了，那是讲“仪”；说何承天错了，也不合适，何承天可能指的是黄道仪。而陈苗说的明明是以“浑天”为仪而非象。

《宋书》作者沈约似乎被来自北方的张衡旧浑仪实物迷惑了，只见其“不缀经星七曜”，不知另有其他。连钱乐之的创作也没能把他的思路活化。实际上，正史各志只有沈约一人之作表现为仪与象概念混淆不分，引王蕃（228～266）文，明为谈浑象，他的下文却又说：“王蕃又记古浑仪尺度并张衡改制之文。”当然，他一人糊涂不代表一代人都仪象不分。也许作为清谈文人，他更熟悉《易经》之文。《易·系辞》：“易有太极，是生两仪”，这个仪字不是直指天地，而是指易的拟象陈述，所以在那里仪也是象。

最后，我们要特别为张衡在仪象方面的贡献做个总结：

（1）他制作了漏水转黄道仪，是最早的天文钟。

（2）他创作了有可转动子午圈（即四游双环）的浑仪。

（3）他发明了有万向轴的望筒，又名“衡管”，不论这个“衡”字原来是怎么取的，我们都可以把它和张衡的名联起来，以之纪念张衡。这才是李约瑟强调的“赤道式装置”的发明。

五、石氏星度年代问题

1. 石氏去极度

石氏星度本是天文学史难题，弄清早期仪象史就好解决它了。

石申，又名石申夫，是战国时代天文学家，关于他的事迹至今只有只言片语。涉及他的科学成果，在《史记》、《汉书》中有些星象描述之文，却无度数。《后汉书·贾逵论历》始引《石氏星经》的度数。《开元占经》是唐代8世纪瞿昙悉达编撰的一部天文历法星占书，其中则有一批恒星度数。说是石氏之文，却不能肯定不是后人伪托。早在20世纪30年代，中外学者就一直陆续不断地有人发表对“石氏星经观测年代”的研究。潘鼐《中国恒星观测史》[①] 以相当大篇幅

① 潘鼐．中国恒星观测史．北京：学林出版社，1989（注意此书不谈仪器和观测）

讨论这个问题。郭盛炽也有著文①。这些研究的结论彼此差离很大。至于《甘石星经》则是很晚的伪书，学术价值很小。

总观这些研究，基本上都是把《开元占经》的石氏去极度数据用岁差推算求其对应年代，再把上百个离散数据作统计处理，以求平均的年代。他们全部无一例外地认为石氏星度是用浑仪测得。问题就出在这里。以郭盛炽文为例，文末声明："本文对《石氏星经》观测年代的探讨是在未作任何假设的基础上用统计方法得到的，在推算过程中除对原始资料的认定，对应的星的证认外，也尽量未引进任何人为的因素，故可认为是力求客观的。"

其实郭先生已经有了不止一项假设，首先他已经认为这些数据是测量而得，不是经过某种理论改造的；其次他认为这是用浑仪测得的。反而是被潘鼐和郭盛炽认为不可取的前山保胜②（旅德日本人）还作了一个特别假设，认为用于观测的浑仪极轴有方向误差，比正北极抬高了一度。

首先，作为战国时魏国人的石申夫，绝不可能作去极度的观测，因为他不会是浑天家，更没有浑天仪，而作为盖天家就不可能有去极度这个概念。凭这一点，潘鼐推算的那一批公元前400多年的去极度数就是无中生有。日本人新城新藏、上田穰所得公元前350~360年的结论也一样不能成立。薮内清和钱宝琮③二位的说法把年代定在公元前一百年之后，在浑盖之分这一点上应无所难，因为太初改历是公元前104年，洛下闳浑天说已经问世。然而钱宝琮熟读《周髀》，他还认为这部书应作于西汉末年，难道不知道其中有以盖天之学推算去极度之事？安知石氏星度不是这么算出来的？

原则上，数理统计的方法既要数也要理，甚至是理在数先。数依理推，理以数明。什么叫理？理是对结构、性状、过程的分析设定。没有理的基础，统计什么？同样一组数据，如行星运动数据，在地心说之理上与在日心说之理上给出完全不同的判断。若粗率到把顺逆留都平均掉了，那还有什么地心说、日心说？还有，按中国科技史学经验，轻易不要对古人的操作质量做过低估计，比如目视瞄准定位，其数据若折算成视角，大概误差不会超过半度。若说版本讹误，对个别数据还可以讨论，对上百个数据的怀疑就没有理由。

《开元占经》的石氏星度可能的来源绝不止于浑仪观测一种，可以作多种可

① 郭盛炽．《石氏星经》观测年代初探．自然科学史研究，1994，13（1）

② 本节所涉几位外国人的工作资料，取自潘鼐和郭盛炽的著作。

③ 钱宝琮．钱宝琮科学史论文选集．北京：科学出版社，1983. 271~286

能性的假定。前山保胜的假定就是一种。当然潘鼐的两次测定说也是一种。但那要先承认公元前400年有浑天说及其去极度概念，当然因此也有浑仪。按前面对浑天说创始的考察结论，这是不可能的。石申夫当然是盖天家。盖天之学没有去极度概念，所以《开元占经》的石氏去极度不是传自石氏本人。但既以其数附托石氏，则伪托者亦当是盖天传人。因为从太初之争到张衡，二百年间，浑天初创，盖天犹强。作为革命派，浑天家不会把自己的新概念拿去附益旧说。战乱破毁文化，连蔡邕也寻其旧文，连年不得。后世学者有可能泯灭了门派意识，不排除有人把后来的观测数据填到旧书里去，但是那就不会表现出大量数据向古老年代偏差的状况。

本书前已讨论了《周髀》去极度的问题，认为那是在太初之后，盖天派迫于浑天理论的重压，不得已而为之说。说白了，那是凑数："你们浑天有去极度，我们盖天也有去极度，算给你看，一点不差！"明显地含有吵架的味儿。岂不知逞一时意气，却等于接受了球壳天的概念，于盖天说的理论逻辑实为大失。《周髀》推算去极度的方法当是石氏星度的来源。参考图4-4"周髀影长图解"，可以假定石氏星度的去极度数是由影长实测数按直线要求修订而得。实际是把图4-4上的实测数向右移动了一个小距离，以靠近ba直线。那么在a、b两点之间，即±24度之间的星，去极度数当然都要偏少，平均偏少量考虑到少数在这范围之外的星，估计是一二度。这与前山保胜的"浑仪极轴仰角高了一度"在效果上相近。这等效于把图4-13上的实测数向上移动一个小距离，恰可说明潘鼐的计算。

潘鼐的数据（其书之表18）有个明显特征，廿八宿中，鬼星张角亢氐房心尾箕斗，这一组的年代偏早；而牛女虚危室壁奎娄胃昴毕觜参井，这一组的年代偏晚。前一组恰好在公元前80年夏至—秋分—冬至段上；后一组恰好在公元前80年的冬至—春分—夏至段上。

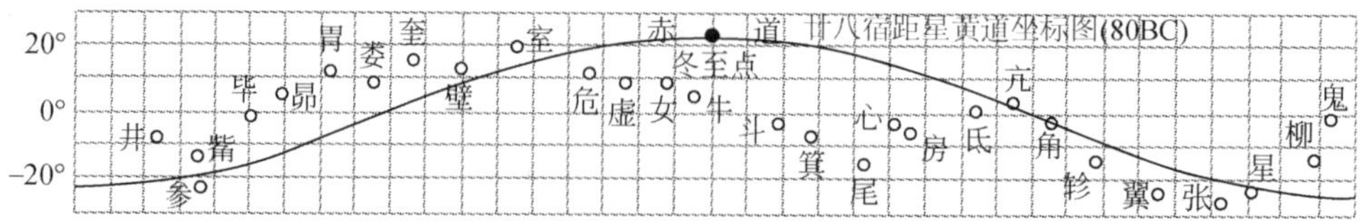

图4-13　公元前80年廿八宿距星黄经（横坐标）黄纬（纵坐标）度数

图4-13是用现代数据和算法倒推出的公元前80年廿八宿距星图。纵坐标是

黄纬，横坐标是黄经，赤道是正弦曲线。岁差使图中的赤道曲线随时间向右移，而恒星不动。

以公元前 80 年为标准，潘鼐说：第一组星年代早，意味着赤道偏左使去极度偏小；第二组年代晚，意味着赤道偏右使去极度偏小。

所以，不论我们所说的由周髀家修订的去极度，还是前山保胜所说的浑仪极轴仰角误差，以及潘鼐所说两次不同时代测量，都有个共同点：比之公元前 80 年的实际去极度小了那么一二度。那么，这三种说法应取哪一个呢？至于郭盛炽的统计，无视这些明显的特征，用纯统计程序把那特征信息都抹杀了，我们不予考虑。我们不认为公元前 400 年有浑仪和去极度观测，而公元 200 年的浑仪技术已相当成熟，又不会容忍那些偏离甚远的数，故潘鼐所说不可取。

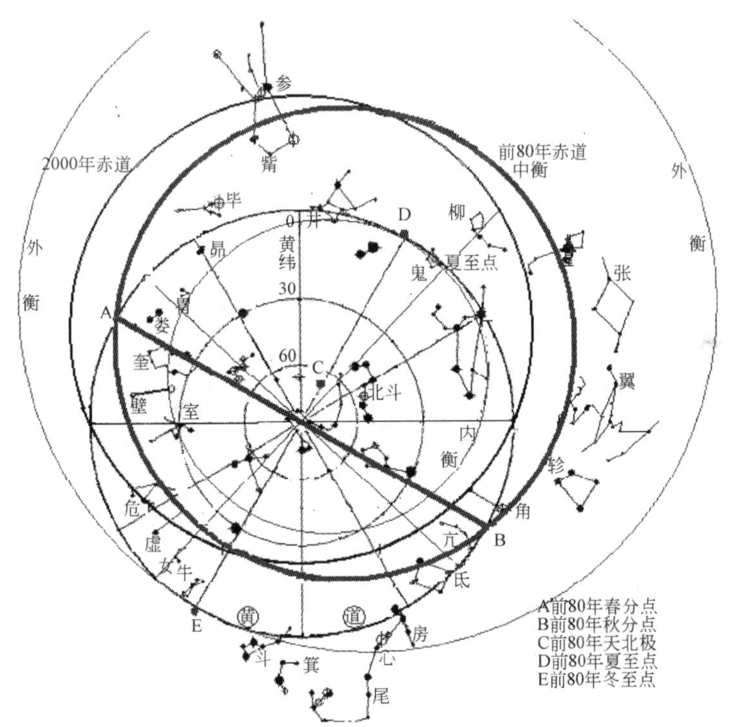

图 4-14　七衡图对应的现代星图

注意新图径向尺度不是线性的，但每一小局部内星象都较为近真。

前山保胜所说不可取，因为多圈式浑仪是张衡的发明，在张寿王的时代用的圆仪不能测去极度。不管用什么仪器，说当时的人把仪器装调到误差那么大也没有道理。再说七衡六间图，若以如图 4-14 的新极坐标星图对比，更显出周髀理论不能解决绘制完善星图的问题，它的星度数据没有可操作性。

总之，如以《开元占经》之石氏去极度为公元前 80 ~ 前 60 年间形成是最合理的。那正是张寿王争历的时候，浑天测度技术尚未成熟，但却有了去极度概念，盖天家糊涂地使用这一概念，类似《周髀》，弄出了由影长算得而伪托石氏的去极度数。

2. 石氏距度

去极度属球面的纬度，而距度则属经度。早期的廿八宿没有经度数，但若有了二十四气，就该先有廿八宿距度。从年代看，邹衍应有廿八宿距度方面的成果。如果这一推断成立，则《开元占经》所记刘向《洪范传》“古距度”和阜阳出土的天文式盘距度（下文合称“古距度”）最可能是传承于邹衍。刘向父子颇尊阴阳五行之说便是颇尊邹衍的一个旁证。

《开元占经》中的石氏距度是何人所作？可以论证，那仍然是上述石氏去极度的作者。

《太初历》或《三统历》以冬至日在牵牛初度设算，但《三统历》文却又说：日月五星“进退于牵牛之前四度五分”。斗宿占有二十六度，“牛前五度”即是斗二十一度，此数是对的。那么，牛初之数即当是早于太初的测度结果。按岁差计，这对应于公元前 450 年，比邹衍还早了近 200 年。若是他测的，就有两度半的误差。对于早期测量，这不奇怪，反而是说比他早 200 年有距度测量更缺少根据。可是何以《三统历》文自立矛盾？这是刘歆个性的表现。他知道太初实测中浑天派另有牛前五度的结果，且倾向认为那是对的。

《汉书》说司马迁和唐都等带头改历，“定东西，立晷仪，下漏刻，以追二十八宿相距于四方，举终以定朔晦分至躔离弦望……已得太初本星度新正。”这是说他们是从测度着手，而且有了认为是“新正”的星度数据。然后“姓等奏不能为算”，这才又招来浑天派洛下闳、邓平等重新搞，“于是皆观新星度、日月行，更以算推，如闳平法。”这个“新星度”当是闳平等人的新结果，与那“新正”不同。由此可见，当时两派都没有直接拿古度来用，都不是保守主义者。可以认定，浑天家们所得的是牛前五度之数。那么，司马迁等的数据是什么？不会是旧历法的牵牛初度，那样就体现不出“新正”的新了。他们的星度应即是那石氏星度——冬至日在牵牛六度。证据就在其数自身的特征。

司马迁等平天家所用方法即是《周髀》的竿影法。按这个办法，只要观测地不在北极就有误差，距星高则得数偏大。离地北极越远误差越大，到赤道就完全不能用了。斗牛与角亢之间的距星显著地低于斗牛与奎娄之间的距星。因而正确的冬至点和夏至点所分开的两半赤道或黄道积度由测得的数积算并不相等，奎娄一半偏大。

如果当时用昏旦中星法测定冬至日躔，以校正的单漏壶确定昏旦观星时刻，则计时精度不是误差的主要因素，主要由各宿距度决定精度。用《周髀》法测得的距度偏差大到牵牛六度。古文献说汉初立春日在营室五度，此数接近真值。由立春日在营室五度，按石氏度数推算，得冬至日在牵牛六度。这早有祖冲之算过了。这里当然存在所选距星如何认定问题，但多个宿度累计数就与个别距星的确认关系不大了。所以无须对距星数据的偏差各个作解。

至于古距度，虽也是平天家所测，方法却不一定与《周髀》一样。比如说，邹衍还没有表端投影法。如果他只是用简单的单漏壶测定子正时刻，以中星每日西移一度测定距度，这方法看来最原始，却没有《周髀》法的误差。司马迁等按平天模型搞出新招，不是弄巧成拙，是平天宇宙理论必然要走向的自我否定。此外，也可以假定：《周髀》法是邹衍发明的，但是他在燕地测得，故比之司马迁等在长安所测误差为小。他测日躔是在立春，绕过了测距度误差的最敏感时段，又因不知日行有迟疾，偏大的距度与偏慢的日行相抵了。

这样，在太初改历过程中，两派测量所得距度数分居古距度的两侧，都差五六度。争持不下，只好折中，大家都让一半，还是用古距度。事后，《周髀》家就把他们的数据写进《石氏星经》里去，《周髀》书中则只写“日冬至在牵牛”不言其数；而浑天家则终于在东汉之初的《四分历》里采用了自己的数据。既然浑天之数更为近真，自然表现了较强的生命力。不过那时双方都不知有岁差。

然而至今，因史料的缺失，人们反以石氏为浑天，那就错了。

又过200年，到了东汉，图谶作者们群起造伪，全都拿牛初之辞附会孔子，其知识水平表现远逊于刘歆。说到刘歆，有人说他也善造伪，《周礼》即在此列。《周礼》有“土圭之法测土深，正日影，以求地中”之文，这“地中”一词又见于《益部耆旧传》“洛下闳于地中转浑天”。那么这是否就是刘歆作伪的证据呢？否！浑天家的很多概念源于平天说，地中也是其一。《周礼》的地中是平天地中，故早于太初，但不早于邹衍。由此，说其书出于荀子学派是合理的。平天说地中实为极下，故有所谓“求”。求者，如《周髀》法，由表影求得极下里数之谓也。然而《周髀》测距度乃于圆心立表，得数还要作折算，于理难通。

这也是浑天家建立新说的契机之一。浑天家把地中定在阳城，却也没有说出道理，邹衍还有个“求”，他们连个“求”都没有。刘歆若依浑天作伪，就不会用那个“求”字。

六、月食预报问题

汉代历法只算月食不算日食。在《史记·历术甲子篇》和《周髀》的后部历法内容中，都未涉及月食问题。《汉书·律历志·三统历》中有“推月食”一条，不过五十几字。《后汉书·律历志》的《四分历》的“推月食”条字数已加倍至百字。两者俱不涉日食。关于月食的物理解释，在前文谈张衡时已讨论过了。本节仅就推算预报问题作些论述。

《后汉书·律历志》分上中下三节，上节言音律，不必谈了。下节是四分历术细节。中节是六段论历的记录，最后一段即题为“论月食”，前五段也以月食为重点关键，显异于后世各朝正史的律历志。[①] 这是合乎认识发展的逻辑的：平天说理论不可能进入日月食推算预报的水平。更早的历法就更无可能。浑天说初起，仪器方法俱未完善，数据有待累积。日食预报难度大，先搞月食是自然的。

“贾逵论历”开头就说光武帝时已见现行的《三统历》“后天”，即天象较推算的时间早。过30年后有记录：

> 永平五年，官历署七月十六月食。待诏杨岑见时月食多先历，即缩用算上为日，上言“月当十五日食，官历不中。”诏书令岑普与官课。起七月，尽十一月，弦望凡五，官历皆失，岑皆中。

此文说明：①《三统历》有月食预报推算法。②没有日食预报。若有日食预报，必与月食同样有“先于历”的情况，自然是首先被注意和处理，且有记录。③按前文所引的贾逵论历原文和译解，当时的浑仪尚未完善，多圈的赤道式经纬仪尚待张衡开发。对月道的进动（轴的摇摆）尚未觉悟，更谈不上月行迟速。

“贾逵论历”的第二段已引于上文，内容以黄赤度差为主，与日月行度密切相关。接下去的第三段直论月行，今人对其中“月行迟疾”一语的含意多作误

① 这五段按其原文节首副标题，各为“贾逵论历”、“永元论历”、“延光论历”、“汉安论历”、“熹平论历”。

解，说是指月速变化，而实际说的是：赤道度的变化不等于真速率有变。现节录如下：

> 逵论曰："又，今史官推合朔弦望、月食加时，率多不中，在于不知月行迟疾意。……梵、统以史官候注考校月行，当有迟疾。不必在牵牛东井娄角之间，又非所谓朓、侧匿，乃由月所在道有远近出入所生，率一月移故所疾处三度。九岁九道一复，凡九章百七十一岁复十一月合朔、旦冬至，合春秋三统九道终数。可以知合朔弦望、月食加食。"

"梵、统"是历人李梵、苏统，"朓"是月行过快赶在日前而早见，"侧匿"是朓的反义词。牛、井、娄、角是二至和二分点，是黄赤度差最大的位区，贾逵引用牛井娄角（分至点），正是考虑坐标系的黄赤之差会被误认为速率变化的结果。但黄道只是日道，月道又不同于日道，故其与赤道度差不限于这些位区。而每日间月行度数又不是"朓、侧匿"，不是快慢之变，仍是与赤道"有远近出入所生"，也就是与每日的日行赤道度有大有小一样，是日道与赤道的远近差离和斜向出入所致。月每走一月会偏离前次赤道变率最大点（故所疾处）三度。"九岁九道一复"，前文已说过"月行九道"，那是没有抓住球面月道摇摆进动的表现，只看平面星图，那不行，看不清楚。要突破这一关，得有好的浑仪和浑象，每日跟踪精测月行，并把它标记在球面星图上。有一两年的记录，就不难发现：月亮轨道也是大圆，只不过是周期地摇摆，而且每日行度的弧长的确是有变化的。月速之变远大于日速之变，故当先于日而知月行迟疾。贾逵当时尚不知真的月行迟疾，故仍限于九道的概念，只知有 9 年小周期和"九章百七十一岁"（$9\times19=171$ 年）的大周期。

《后汉书》这一段最后说：

> 案史官旧有九道术废而不修。熹平中（贾逵论历后约 90 年）故治历郎梁国、宗整上九道术。……诏书下太史以参旧术，相应。部太子舍人冯恂课校。恂亦复作九道术，增损其分，与整数并校，差为近。太史令扬（姓单名扬）上以恂术参弦望，然而加时犹复先后天，远则十余度。

这九道术当是旧法，保存在史官处，只是不用它了。宗整所上的新术也没有突破性进展。冯恂看了那新旧九道术，觉得没什么了不得，就依其模式加些调整又做出了一件，与那两件比一比，好像还好些。等到被批准正式行用，还是不准，最大误差竟达 10 度多。

公元 180 年前后，与蔡邕同时的刘洪首先发现月行有迟有疾，不是由于球面坐标系决定的经度差数变化，而是弧长的变化。其成果载于《晋书·律历志》刘洪所作的《乾象历》，其中列有月行迟疾数表，以及运用这些数据作推算的数学方法。这数据表实际得出了“近点月”，约为 27 日多。这是天文学史上的重大发现，也是物理学史上的重要进步，因为这是真正意义上的加速度概念的建立。

这成果的取得与张衡的浑仪和精密刻漏计时器密不可分。这两项仪器的精度是互相配合的，浑仪的二维空间方位角测量精度好于半度，对应的计时精度则好于 2 分钟。同时也有了足够精密的球形天文图——浑象。张衡本人来不及做出这项发现，因为这需要时间。刘洪的成果是在张衡的成果之后约半个世纪完成的。

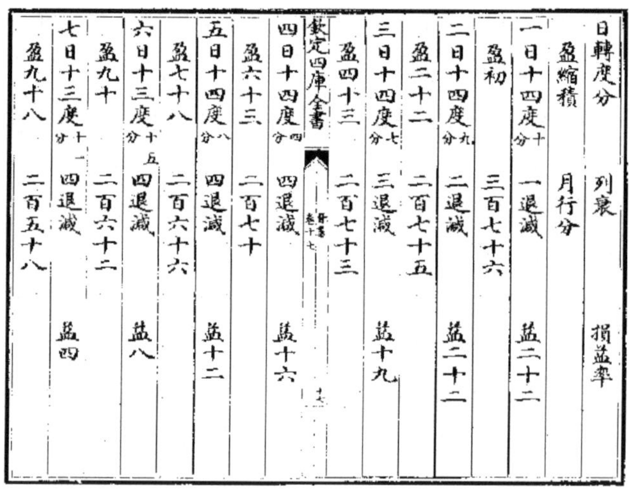

日	轉度分	列衰	損益率	盈縮積	月行分
一日	十四度十分	一退減	益二十二	盈初	三百七十六
二日	十四度九分	二退減	益二十二	盈二十二	二百七十五
三日	十四度七分	三退減	益十九	盈四十三	二百七十三
四日	十四度四分	四退減	益十六	盈六十三	二百七十
五日	十四度八分	四退減	益十二	盈七十八	二百六十六
六日	十三度十五分	四退減	益八	盈九十	二百六十二
七日	十三度十一分	四退減	益四	盈九十八	二百五十八

欽定四庫全書 晉書 卷十七 十七

图 4-15　四库全书《晋书·律历志》乾象历月行迟疾数表的开头部分

第五章　从汉到唐的宇宙学争鸣

一、汉代学人论天道常变

本章开始先谈汉代的“天道观”，也就是人们对天体运行规律性的看法，或即对天象的“常”与“变”的看法，以及天人关系的思想，然后再谈从汉代起的物理宇宙学的观念纷争。

专业天算学者一直不停地在追求精确推算预报未来天象，然而现实天象却总与计算有偏差，当然随时代的进步也是显然可见的。

在更广的学术领域，哲学的讨论总离不开对天地宇宙的关怀。一些典型的言论倾向认为：即便是最有规律性的天文现象，除了那些非经常的事件，如所谓“彗孛流蚀”（即彗星、新星、流星、日月食）等，即便如《易·系辞》之言“悬象着明莫大于日月”，而且是“天行健”，那也必然少不了非规律的动变。

《后汉书》“贾逵论历”文中有：“天道参差不齐，必有余，余又有长短，不可以等齐。”这就是说，各天体运行周期不成整数倍关系。他所说的“余”是指以一日为单位的周期数的小数部分。进一步，它们还有偶然性变动。《后汉书·律历志》的注引杜预《长历》，文中自引其所作《历论》之语说：

> 天行不息，日月星辰各运其舍，皆动物也。物动则不一，虽行度大量可得而限，累日为月，以新故相序，不得不有毫毛之差。此自然之理也。故《春秋》日有频月而食者，旷年不食者。理不得一。而算守恒数，故历无不有差失也。失于毫毛而尚未可觉，积而成多，以失弦望朔晦，则不得不改宪以从之。

“动物”所指即是生物学含义的动物。杜预说的“物动则不一”，是把天体日月星视为动物。动物们运动起来怎么会完全如一？彼此不一，不同时刻自身先后也不一。而且这不一是合理的——“此自然之理也”“理不得一”。然而人的算术操作是按机械化的规则而作，是遵守“恒数”的，怎么会与天象完全一致？

由此说来，经常改历以求合天，去应合那个总有无规则动变的天，是正常合理的。

应该说，这种观点作为宇宙论哲学是对的，在很大的时空尺度上，不能说有不变的物理常数。但中国古人所见实仅限于人的直观可见尺度之“变”，以当时的天文计量技术水平，尚不足以察觉我们现代所说的大尺度时空之“变”，以及太阳系中天体的超细微变化。《春秋》日食“有频月而食者”，那是错记的，不是实际天象。古人所见之变，实因不知道还有很多常数起作用，而若知道了，那些变也就仍归于常了。历史进步到从牛顿到爱因斯坦的时代，天文学大量地发现了此类常数或规律，使那些动变都能计算了，因而导致宇宙有终极物理常数的深刻信念。这种信念本有上帝信仰的根源：宇宙运行的规律早由上帝定好了，应该是简单和谐优美守恒的。但若更进一步，先是由发现更多的常数解释了似乎反常的动变，肯定了守常是基本；再穷追下去发现这种常数多到无数，则又归于“无常”。这就在哲学上成为大可争议的命题，终极的宇宙不单总体是无穷复杂的，而且到底是以变为绝对的。

中国人自古主变主赜，赜即复杂性。虽可说是质朴的认识，却把握了宇宙最深的根本。《汉书》记司马迁引董仲舒言：“《易》着天地阴阳四时五行，故长于变。”有人说董仲舒主张“不变论”，与古文史录相悖。董仲舒说不变的只是天本体和它的道（常道）。

西人以上帝为“主”，实质是以宇宙本体为人的主宰。欧洲古典机械唯物主义不信上帝，以物质为宇宙本体，却不能说明人的主观能动性。正确的世界观应该采纳中国古典哲学的机发论：

物质不是必须“唯”的主宰，是信息及其机发性作为物质存在的基本属性，赋予人类文化主动性。个人精神是文化的构成单元，文化是养育、导引、规范、集成个人精神活动的信息体系。

不靠神仙和皇帝，人民群众才是自己命运的创造者和主人。

请看有关史料如下。

《汉书·董仲舒传·举贤良策对》：

琴瑟不调甚者，必解而更张之，乃可鼓也；为政而不行甚者，必变而更化之，乃可理也。当更张而不更张，虽有良工不能善调也；当更化而不更化，虽有大贤不能善治也。

《汉书·武帝纪》立皇后卫氏诏曰：

朕闻，天地不变不成施化，阴阳不变物不畅茂。易曰："通其变使民不倦。"诗云："九变复贯，知言之选。"朕嘉唐虞而乐殷周，据旧以鉴新。其赦天下。

两位时代文化和政治的最高代表者说的这些话，充分说明社会意识中主变思想是主流。太初改历就是要变，以改变历法而求合天象之变。不单是要改变历法的数据，还要大改宇宙学原理。浑天说之新，惊世骇俗。

太初之后百年，扬雄作《太玄经》，意图建立一种超越古易学的新宇宙学数理模式。他从易学的二进制发展出三进制，每卦四爻，各名"方、州、部、家"，每爻三式，以 3 的 4 次方得八十一卦。他的理论虽未流行，却表现了标新立异的风格。

唯其有此种社会意识的主导，才使汉代文化史充满了原发性创新成果，辉煌百代！但过分性急地在天文现象中强调非规律性，却压抑了对常理——基本物理规律性——的追求，致有近代的落后。即在两汉当时，重变革而昧常理，导致迷信流行，如汉武帝求长生，董仲舒算卦。谶纬猖獗也是显明表现。

至于继汉代雄风的魏晋玄学思潮到底是怎么回事？它的本质和源流因果则要从头研究。

二、《淮南子》的天地生成论

汉武帝的叔辈淮南王刘安招募大批门客，合写了一部书《淮南鸿烈》，通称《淮南子》。其书模拟《吕氏春秋》，虽然格式不同，而内容一样地包罗广大——上天下地，政治人伦，高谈阔论，傲睨万方。总字数比前此所有的书都多。其书作于汉武帝罢黜百家独尊儒术之前，以黄老思想为主导，也有儒家之论，但缺乏精辟的创意，而多烦冗之言。汉武帝既已尊儒，加上要彻底削藩的意图，淮南王的覆灭就很自然了。刘安造反一案诛杀二万多人，但其书却得流传，因为汉武帝欣赏刘安的文采。在后代民间传说中编造了淮南王刘安得道升仙的神话，说他炼丹成功，全家飞举，连鸡犬也升天了。

《淮南子》书内容虽甚驳杂，但含有一条主旨，那就是强调复杂性、非规律性。书中处处讲：什么事都有与之相反的因果实例。"若人者，千变万化而未始有极也。弊而复新，其为乐也可胜计邪!”（俶真训）这种观念与儒家一致。其论议充分体现容欠理由律。有人把此书定性为道家，因为它频频引用老庄之言，以注解者身份出现。这与当时以黄老之学治国相合。儒家的易学要在复杂中求易简。道家也说：在极为复杂多变的存在中有所谓“道”，这是统一万有的本根。道虽是客观的，却也可以由人主观把握而用以裁制万事万物。其书共21篇，首篇即题名“原道”，中有言：

> 执道要之柄而游于无穷之地。是故天下之事不可为也，因其自然而推之；万物之变不可究也，秉其要归之趣。

所谓“道要之柄”、“要归之趣”也是机发论的机要点。道家毕竟还是要“执道要之柄而推之”，并非真的消极无为，无为只是有为的手段方法，不过是一种偏于保守的方法。

其书第二篇即言宇宙，题名“俶真训”，汉末高诱注：“俶，始也；真，实也。”是指其内容讨论天地之始。其文开头一段如下：

> 有始者，有未始有有始者，有未始有夫未始有有始者，有有者。有无者，有未始有有无者，有未始有夫未始有有无者。所谓“有始者”，繁愤未发萌兆芽蘖，未有形埒垠堮，无无蠕蠕，将欲生兴，而未成物类。“有未始有有始者”，天气始下，地气始上，阴阳错合，相与优游，竞畅于宇宙之间，被德含和，缤纷茏苁，欲与物接，而未成兆朕。“有未始有夫未始有有始者”，天含和而未降，地怀气而未扬，虚无寂寞，萧条霄雿，无有仿佛，气遂而大通冥冥者也。“有有者”，言万物掺落，根茎枝叶，青葱苓茏，萑蔰炫煌，蠉飞蝡动，蚑行哙息，可切循把握而有数量。“有无者”，视之不见其形，听之不闻其声，扪之不可得也，望之不可极也，储与扈冶，浩浩瀚瀚，不可隐仪揆度而通光耀者。“有未始有有无者”，包裹天地，陶冶万物，大通混冥，深闳广大不可为外，析毫剖芒不可为内，无环堵之宇而生有无之根。“有未始有夫未始有有无者”，天地未剖，阴阳未判，四时未分，万物未生，汪然平静，寂然清澄，莫见其形，若光耀之（闲）［问］于无有退而自失也。曰：“予能有无而不能无无也，及其为无无，至妙何从及此哉。”

读者不难发现，此文前面那一小段与《庄子》之文绝似，那在本书上文曾被引用。但此处首先是“始”字被改用为“开端”之义，这新语义也许是此前就出现了。然后是引文多出了几个字，删去了几个“也”字，这一增一删就把《庄子》原意完全篡改了。《庄子》的“也”不是同位等价的语气助词，只有下面连着的“者”是语气助词。“始也”二字是一个短语单元，以说明前面的“有”。说：“‘有，始也’者”，是说“有”是以“始”而成的。“有”是被动主语，而“始也”是作用于“有”的谓语。否则若像《淮南子》这样理解，用“有”字指“始”的存在，则后面几个“也”字都成了语气助词，与“者”重叠，又何必呢？删去“也”字，“有”就从主语变成了谓语，“始”则成了宾语。那意思就成了：“历史上有一个开创世界的时期。”《淮南子》对这篡改过的《庄子》之言的每一句都作出解说，直到这“有有者”，他说这就是顺着时序进展的天地万物从无到有的发生过程。下一半的似《庄子》之言，先是把“‘有，无也’者”偷换成“有无者”，然后两个“无也者”换成“有无者”，最后把《庄子》的“俄而有无矣，而未知有无之孰有孰无也”弃置不引，而代之以“曰予能……”，是一句似是《庄子》而非原意的话。他对这后半段每句的解说，是来自《老子》的视、听、搏“三者不可致诘，故混而为一”。所讲的是元气在这万有创生过程中的地位和作用，但这却是《老子》书中没有的。

老庄所说的无，是未来，它将不断地转化为有，转化了的有则固化为过去的历史。而《淮南子》所说的无，是宇宙史上最早的过去，是在既有之前的已经固化了的事实。上述对其篡改的分析也是论证。

上引文中有很多生僻字，我们不去一一作解。这都可以从大字典里查得，不查也能从字形和上下文猜得八成。这些字大半是汉代人造出来的，没有用多久就不通行了，有的甚至只是一个作者自己用了一次。既有存书，则在字书里就有讲解，而字书作者对这些字的了解也缺乏第一手资料，仅止于猜测臆度。这种汉代字正是狭义的“汉字”，在汉赋里出现最多，一般汉代人作实用文也不用，如《史记》就很少用。占《康熙字典》十之八九的废字大半是汉代的汉字。《淮南子》使用这种字，是刻意表演文学水平，现今时髦话叫“做秀”。后代文人有的爱“掉书袋”，作文时搬弄这种“汉”字，徒为欺世而已，在科场上他也不大敢使用。

对这一文字史现象若作正面评价，则可由此说明汉代人很强的创新意识。同样，对《淮南子》的上引文字也可如此评价。作者的思想是崭新的创意，他把这大千世界看作是发展进化的。这一宇宙论的创意被后世接受了，流传了两千年，直到现代还有参考价值。

在此书的第三篇“天文训”和第七篇“精神训”的篇首都有关于宇宙论的内容。其文字特色也与上引第一篇一样。“天文训”说：

> 天墜（地）未形，冯冯翼翼，洞洞灟灟，故曰太昭。道始于虚霩，虚霩生宇宙，宇宙生气。气有涯垠，清阳者薄靡而为天，重浊者凝滞而为地。清妙之合专易，重浊之凝竭难，故天先成而地后定。天地之袭精为阴阳，阴阳之专精为四时，四时之散精为万物。积阳之热气生火，火气之精者为日；积阴之寒气为水，水气之精者为月；日月之淫为精者为星辰。地受水潦尘埃。
>
> 昔者共工与颛顼争为帝，怒而触不周之山，天柱折，地维绝。天倾西北，故日月星辰移焉；地不满东南，故水潦尘埃归焉。
>
> 天道曰圆，地道曰方。方者主幽，圆者主明。明者吐气者也，是故火曰外景；幽者含气者也，是故水曰内景。吐气者施，含气者化，是故阳施阴化。天之偏气，怒者为风；地之含气，和者为雨。阴阳相薄，感而为雷，激而为霆，乱而为雾。阳气盛则散而为雨露，阴气盛则凝而为霜雪。

这一段是从宇宙论的自然哲学前提出发，对重要的物理问题作出解释，属于物理学；但没有直接的实验根据，只是假说，故实质上是哲学。对其全文作过细的考训是很乏味的，意义不大。其说无非以元气的阴阳二分为基本原理说明一切。二分法则引出许多成对的相反相成的概念。例如，把自发光叫作“外景”，把反射光叫“内景”，直到清末的郑复光写《镜镜詅痴》还在袭用这些概念语词。其他如“天道圆，地道方”，“阴阳激荡而为雷霆”，都因一直得不到实证的物理检验而得传延两千年。

须注意，按这个生成模式，天和地——尤其是地，不可能有无限大尺度，因为其历史有限。此后不久问世的纬书就有“天高若干万里，地之厚当此数”的说法。

“精神训”一开头的话是：

> 古未有天地之时，惟像无形，窈窈冥冥，芒芠漠闵，澒蒙鸿洞，莫知其门。有二神混生，经天营地，孔乎莫知其所终极，滔兮莫知其所止息。于是乃别为阴阳，离为八极，刚柔相成，万物乃形。烦气为虫，精气为人。是故精神天之有也，而骨骸者地之有也。精神入其门，而骨骸

反其根。我尚何存？

这一段话说的是人，特别是精神，人的精神来自宇宙。“二神”是尚未分离的阴阳，故谓之“混生”。“孔”是广大，“滔”是长久。“相成”是互为对方存在条件。“万物乃形”是各种动物出现了。一般化的烦杂质料之气形成的是一般动物，精致的则形成人类。而单个人体又有精粗之分，精的部分是精神，粗的是骨肉形骸。人死了，精神进天的大门，与天的轻清阳气混而为一；骨骸则回归地的老根，与地的重浊阴气化为同体。于是，作者发出深刻沉重的一问：“我尚何存？”——到那时候，哪里还有什么自我存在？所以：

死亡，是向伟大无穷的混一的宇宙时空回归，是生命的壮行。

注意，这里的精神不是外在于人的鬼神，死后也未形成鬼神，对前此流传的一切已有的鬼神之说做出了根本的否定。包括天地、万物、生命和精神的生成演化全史，没有神创论意识，这正是老庄思想的自然之道。这思想对精神的能动性评价并不很高，似有黑格尔绝对精神的模样，仅以“无为”追求与“自然”调和。先秦儒家虽有异议，而最强的“有为论”要由荀子“天人相分”、“人定胜天”之论发挥，由《阴符经》① 推向高潮。《淮南子》没有宣扬“天人合一”论，人死后与天地合一，尚非活着的时候就合一，死后的合一也无所作为，比之荀子。《淮南子》没有说明人的精神与社会文化密不可分的关系。

《淮南子》中这三段生成论——宇宙生成、天地万物生成、人及其精神的生成，形成逻辑井然的排序，也说明这是深思熟虑的思想成果，具有高超的哲理水平。

三、宣夜说与元气

上节所引《淮南子》三段言宇宙生成之文，都用到元气的概念。元气在全部中国科学思想史中的地位和作用极大，但至今对它的深入剖析研究还远远不够。早自20世纪之初，讨论元气概念发展史的书作就很多了，如张岱年的《中国哲学大纲》就是一部很好的书。因此，我们这里无须繁琐地引述历代史料，只须按我们的叙述逻辑要求引用古文。

完备的元气说只是汉代所产，淮南王学派在宇宙学的运用是其主要表现。他

① 李志超．天人古义．郑州：大象出版社，1998. 68～69

们是平天家，主张天在上而地居下，在“天文训”全篇有明确的表述。这状态是元气分化运动的结果，即“轻清者上升而为天，重浊者下凝而为地”。这个想象过程在物理上是通情达理的。

然而，浑天说革了平天说的命，改以天为球壳形，不是在上的，不能再用元气说作同样解说。张衡《灵宪》虽然也用元气说，却说是“天成于外，地定于内”。其理不如平天说通顺，一是用不上轻升浊降的经验性物理常识；二是原初元气无边无界，而浑天说的天球半径才十万里。这是浑天说宇宙学的理论困难，可能就是浑天说总不能压服平天说的原因所在。也许还能够由此找出古代欧洲人不能建立元气说的一个原因，在他们的地心说和水晶球天壳模型中没法引进元气说。中国能建立元气说，是因为平天说宇宙学建立在先。

平天说的谬误无可补救，观测的实践强力支持浑天说。怎么办？于是有所谓“宣夜说”问世。现存关于宣夜说的最早文献是蔡邕的“朔方上书”，其文载于《后汉书》的刘昭注：

> 言天者有三家：一曰周髀，二曰宣夜，三曰浑天。宣夜之说绝，无师法；周髀数术具存，考验天状多所违失，故史官不用；唯浑天者近得其情。

他没有说宣夜说有些什么内容，“无师法”就是没有人传授理论和操作方法。在史料中没有显示太初改历时有此一派学说的痕迹。唐初李淳风写的《晋书·天文志》倒有些说法：

> 宣夜之书亡。唯汉秘书郎郗萌记先师相传云：“天了无质。仰而瞻之，高远无极，眼瞀精绝，故苍苍然也。譬之旁望远道之黄山而皆青，俯察千仞之深谷而窈黑。夫青非真色，而黑非有体也。日月众星自然浮生虚空之中，其行其止皆须气焉。是以七曜或逝或住，或顺或逆，伏见无常，进退不同，由乎无所根系，故各异也。”

郗萌比张衡略早，《文选》有班固“典引一首”，序文开头提及他的名字：“臣固永平十七年与贾逵、傅毅、杜矩、展隆、郗萌等召诣云龙门。”以班固领班的这6个人应是他属下的兰台校书官，贾逵当时45岁，傅毅在《后汉书》中有传。郗萌名列最后，可能是年龄最小的。永平十七年是汉明帝年代，公元74年。由此估计，郗萌比贾逵小，比张衡大20岁以上。

郗萌的话没有说地的形状，那么就只能理解为有限的。反之，如果天地为对称，则地便也是深广无极，这样的地无法与浑天的观测调和。与其如此，还不如回到邹衍的平行天地模型。老的《周髀》平天说只管天与地相对的两个表面，没说天表面的上边是什么。如果宣夜说的作者是为补救浑天说，其地必当如浑天说样而为尺度有限的。

这么说，宣夜说应该取地心模型，有如欧洲地心说那样，地小于天。然而郗萌没有说地是个球。在当时，中国宇宙学家缺少欧洲人所拥有的经验资料，不敢断言地是什么样，不言地的形状，是可以谅解的。以地为有限而天无限，那确实如李约瑟之言，已是超越古代西方地心说，而为当时最先进的宇宙结构模型假说了。

宣夜说的天体分布空间是三维的，这与浑天说的观测实践没有矛盾，因为宣夜说的天体离地很远。现代也还用“球面天文学”来称呼应用天文学的方位观测学科分域，就是用浑天球壳模型作暂代，其空间坐标是经和纬的方向角，是二维的。

宣夜说的先进性来自很高明的物质本元假说——元气说。比较古今中外一切物质本元的物理假说，没有比元气说更抽象的，它的哲学思维深度已经登峰造极了。要了解这一点，先要对“形”的概念作分析。形是什么？形是空间异同陡变的边界。空间的异同可以是致密度，以及不可入性（如西学古原子论所说），也可以是光和热，如火、风、烟、雾。古人把这些相异的物性用“阴阳刚柔”概而括之。形是元气动变的结果，如地是元气凝聚的结果，火是元气极端阳化的结果。

本初的元气不生不灭，无内无外，无大无小，无形无质。

无形即是无任何质项的空间陡变；无质即是无轻重坚柔温凉等性质。这样的元气绝对没有任何差异，就是《淮南子·俶真训》所说的状态，我们这里再次引录于下：

> 有未始有夫未始有有无者，天地未剖，阴阳未判，四时未分，万物未生，汪然平静，寂然清澄，莫见其形。若光耀之（闲）［问］于无有，退而自失也，曰“予能有无而不能无无也，及其为无无，至妙何从及此哉。”

这样的宇宙总体是“汪然平静，寂然清澄”的绝对均匀静止状态。从“光耀……”往下之文取材于《庄子·知北游》，但也如“有未始有”句，被改动了原意，我们不细究。“光耀”和“无有”是两个虚拟的人名。光耀问无有：“你到底是无啊还是有啊？”无有不答，故光耀退而自失，曰：“予能有无而不能无无也。”光耀是说：我只能把握无，而不能否定无。“及其为无无，至妙何从及此哉”说到连那个无也能否定的东西，那就找不出比它更奥妙的了。这最后一句是说：宇宙至道“不可道”矣——理论追索到了终极之处了！

这种宇宙论与现代宇宙大爆炸说有共同点——追溯宇宙的最早期，钻进了理论的死胡同！而古今这两大宇宙论都立即甩开起点的困难，迈进早期的混沌态。在中国古代是元气，有内在的运动，而无形状；在现代宇宙学是高温高密度不分粒子的火球。差别是：元气宇宙论不取消时空的无限性。而宇宙大爆炸说则相反，因此而自陷于困境。

应该说，问题追到宇宙生成的起点，现代物理学的近于神秘的理论，在辩证理性主义哲学家的眼中毫无优势。时空是什么？它又能有何作为？这不是单从物理学能解的问题，而是“无上至妙”。《淮南子》所达到的彻悟确实是不可超越的。

本初元气无形无质。何为质？在古人的意识中，质不外是重量和硬度。在天地生成过程中，元气的运动产生了浊气。浊气因有重量而下沉，凝结后也有硬度；而上升的清气却仍没有重量和硬度。日月星辰若是某种“精质”（如《灵宪》之言），则可能有（也未必有）重量和硬度，因为它们不向下落，互相交会凌犯的时候可能是与“不可入性”相反，是如沈括所说“相值而无碍”。

既然无形，也就无限，而浑天球径则为有限，张衡为此要声明：“过此以往，未之或知也。”这句话来自《易·系辞下》。那么相对于无穷大的元气，天地尺度仍为很小的。

无形无质的元气自然是充满一切空间无内无外绝对连续的，元气说不认为有绝对虚空，也不认为其基元组成是可以切断的。

本初的元气只有一种运作——阴阳分合，这是在时空中造成动变的基本运作。一切实际的对立统一的辩证关系都可归为阴阳分合，上下关系就是最主要的一项。前引《淮南子·俶真训》那段话就是这一想法在宇宙学上的应用，今重复引录如下：

> 所谓有始者，繁愤未发萌兆芽蘖，未有形埒垠堮，无无蠉蠉，将欲生兴，而未成物类。有未始有有始者，天气始下，地气始上，阴阳错合，相与优游，竞畅于宇宙之间，被德含和，缤纷茏苁，欲与物接，而

未成兆朕。有未始有夫未始有有始者，天含和而未降，地怀气而未扬，虚无寂寞，萧条霄雿，无有仿佛，气遂而大通冥冥者也。

比较古代西方的物质本元观念。有德谟克利特的原子说和亚里士多德的四元素说。原子说以具有不可入性的最小微粒为物质本原，原子之外的空间为绝对虚空。四元素说以水、土、火、气为物质本原，是四件而不是一件，那在逻辑上就不能叫“本原”。以亚氏之明辨而不能把逻辑贯彻到底，最可能是他的宇宙模型成了障碍——他的天是机械化的多重水晶球。

汉代宇宙学坚持地有上下之别，不同于西方地心说以地为球。球没有上下，只有向心和离心之别。浑天说除非先转向地心说，它自身不可能直接进步到日心说。只有日心说能导致对重物下落做出万有引力的解说，仅以“元气化分阴阳，别清浊而上下”的运动观，不可能建立牛顿力学。

开普勒据以建立行星运动定律的观测数据是第谷做出来的，他连望远镜都没有，只靠肉眼观察。牛顿就靠这些数据建立了近代科学的伟大基础——万有引力定律。元气说的先进性对牛顿来说是于事无补的，因为在科学发展的那个阶段，首先要认识有形质物态之理，且先要从质点间的力入手。元气分阴分阳似乎符合矛盾论，可牛顿的万有引力却是单一的吸合，更近于张载的“仇必和而解”。物理学不买哲学公式的账。说到底，过虚的元气概念实在很缺少物质性，以至于很容易与泛神论调和。

牛顿力学是质点力学，所以被人说成是原子论的物理学。元气说与原子说不相容。前此百年来，从梁启超说《墨经》的“端”是电子起，很多人一再说那“端”就是原子①。错了！那个端不但不是原子，连几何点也不是，它就是字典里说的“开端”、“顶端”的端。主张端是原子的人再也找不出另外的史料说明中国古有原子说，至多拉出“至小无内，谓之小一”的话来借力。而这“小一”可不能说是原子，它“无内”，是连续性元气的微分数学式思辨解说②。

这种牵强附会的史学研究，给解决像李约瑟命题这样的文化史学大事造成了严重干扰。类似地，把浑天说的大地曲解为球形，也形成了严重干扰。不言自明，无须解释。

---

① 参考1980年前的《物理》杂志，其上连载了徐克明的系列论文，宣传《墨经》的“端”为原子。还有申先甲等《物理学史简编》31～37页（山东教育出版社1985）。

② 李志超．天人古义．郑州：大象出版社，1998

20世纪中国某些科学史家炮制的“墨经原子说”和“浑天地球说”，都是全盘西化思潮的一个侧面反映。人们不分青红皂白地要与西学求同，西学是他们的模范标准，在爱国情结和政治需要的主使下，迷失了客观性、科学性，可以称之为“辉格史学”（在西方指称依当下需求随意解释历史的史学流派）。

四、从董仲殊唯整合论到王充唯还原论

1. 董仲舒

董仲舒对儒学的贡献和损害自当由儒学史为之做全面细致的评说。实际上，除了主张变革更化之外，相对于先秦儒学大师，他的思想是退步的，甚至比不上《吕氏春秋》和《淮南子》的水平，尤其不如荀子。荀子强调“天人之分”，力斥对“星坠木鸣”之类怪异的恐惧。从宇宙学史看，董仲舒宣扬“天人相副”、“天人相感”以至“天人合一”，他这些说法不能说出于理性主义，有浓重的形式主义味道，以至神秘主义色彩，在方法论上属唯整合论，多自我矛盾。

其书《春秋繁露》大事宣扬祭祀求雨之类的巫术，讲天谴灾异对人世示警等等迷信思想，受到王充的猛烈抨击。他拿“人有三百六十节（骨头），偶天之数也”说明“人副天数”，其言全无道理（此论在他以前早就有了，不是他的发明）。他生硬地把天与人取数比同，犹如拿“名”字与“命”字比同，拿“号”字与“效”字比同，无非是要论证天具有与人一样的精神和思想。听他这些胡言乱语，就难怪汉武帝会信方术，要成仙，还被巫蛊案迷惑害杀了太子。

司马迁曾师事于董仲舒，学了他的不少坏思想。尽管《史记》论六家要旨时批评阴阳家“令人拘而多畏”，《史记·天官书》却满是星占语言，举凡军国大事，水火兵疫，丰歉祸福，无所不及。那是因为司马家祖业传承的就是这些。太史公的批评应是源于他对道家的推崇。但如上节所说，《淮南子》的思想反而并没有那么浓重的神秘性。占星术在两汉变得比先秦还猖獗，如把所谓“荧惑守心”（火星留驻于心宿）看作君王有大难的预兆，要丞相代死而自杀，翟方进就这么冤死了。台湾清华大学的黄一农教授证明[①]：那次天象实属伪造，可能是王莽帮派的阴谋。

---

① 黄一农．星占、事应与伪造天象——以“荧惑守心”为例．自然科学史研究，1991，10（2）

董仲舒“天人合一”是原始性的混一论，是迷信思想的渊薮，为后世的祭祀活动提供理论根据。现代主张儒是宗教的则以祭祀为论据。其实儒家并不把祭祀当作最重要的事。而祭祀是源于科学尚未发达的时代，不能精确地把握天体运动，对其复杂动变不能预见，只好听星占家说话。这种认识到宋儒就被清除出思想主流。见下章。

2. 谶纬逆流

董仲舒的学术在汉武帝尊儒的大政方针之下，引起了谶纬潮流。所谓“谶纬”，是一批不入流的小人儒冒充周公孔子等古圣先贤炮制的伪书，其中有图，故也叫“图谶”，不敢称“经”而取名为“纬”。因为前此没有流传，只说是独家秘传，故当时都说是“图谶泄漏”，也就是“解密了”。造假的动机当然是骗取功名。前此有孔府献书，那倒是经，是用古篆字写的《尚书》，后称《古文尚书》。有人说那也是假的，但用古篆造假经是等外的儒生做不来的事，他们就造起纬书来。其语言及义理多属浅薄低俗，漏洞百出，还胡造谣言，预报未来。而在学识低浅的权势人物（如王莽、刘秀）来看，因其内容有迎合其权利需要的东西，如预言他们要发达得福，甚至为王，便不分青红皂白地推赞，遂成其后五百年文化界的歪风邪气。

东汉出现道教，其思想背景渊源应该从多项非理性思潮去考察，如《淮南子》宇宙生成论、董仲舒的神秘天人论、汉武帝沉迷神仙术、谶纬迷信流行等。从纬书一产生，正统的儒生就拼命反对它。如大儒桓谭为反对谶纬与刘秀抗辩，差点被杀。张衡也主张“一禁绝之”。南朝梁武帝下令焚禁纬书，隋炀帝又再申禁令。此后只有零星转引的片言只语存世，仅以文化史的价值被保存研究了。

由于太初改历涌现出浑天说，这是可利用来造假的最方便的领域。宇宙的事不妨被瞎吹，死无对证又不关人事，于是纬书里便充满了涉猎宇宙学的内容，几占半数文字。这些内容不是先秦学者所曾经营的，所以倒也多有创意。其中典型例子，如《尚书纬·考灵耀》的相对运动说：

> 冬至地上行，北而西三万里；夏至地下行，南而东亦三万里；春秋二分其中矣。地恒动不止而人不觉，譬如人在大舟中，闭牖而坐，舟行而人不觉也。

这地显然不是无穷大。上下行之说毫无根据，是唬人的，无法验证。正如宣夜说之“无师法”，没有可操作性。它的相对运动说虽不无创意，却是为他那个上下行说之不可验证作解释的。远不似伽利略的相对运动学说，是为论证日心说服务。脱离历史条件夸赞纬书相对运动说，犹如墨经原子说和浑天地球说，有辉格史学之嫌。

纬书言论都不成体统，但若拿它当回正经事来看，也可研究：当时各派所说天地之间空旷区间尺度只有几万里，张衡的天地直径较大，也不过是 232 300 里。纬书这一上一下振幅就是六万里，那只有采用宣夜说的天体无穷远模型才说得通。照这个思路作逻辑推演，天的昼夜周期转动应该是大地自转的效应，人在地上正如在大舟中坐，地转而人不觉。地既作周期转动，那它的形状最可能是球形。传统的上下观念就得改为向心（或离心）观念。一句话，一定会转向与西方一样的地心说。

现代西方一些科学史家，如美籍匈牙利人斯坦利·雅基（Stanley Laurel Jaki, 1924 ~ ），主张近代科学是赖基督教的上帝创世信仰而产生和发展起来的，中国传统信仰是无神论或泛神论，不可能产生近代科学①。从上面的历史考察可见，汉代宇宙学的内在运动离西方的科学史路径并不太远。欧洲人的先进以及中国人的落后，主要应是实践的差距所致。这在第一章已经说过了。若教中国人也能像欧洲人一样，从南到北在大纬度范围上多人多次地航海旅行观察，获得地心说认识有何难哉？就在缺少这种实践经验的条件下，两千年前的汉代人也已逼近地心说。若把话倒过来说，假设中国古人把盘古改造成一个西式的上帝，也是个不生不死的永恒的创世主，那还是帮不上中国古代宇宙学的忙。客观的实际条件就是那个样子，经验信息不够用，谁也炮制不出新花样来。这里正用得着“认识来源于实践”那句话。

说到底，对客观世界的认识终究要进化而归一于真理。因为客观世界不是可作相反解说的二元化存在，正所谓“森罗万象的存在是唯一的”。一个地大物博人口众多的社会，又加是几千年连续不断，传承和交流优势最强，文化和科学的发展条件决非缺弱。偶然的外在条件差异使进度有所先后，即便是二三百年，在人类文化史的长河中又何足道哉！科技文化是必然趋向归一化的。

---

① ［奥地利］雷立柏．张衡，科学与宗教．北京：社会科学文献出版社，2000（话也许该反过来说，西方人正是看到地球很小于天球，才不得不假想出上帝来）

3. 刘歆

刘歆是刘邦之弟楚元王的后代，他父亲刘向是大儒，刘歆继承家学，是董仲舒之后第一大儒，而他的学识才华则不在董仲舒之下，他以“古文经学”与董派的“今文经学”抗争。在宇宙学上他的学说被记存在《汉书》里。编史人不避刘歆是王莽伪臣之嫌，“删其伪辞”（这所谓“伪辞”大概是为王莽歌功颂德的纯政治语言）而录其学术，包括他作的《三统历》。刘歆的宇宙学思想是易学的象数学，以运用象数为特色。象数不是实测的物理量，只是易学符号。

《三统历》最重要的数是：日法八十一，闰法十九，章月二百三十五，月法二千三百九十二，周天五十六万二千一百二十。其含义是：

$562120/81/19=365.25016$ 这是回归年的日数。

$2392/81=29.53086$ 这是朔望月的日数。

19 即西学“默东章”数，日月相对位置的最小近似周期年数。

$235=19\times12+7$ 这是 19 年的朔望月数，闰年 13 月，19 年 7 闰。

81 这是 1 日所占之数，在运算中常在分母之位，古算专名分母之数为“法”。古历算没有小数。古人常寻得像 81 这样的“法”，以使运算得数皆为自然数。若有不能整除的情况，就把余数留下另作处理。此正所以适于机械化之处。西方直到伽利略也是这样做。

刘歆怎么用象数学解释这些数呢？他说：

> 九九八十一；天数九，地数十，相加得十九；参天九，两地十，得会数，五位乘会数得章月；推大衍象得月法，即：春秋二也，三统三也，四时四也，合而为十，成五体。以五乘十，大衍之数也，而道据其一，其余四十九，所当用也，故蓍以为数。以象两两之，又以象三三之，又以象四四之，又归奇象闰十九及所据一加之，因以再扐两之，是为月法之实。

此即：$2392=(49\times2\times3\times4+19+1)\times2$；以章月乘月法得周天。

可见象数法是用最小的几个整数，按奇偶之类概念区分阴阳，附会于天地日月等宇宙学事物，拼凑自然之数，企图由此得出宇宙之理。这与 1884 年瑞士人巴尔末解释氢光谱的公式在方法上没有原则的区别。所以不可说刘歆之所为不是科学，只不过他的学说未被后人肯定而已。唐一行作《大衍历议》，也是走同一条路线，容后详述。

日月之行是牛顿力学最有效的处理对象，是质点运动的问题，是典型的分离物体的物理学问题。这类问题与数字表述存在天然矛盾，即有限位数不能准确表达实际物体的运动。这与用不用小数无关，有限位小数实质仍是自然数，是以末位为 1 的自然数。中国古人只用自然数无害于其精度。

这矛盾的实质是连续性与分离性的矛盾。在宏观物理学中这个矛盾可用测不准公式表示，其形式与微观世界量子化的测不准原理在数理上没有区别，只不过微观世界是由波粒二象性的规定直接导致连续与分离的矛盾。也可以说，中国古人的象数学思想在微观世界得到部分证实，因而是一种天才的猜测。① 巴尔末公式中的量子数 n 平常也只取到 4 或 5。易卦只用 2 及其自乘数。“参伍以变”的参和伍不是数，是动词，义为参预配伍。刘歆和扬雄引进 3，创为“三才”、“三统”，再加五行的 5，大体可谓完备了。

还有所谓“律学”也是刘歆的长项。《汉书・律历志》开头一句“虞书曰：乃同律度量衡”……段末说：“王莽秉政，欲耀名誉，征天下通知钟律者百余人，使羲和刘歆等典领条奏，言之最详。故删其伪辞，著于篇。”所录他的律学内容占了很大篇幅，大概是靠人的听觉判定吹管发声的音高，再按吹管规定尺寸，由此制定度量衡体系。今人对古代声律之学已很生疏，似乎对古人听觉的精度评价偏低。此事有待深入细致地研究。

4. 王充及范缜

王充生于公元 27 年，即东汉建国的第三年，活了八十岁。他年轻时去京城洛阳游历了一次，又在外作了几年小官吏，便回到浙江老家不再远行，作《论衡》。王充不绝对否认鬼神，继承《淮南子》思想。《论衡・论死》：“鬼神，荒忽不见之名也。人死精神升天，骸骨归土。故谓之鬼。”这显然是引用《淮南子》。他这鬼神没有物质载体。

他反对董仲舒宣扬的巫术式的求雨，反对各种迷信，文辞极为雄辩。可他也信“土龙致雨”，因为他相信元气的感应作用。

他是元气说的信奉者，但对宇宙元气的类精神性运作——广泛存在的复杂信息现象，多排斥不信。他说：“天地合气，人偶自生。”这似乎把自然论极端化

---

① 李志超：时间－计量－波粒变换．载：天人古义．郑州：大象出版社，1998

到几乎否定一切规律和程序的地步了。可是，与此矛盾的是，他却又只把事物的变化归之于简单机械性相互作用。

儒增篇："人之精乃气也，气乃力也。"变虚篇："今人操行变气，远近宜与鱼等。气应而变，宜与水均。以七尺之细形，形中之微气，不过与一鼎之蒸火同。……天之去人高数万里，使耳附天，听数万里之语，弗能闻也。"感虚篇："微小之感不能动大巨也。"

他拿鱼与水作比喻：鱼动使水生波，波纹远而愈弱，百尺外就消失了。天离人极远，更不能相感。可是他为何又信土龙致雨？似此则王者传言天下犹可解为一个一个人的传递。而王者言之所出、人的思维、生物的遗传，种种高级复杂事物现象又作何解？都归之于简单物理，无疑是唯还原论，他不知道庄子和易学的机发论，当然更不知"蝴蝶效应"。现代很多科学家持唯还原论，与王充一样。

作为继刘歆、桓谭、扬雄等浑天派大儒之后的高级学者，王充却是个盖天说的卫道士。这不奇怪，是由他的思维特征决定的。正如现代唯科技论者一样，他并不是个善破传统的真正的怀疑主义者。葛洪对王充的保守思想作了锐利批判，原文在《隋书·天文志》。

王充说（意译）："天怎么会到地底下去？挖地一丈就见水，天难道能在水里走吗？晚上太阳落下去。那不是落到地下，是向北走远了，好像夜里人举的火把，走出去十里就变暗看不见了。日月不是圆的，只因远看才似圆而已。日月是水火之精，水火在地不圆，在天上怎么就圆了？"（若从他说的"远视皆圆"以及"远故不见"来看，他可能是深度近视，他的话反映他自己的感觉）。葛洪驳他的话将在下节介绍。

王充的悖谬应源于他对元气说的信仰——天既是清轻之气，当然不会走到地下去。《论衡》书中有"谈天"和"说日"两篇，篇幅太长，此不引述。从《晋书》和《隋书》的天文志多引其文义来看，他的宇宙学思想对后世影响不小。

科学思想史上的王充现象迄今未得史学界细心合理的分析，这不仅与唯还原论流行有关，也许与史学界对科学史过分生疏有关。

到南北朝时期，南朝梁有范缜作《神灭论》，是王充思想的发挥。起因是梁武帝大兴佛教，郑鲜之《神不灭论》说："理精于形，神妙于理。"把形与神完全分开。范缜则持相反论点，用刀刃与切割比喻形神关系，说这是体与用的关系。他说：

形者神之质，神者形之用。神之于质犹利之于刃；形之于用犹刃之于利。……舍利无刃，舍刃无利。未闻刃没而利存，岂容形亡而神在。

梁武帝组织60多人与范缜辩论，没有能驳倒他。他的理论有力地批判了低级的鬼神迷信，但与王充一样不能说明天——宇宙本体是否有精神活动，还是不能否定天心或天意。

5. 郑玄及其所述《考灵耀》模型

郑玄（公元127~200年）是东汉末年大儒，是一位经学大师，对儒学经典作传注流传至今。后人也把他看作宇宙学家，与张衡、蔡邕等人并列，但对他过分相信纬书则持批评态度。现在我们看到的关于他在这个领域的资料很少，只有唐代的间接引述，这就是贞观年间孔颖达所作的《礼记》“原目·月令·疏”（各篇标题疏解之中为月令篇作的疏，文在《礼记注疏》正文前头）。此文对前此的宇宙学一些基本概念的叙述较为清楚明白，特别是20世纪争论的古代“大地形状”疑难，读了此文会自然冰释。天文史界受批儒误导，很少有人钻研儒经疏注，孔颖达疏文又满是费解的错误，自然容易使人不耐烦而放弃，况加先入为主地以浑天之地为球形。

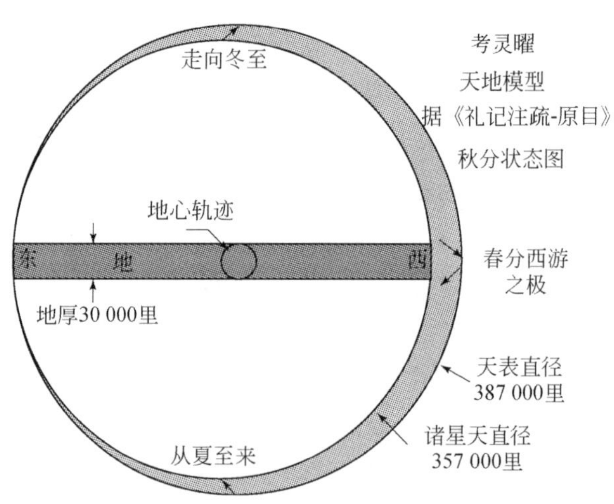

图5-1　郑玄所述《考灵耀》宇宙模型

“原目·月令·疏”全文除去前头912字和后头496字不管，仅中间1947字与宇宙模型有关。此处我们只选一部分，括号里是我们的讲评。文中引述的有“按考灵耀……”和“郑注《考灵耀》云……”两类，其中有些我们拿不准哪些是《考灵耀》原文，哪些是郑玄的注文，弄不清引文到哪里截止。我们的标点只是暂定的判断。

《礼记》是郑玄所注，当用郑义，以浑天为说。按郑玄注《考灵耀》云：

> "天者纯阳，清明无形。圣人则之，制璇玑玉衡以度其象。"如郑玄此言，则天是大虚，本无形体，但指诸星运转以为天耳。但诸星之转从东而西，必三百六十五日四分日之一，星复旧处。星既左转，日则右行，亦三百六十五日四分日之一，至旧星之处（历史上所谓日"左行"、"右行"之争，实际问题就是：太阳到底是附丽于天球壳的表面还是离开的？日在诸星天的球壳面上，则相对于这球壳面日是右行，即所谓"磨上蚁行"模式。这里分定左右的准则是：以北辰为君——居其所而众星拱之，面向北极则西为左。若太阳不在球面上，它就是独立运行的，自当认为也是向左行，只是速度稍慢而已）。即以一日之行为一度，计廿八宿一周天，凡三百六十五度四分度之一，是天之一周之数也。天如弹丸（此所谓天，即前文"指诸星运转以为天"者，可简称"诸星天"，不是"大虚无形"之天），围圆三百六十五度四分度之一。按《考灵耀》云"一度二千九百三十二里千四百六十一分里之三百四十八，周天百七万一千里"者是天圆周之里数也。以围三径一言之，则直径三十五万七千里（此数实为《周髀》的赤道——中衡直径数），此为廿八宿周回直径之数也。然廿八宿之外，上下东西各有万五千里是为四游之极，谓之四表（此数与本章第2节所引文之数不同，那里是各有三万里。注意"上下东西"不是"南北东西"）。据四表之内并星宿内总有三十八万七千里（下一章引苏轼《徐州莲花漏铭》文中用此数）。然则天之中央（即今言天顶）上下正半之处则一十九万三千五百里（这个天又不是诸星天了），地在其中，是地去天之数也。郑玄注《考灵耀》云："地盖厚三万里。春分之时地正当中，自此地渐渐而下。至夏至之时，地下游万五千里，地之上畔与天中平。夏至之后，地渐渐而上。至秋分地正当天之中央。自此地渐渐而上，至冬至上游万五千里，地之下畔与天中平。自冬至后，地渐渐而下。此是地之升降于三万里之中。"但浑天之体虽绕于地，地则中央正平（这是评断唐如川－金祖孟的浑天地平说是非的最直接的证据），天则北高南下。北极高于地三十六度，南极下于地三十六度。然则北极之下三十六度常见不没，南极之

上三十六度常没不见。南极去北极一百二十一度余，若逐曲计之则一百八十一度余（此言是中国古人以“度”为长度而非角度的直接证据。“一百二十一度余”是直线距离，“一百八十一度余”则是半圆弧长）。若以南北中半言之，谓之赤道，去南极九十一度余，去北极亦九十一度余。此是春秋分之日道也。赤道之北二十四度为夏至之日道，去北极六十七度也。赤道之南二十四度为冬至之日道，去南极亦六十七度（既以度数表示日道，则日道在廿八宿诸星天球面上，这与下文不合）。地有升降，星辰有四游。

又，郑玄注《考灵耀》云：“天旁行四表之中，冬南夏北春西秋东，皆薄四表而止。地亦升降于天之中，冬至而下，夏至而上，二至上下盖极地厚也。地与星辰俱有四游升降。”（此天是诸星天。“冬南夏北”与上文指“上下东西”为“四游之极”不合。这是引述的错误，应是“冬上夏下”）四游者：自立春地与星辰西游，春分西游之极；地虽西极，升降正中，从此渐渐而东，至春末复正。自立夏之后北（应为下）游，夏至北（应为下）游之极，地则升降极下。至夏季（此“季”字等于前面“春末”的“末”字，下面三个也一样）复正。立秋之后东游，秋分东游之极，地则升降正中，至秋季复正。立冬之后南（应为上）游，冬至南（应为上）游之极，地则升降极上。冬季复正。此是地及星辰四游之义也。星辰亦随地升降。故郑玄注《考灵耀》云：“夏日道上与四表平，下去东井十二度为三万里。”则是夏至之日（太阳）上极万五千里，星辰下极万五千里。故夏至之日下至东井三万里也（太阳跑到诸星天的球壳外面去了）。

我们只引孔颖达的疏文至此为止。我们看到，《考灵耀》的宇宙模型在当时，与已有的浑天说相比较，并无优点。它的“大虚四表”实际没有什么有形的边界，仅仅是球壳形的诸星天与大地运动区间的几何学外限。既然“地动而人不觉”，也没有别的证验，那就是空话，没有实用价值。孔颖达并未弄清楚它的内容，自己也没有内行的观测实践，转述发挥不准确，因而他说的“与历乖违”没有意义。

这个模型虽然基本上持浑天模式，天球直径数却袭用《周髀》赤道之数。郑玄作为一代名儒，不能分辨优劣，一味附和潮流宣扬伪科学，较之他的前辈桓谭、刘歆、扬雄、贾逵，以及他的晚辈蔡邕等人，确实逊色。

五、并驱腾沸的宇宙学争鸣

“三说并驱，四天腾沸”，此语出自《隋书·天文志》。仁寿四年（604 年）河间刘焯造《皇极历》，上启于东宫，论浑天云：

> 亦既由理不明，致使异家间出。盖及宣夜，三说并驱。平昕安穹，四天腾沸。至当不二，理唯一揆，岂容天体七种殊说。

他说的“平、昕、安、穹”就是下文所述的四种宇宙模型——平天、昕天、安天、穹天。本书把邹衍——《周髀》的模型用“平天说”称呼，以前诸书多取扬雄之名称为“盖天”，亦可。

同一史料亦见于《开元占经》，那是一部含宇宙学史重要资料的书，作于唐开元初，一行作《大衍历》前几年，公元 718 年前后。作者是供职于唐朝的印度裔天文学家瞿昙悉达。此书遭遇离奇，唐以后不见了，可能是宋初禁私习天文所致，过七百年到明万历四十四年（1616 年）又露面了。据说是一位既好天文又信佛的学者在捐资修缮佛寺时从旧佛像肚子里发现的（参考《四库提要》）。

该书共 120 卷，主要内容是星占，是天文学史的重要资料。开头二卷是历代学者论天的宇宙学资料，更为丰富。本章下面的史料多取自正史，在《开元占经》里也都有，但与正史所载互有异同，则当是占经之为书不求严于史学规范。有关石氏星度的资料则全都源于此书，上一章讨论过了。书里还包括散佚了的纬书片段，竟占隋代所存纬书的十之七八。此外，书中还记录了李淳风《麟德历》的详细内容，以及翻译的印度历法《九执历》全文，皆它书所不见。

1. 变体的周髀家说

在中国文化史上，汉朝以兴儒而大盛，其特色除了儒家的经学，就是科技成就。再下一个科技成就与它可以抗衡的朝代是宋，那也是儒学大兴的时代。甚至可以说，宋儒对佛道的超越，使佛道两家在学术思想界从此一蹶不振。那么，从魏晋经南北朝而隋唐五代，长达 8 个世纪的文化史，要如何评说？一是基础科学的成就不及汉宋；二是相对于佛道二家，儒学不具绝对优势；三是文学艺术取得了辉煌的成就。东汉时佛教才传入中国，道教也还刚成立，是否其后八百年文化史以受佛教影响为要点？诗文之作要漫漶驰思，这是佛家特色。而历本之验在天，虽有祖冲之、一行，终少突破性的进展。

这八百年的宇宙学史资料以李淳风写的《晋书》和《隋书》的天文志为较详备。两书很多雷同，主要是《晋书》写到晋，及葛洪而止，故稍详于汉；《隋书》则于六朝较详。前文已言及汉代言天者三家和王充、葛洪的一些话，都是两书的共同部分，就不重复了。下面引述《隋书·天文志》中以“天体”为题的四千字文的一部分。其文一开头四百字先讲《周髀》，正一半是《周髀》书的简介，前文已有详述。接下去说的与书有异，须予介绍讨论：

> 又，周髀家云：天圆如张盖，地方如棋局。天旁转如推磨而左行，日月右行。天左转，故日月实东行，而天牵之以西没，譬之于蚁行磨石之上，磨左旋而蚁右去，磨疾而蚁迟，故不得不随磨以左回焉。天形南高而北下，日出高故见，日入下故不见。天之居如倚盖，故极在人北，是其证也。极在天之中，而今在人北，所以知天之形如倚盖也。日朝出阴中，阴气暗冥，故从没不见也。夏时阳气多，阴气少。阳气光明与日同晖，故日出即见。无蔽之者，故夏日长也。冬时阴气多，阳气少。阴气暗冥，掩日之光，虽出犹隐不见，故冬日短也。

谓之“周髀家云”，显然是有别于《周髀》之书。开头的天圆地方十个字，《周髀》书里也有，本书前面已有讨论。接下的磨蚁之喻，以及天与日月的左右旋问题，也曾是历代学人大费唇舌笔墨的话题。特别是与《论衡·谈天篇》比较，可见李淳风是取材于王充，我们这里不讨论。值得注意的只是其“天形南高而北下……如倚盖”之说，这是与《周髀》书不同的。这个天仍是平面，但不与地面平行。其北边部分在地面之下，但不知是否有界有限。至于大地，至少北边是有界的。

这个宇宙模型曾被近人钱宝琮称作“第一次盖天说”，以为它早于《周髀》书作。这说法毫无依据。其实它够不上成为一家之言，正如这篇“天体”文中一句评语所说：“好奇循异之说，非极数谈天者也。”把它与下面讲的“四天”并列是妥当的。此说与那些杂说一样，没有可操作的理论体系，数学和物理都不通。近人把它说成与《周髀》书并立，是看中了它更能连上地球说。实际上它的大地仍然不是球，也不是球冠形体。

为什么会有这一假说出现？推测是盖天派对浑天说的“天有正一半在地下”

不服，但又驳不倒人家，就造作出这不平不浑的“杂交种”。它之可能出现说明一件事：这一假说的作者对地赤道及其以南地区的天象几乎一无所知，特别是不知有南天极。而浑天家虽已做出有南天极的决断，却缺乏旅行观察的实地验证。这正是中国古人的观天实践不及欧洲古人的证据。

至于其说对昼夜寒暑所作阴阳二气的解释，更没有说服力，于物理不沾边，逻辑也不通。

2. 3 ~5 世纪的各家争鸣

接着，《隋书 · 天文志》的下文有：

晋成帝咸康中，会稽虞喜因宣夜之说作安天论，以为“天高穷于无穷，地深测于不测。天确乎在上，有常安之形；地块焉在下，有居静之体。当相覆冒，方则俱方，圆则俱圆，无方圆不同之义也。其光曜布列，各自运行，犹江海之有潮汐，万品之有行藏也。”葛洪闻而讥之曰：“苟辰宿不丽于天，天为无用，便可言无，何必复云有之而不动乎。”由此而谈，葛洪可谓知言之选也（丽，附着也。“知言之选”是逸诗句，见前引汉武帝大赦诏文，意思是：“头等有见地的说法”）。

喜族祖河间相耸又立穹天论云：“天形穹隆如鸡子幕其际，周接四海之表，浮于元气之上，譬如覆奁以抑水而不没者，气充其中故也。日绕辰极，没西还东，而不出入地中。天之有极犹盖之有斗也（斗，不是北斗七星，是车盖的中轴之出于顶上者，也是“斗极”“斗拱”“斗笠”的取意，亦名“部”或“葆”。参见陆宗达《训诂简论》，一般字书皆失此义）。天北下于地三十度，极之倾在地卯酉（此指穿过地中的正东西线）之北亦三十度。人在卯酉之南十余万里，故斗极之下不为地中，当对天地卯酉之位耳。日行黄道绕极，极北去黄道百一十五度，南去黄道六十七度，二至之所舍以为长短也。”

吴太常姚信造昕天论云：“人为灵虫，形最似天。今人颐前侈临胸，而项不能覆背。近取诸身，故知天之体南低入地，北则偏高也。又冬至极低，而天运近南，故日去人远，而斗（此斗也是中轴之顶，但不是极，更不是北斗七星。见下文）去人近。北天气至，故水寒也。夏至极起而天运近北，而斗去人远，日去人近。南天气至故蒸热也。极之立时，日行地中浅，故夜短，天去地高，故昼长也。极之低时，日行地中深，故夜长，天去地下，故昼短也。”

自虞喜、虞耸、姚信，皆好奇徇异之说，非极数谈天者也。前儒旧说：天地之体状如鸟卵，天包地外，犹壳之裹黄，周旋无端，其形浑浑然，故曰浑天。又曰：天表里有水，两仪转运，各乘气而浮，载水而行。

以上所述是隋刘焯称之为“四天腾沸”的大概。这里的“四天”是指平天、安天、穹天、昕天。昕天，别书亦称“轩天”。而在李淳风《乙巳占》还另有称名的两家之说，一为王充的“方天”，一为“祆胡寓言”的“四天”，加上浑、宣等共为八家。祆，读如先或天。祆教是源于波斯的拜火教，南朝梁已有很多信徒。他们的四天说也许是西方多层水晶球模型之属，若是，则应带有地心概念，然而无传。其四层天或为月、日、恒星、静火诸天。按：清钦天监的吴明炟奏文说他家远祖默沙亦黑是西域人，隋朝来中国，在太史局任职。是则李淳风当能知西方宇宙学大概。

王充有方天说一事不见于它书，推测此书是指《论衡·谈天篇》的一段话：

如邹衍之书，若谓之多，计今从雒地察日之去，远近非与极同也。极为远也，今欲北行三万里，未能至极下也。假令之至，是则名为距极下也。以至日南五万里，极北亦五万里也。极北亦五万里，极东西亦皆五万里焉。东西十万，南北十万，相承百万里。邹衍之言，天地之间有若天下者九。案周时九州，东西五千里，南北亦五千里。五五二十五，一州者二万五千里。天下若此九之，乘二万五千里，二十二万五千里。度验实反为少焉。

文中“相承”就是相乘，东西十万乘以南北十万，即得百万，那样的天不是个正方形吗！王充只是算数简单化了，没用上圆周率而已，仅据这段文字，还不能说是一种别树一帜的宇宙模型。

如果王充是以地为方形，则虞喜讲安天论，说：天与地“当相覆冒，方则俱方，圆则俱圆，无方圆不同之义也。”这也许是针对方天说而发的，只是没说他到底是主方还是主圆。

葛洪对虞喜的批评是有道理的，虞喜的假说要点是取消了盖天说和浑天说的有面形的天。于是地成了整体宇宙空间的一半，是实的水和土，另一半则是其中漂浮零散天体的虚空之气。

穹天论与上引“周髀家”之说的区别只在天非平面，而是像覆奁（倒扣的容器）那样的曲面，甚至是半球壳。这是在保留“天不在地之下”的前提下，对浑天派最大的让步。

姚信的昕天论倒还有点新意。他的天与穹天说相反，是北边高仰而南边低于地面。他把通用语词的“斗极”分成两个，一斗一极，都有动。所谓天极冬低夏起，是指过天极的轴线仰角有周年变化。天极所在为北，离极远处为南，北寒南热，以天极离人远近说明昼夜寒暑。可是在地上看天赤极却没有高低变化，这是此说不被人接受的原因。他所谓“斗”是另一个极，与日固结，有似黄极。这在中国古代宇宙学史上是很特别的想法。但黄极是恒星背景上的固定点，赤纬不变（实际是变得很慢），以昼夜为周期绕赤极旋转。如果一定要说它随季节有高低的变化，那只有日中时刻的位置是冬高夏低。或者是运用现代的相对坐标变换的观点去看，即以黄极轴为日心坐标系的公转轴，地球转轴才与之有周年的相对变化。可是这种细节在《隋书》里没有也不可能说到，不知姚信本人又作何说。然而，敢把直观看来不动的赤极说成是动的，毕竟很有创意。

总的来说，这些假说凑热闹有余，解决问题不足。争鸣总是有益于学术繁荣。他们的共同点是反对天在地下，并皆以元气为物理的根据。而上引最末一段讲“前儒旧说”，以浑天说殿诸家之论，也还是说“乘气而浮”，只是“天包地外”而已。言“浮”则有上下之分，宇宙的下半部是水，这又与安天论相近了。注意，既然如接下的后文葛洪所说：“天表里有水”，天地都是“载水而行”，那么“壳之裹黄”就只是比喻内外关系，非如近人所说“黄”是地球。

这半个宇宙的水也是麻烦事，特别是最为火热的日，每夜入水，与日常物理经验不合。这篇“天体”之文又用约 1/4 篇幅一千字记述葛洪驳王充的话。葛洪先拿《易经》来辩解：

> 易曰：“时乘六龙。”夫阳爻称龙，龙者居水之物，以喻天。天阳物也，又出入水中，与龙相似，故比以龙也。圣人仰观俯察，审其如此。故晋卦坤下离上，以证日出于地也。又，明夷之卦离下坤上，以证日入于地也。又，需卦乾下坎上，此亦天入水中之象也。天为金，金水相生之物也。天出入水中当有何损，而谓为不可乎？然则天之出入水中无复疑矣。

以易卦爻词作为天地的物理模型假说的根据，这在现代看来是可笑的。但如第二章讲易学时所说的，不能排除《周易》作者采用了天文概念，乾卦的“乾”字就是天象的龙。最有趣的是所说的明夷卦，今传《周易》明夷上六爻词是：“不明晦，初登于天，后入于地。”而按《开元占经》所引陆绩《浑天说》却说：“明夷《象》曰‘初登于天，后入于地’。”是则此爻辞原仅“不明晦”三个字，后八个字是《象传》之文。那样，全部周易卦爻词就没有“地”字了。这与我们所作判断一致，即卦爻词出于西周，其时尚无“地”字。而若《象传》之作即使晚到战国，则其时尚无浑天说，也还是个矛盾。或所谓“入地”只是平民日常说法，非专业学术语言。不排除这八个字是西汉以后的伪作，按谶纬流行的状态来说，不无可能。请现代做易学考据的专家留心！葛洪这种“引经据典”的议论不是科学的，而是哲学或信仰的。但除此以外还有很多物理的讨论，那是科学的，更符合现代人的胃口。在上引的论易之文前一段是：

> 《浑天仪注》云：“天如鸡子，地如中黄孤居于天内。天大而地小。天表里有水，天地各乘气而立，载水而行。周天三百六十五度四分度之一，又中分之，则半覆地上，半绕地下。故二十八宿半见半隐，天转如车毂之运也。”

这是引张衡之文，《隋书》作者以此段引文再次表明“中黄”只为内外之喻，不是说地为球形。天是球壳形，内外都有水，天和地都漂在水面上，而天球是正一半在地之上，人从地上看天，所见为周天廿八宿的正一半。这样的地不是与水面基本上等高的吗？葛洪的下文说：张衡、陆绩等人是专家，他们用精密的计时和测量仪器验证了浑天说，特别是漏水推转的浑象“与天皆合，如符契也。”

> 今日径千里，其中足以当小星之数十也。若以日转远之故，但当光曜不能复来照及人耳，宜犹望见其体，不应都失其所在也。日光既盛，其体又大于星，今见极北之小星而不见日之在北者，明其不北行也。若日以转远之故不复可见，其北入之间应当稍小，而日方入之时反乃更大，此非转远之徵也。

日径千里，未离《周髀》之数。日光以远而弱，犹可见体。这是不懂视觉是光的作用，自身不发光的物体之可见，是因为从它反射的外来光强度与周围有差。但其后的问难很有力：日比小星又大又亮，怎么日北还有小星可见，日自己却消失了？

> 王生以火炬喻日，吾亦将借子之矛以刺子之盾焉。把火之人去人转远，其光转微。而日月自出至入不渐小也。王生以火喻之谬矣。又日之入西方，视之稍稍去，初尚有半，如横破镜之状，须臾沦没矣。若如王生之言，日转北去者，其北都没之顷，宜先如竖破镜之状，不应如横破镜也。如此言之，日入北方，不亦孤子乎！又月之光微，不及日远矣。月盛之时，虽有重云蔽之，不见月体，而夕犹朗然。是月光犹从云中而照外也。日若绕西及北者，其光故应如月在云中之状，不得夜便大暗也。又日入则星月出焉，明知天以日月分主昼夜，相代而照也。若日常出者，不应日亦入而星月出也。又案河洛文皆云水火者阴阳之余气也。夫言余气，则不能生日月可知也。顾当言日精生火者可耳，若水火是日月所生，则亦何得尽如日月之圆乎？而日食或上或下，从侧而起或如钩至尽。若远视见圆，不宜见其残缺左右所起也。此则浑天之体信而有徵矣。

这段话不难读懂，也许几个词要稍作提示：火把远去而光转微，这微当是形小，光不一定弱，除非大气能见度较低。“稍稍去”是说在相对很短的行程上。“孤孑”是没人赞同。“日月代照”之说源于先秦，“河洛文”更是纬书之类。葛洪以此为辩驳依据，不合科学规范，但总体上还是以物理压倒了王充。

总观葛洪论天之言（不管李淳风引录是否准确）含有一些非理性的经院式的成分，比他的《抱朴子内篇》科学性略差，但仍是以科学的论式为主。他用易学比用道经多，由此而言，更近于儒家。这说明：浑天说的哲学基础更多是儒家的。

《隋书》的下文主要是从物理方面对宇宙的讨论，首先是南朝宋浑天家何承天的话：

> 详寻前说，因观浑仪，研求其意，有悟天形正圆而水居其半。地中高外卑，水周其下。言四方者，东曰阳谷，日之所出；西曰蒙汜，日之所入。庄子又云：“北溟有鱼，化而为鸟，将徙于南溟。”斯亦古之遗记，四方皆水证也。四方皆水，谓之四海。凡五行相生，水生于金，是故百川发源皆自山出，由高趣下，归注于海。日为阳精，光曜炎炽，一夜入水，所经焦竭。百川归注足以相补，旱不为减，浸不为益。（何承

> 天）又云：周天三百六十五度三百四分之七十五。天常西转，一日一夜过周一度。南北二极相去一百一十六度三百四分之六十五强，即天经［径?］也。黄道斜带赤道，春分交于奎七度，秋分交于轸十五度。冬至斗十四度半强，夏至井十六度半。从北极扶天而南五十五度强，则居天四维之中最高处也，即天顶也。其下则地中也。

何承天没引《易经》，却也用了上古传说、庄子寓言、五行生克等非科学的论据。而他对日入水下的讨论是物理的。太阳是个最大最热的火球，一夜入水，是什么景象？一路上把遭遇的水都烧干了，等它过去之后，外边的水再添补过来，而整个海洋中损失的水则由地上江河之水注足。直径千里的太阳，每日作如此规模的运动，想象力真够水平！这与现代宇宙学家对黑洞之类宇宙事物的想象实无二致。他之所以敢作此想象，是有"详寻前说，因观浑仪"的心得体悟。这所谓"浑仪"，按《开元占经》所引，有标题《论浑象体》，则是指镂空的浑象，是个看得见球内大地的模型。但也可以是多圈式测量用的浑仪，两者都有标示地平的部件，都显示夜间的星空是天球的正一半。他的回归年数是 $365+75/304=365.2467$，误差不到 7 分钟，约 220 年多一天。南北二极相去数是天球直径（合 $\pi=3.143$）。天顶去极五十五度，则北极出地三十六度强。这与南朝京城建康（今南京）的数不合。其"地中"概念当是：以陆地整体为与四周的水齐平，连陆地带海洋总合为平面，而有唯一的中心。这中心最可能是在黄河边上的阳城，不是长江边上的南京。

《隋书》接着说：

> 旧说浑天者，以日月星辰不问春秋冬夏昼夜晨昏，上下去地中皆同，无远近。列子曰孔子东游见两小儿斗，问其故，一小儿曰：我以日始出去人近而日中时远也。一小儿曰：我以为日初出远而日中时近也。言初出近者曰：日初出大如车盖，及其日中才如盘盖。此不为远者小近者大乎？言日初出远者曰：日初出时沧沧凉凉，及其中时热如探汤。此不为近者热远者凉乎？

此段先说浑天说以天体与"地中"等距，不是与地的全体等距，只是与地的中心点等距。此中心点肯定是天球的球心。地有中心点，则地不可能是孤悬的小球，而地上其他点则明显是偏离天球中心的。然而接下来讲的是至今广为人知的两小儿辩日的故事。这故事的发生地点却非地中。不管这一逻辑不严密处，只须注意，此处提出的是物理问题。关于两小儿辩日，可能是从《论衡·说日篇》关于日出日中远近温凉的讨论衍化而来。学界多认为《列子》是晋人张湛的伪作。不能排除其书有些部分是先秦原作，但也有晋人伪托者。这两小儿辩日最可能是晋人用王充之说编造的。

桓谭《新论》云："汉长水校尉平陵关子阳以为：日之去人上方远而四旁近。何以知之？星宿昏时出东方，其间甚疏，相离丈余。及夜半在上方，视之甚数，相离一二尺。以准度望之，逾益明白。故知天上之远于旁也。日为天阳，火为地阳。地阳上升，天阳下降。今置火于地，从旁与上诊其热，远近殊不同焉。日中正在上覆盖人，人当天阳之冲，故热于始出时。又，新从大阴中来，故复凉于其西在桑榆间也。桓君山曰：子阳之言岂其然乎？"

这位关子阳也是对正统浑天说有异议的，他的天形又别出一格，是个立着的椭球形鸡蛋壳。他说他作过"准望"验证，这技术就不知如何评价了，其结果与下文姜岌说的正相反。他用的空间距离单位是丈尺，这是周髀古法——在平地上画大圆，周长365尺，一尺一度。后来浑天测度不用这个画在地面上的大圆，但对某些不稳天象，如流星彗尾之类，需以目估测者，仍用丈尺形容。其演练标准即是《周髀》的平地置尺，距离应是那大圆半径。但无论如何不会弄出平地看是丈余而在上却只一二尺的结果。他的物理概念更值得注意：日与火同属阳，这好说，可是各为天阳、地阳，就是他的创意了。不只是名词分别，天阳的属性是向下放热，与地阳相反。还有，清早的太阳是刚从大冷库里出来，所以比晚上凉。这些想法很活跃。

张衡《灵宪》曰："日之薄地，暗其明也。由暗视明，明无所屈，是以望之若大。方其中，天地同明，明还自夺，故望之若小。火当夜而扬光，在昼则不明也。月之于夜，与日同而差微。"

这是说视觉有对比效应。"薄"是接触。"由暗视明"是说周围背景较暗。说服力不强。

晋著作郎阳平束皙字广微，以为"旁方与上方等，旁视则天体存于侧，故日出时视日大也。日无小大，而所存者有伸厌。厌而形小，伸而体大，盖其理也"。又曰："始出时色白者，虽大不甚。始出时色赤者，其大则甚。此终以人目之惑，无远近也。且夫置器广庭，则函牛之鼎如釜；堂崇十仞，则八尺之人犹短。物有陵之非形异也。夫物有惑心，形有乱目，诚非断疑定理之主。故仰游仪以观月，月常动而云不移；乘船以涉水，水去而船不移矣。”

束皙是有名的大学者。他对日月大小问题全从视觉心理解说，认为实际是“旁与上等”。

姜岌云：“余以为：子阳言，天阳下降日下热。束皙言，天体存于目则日大。颇近之矣。浑天之体圆周之径，详之于天度，验之于晷影，而纷然之说由人目也。参伐初出，在旁则其间疏，在上则其间数。以浑验之，度则均也。旁之与上，理无有殊也。夫日者纯阳之精也，光明外曜，以眩人目，故人视日如小。及其初出，地有游气以厌日光，不眩人目，即日赤而大也。无游气则色白，大不甚矣。地气不及天，故一日之中，晨夕日色赤而中时日色白。地气上升，蒙蒙四合，与天连者，虽中时亦赤矣。日与火相类，火则体赤而炎黄，日赤宜矣。然日色赤者犹火无炎也，光衰失常，则为异矣。”

姜岌的天文学水平是被赞誉的。他既信关子阳的天阳说，又信束皙的视觉说。而他又增以实测证据，“以浑验之”，即用浑仪测定证明客观度数是均一的。以现代精密科学言之，有大气折射，故旁测稍大，但以古仪量测，不能分辨这么小的微差。故姜岌的做法是符合现代科学精神的。他与别人又有不同，他提出一种物理假说来解释这视觉效应的原因——“地有游气”。在古代，离地近有风证明气的存在，却没有很高处没有气的实证，“地气不及天”，以及地气上升又能与天（在某一定高度上的表面）相连，这是假说。

可是，今人像抓地球说和原子说那样，在姜岌的话里抓到了“蒙气差”，也就是大气折射知识。实际上，姜岌没有把地上游气与折射做出任何物理概念的逻辑联系。早自乾隆时代《历象考成》已有这种拉郎配式说法，“蒙气差”一词的译定就是那时出现的，其依据大概是姜岌之语，只是加个“清”字，叫“清蒙气差”。但到20世纪末，还有科学史新作继承此说，则反映晚近中国科学史学本身的严重问题。难怪有人说中国科学史的学术界做的是“辉格史学”，这指的是依当下目的篡改历史的史学。

在《开元占经》里还记有姜岌的其他一些言论，也是富有物理思想，颇有价值的。只是文字抄录问题太多，很有些读不通的地方。可能是原本书在佛爷肚子里被虫蛀或霉烂了。我们这里只好以转介陈述为主来说一说，不一定都准确反映原意：

> 人家问：月为阴之宗，怎么还能向外发光？对曰：月光是日照所生，犹如光滑的金属或净水的表面受日光照射一样。月本身没有盈亏，盈亏是人的观察不完备所致。月体向日的一侧有光，人看得见。背光的部分叫“魄”，人看不见。望日人在日与月的中间，看月为圆，若在月初生的日子把人移到日月之间，也一样会看见圆月。

按此说与张衡的观念一致，以日月皆为球体，日发光而月被照。在姜岌之前还有三国吴人杨泉也持同样看法。《开元占经》引杨泉《物理论》曰：

> 月阴之经，其形也圆，其质也清，禀日之光而见其体；日不照则谓之魄。故月望之日，日月相望，人居间，尽睹其明，故形圆也；二弦之日，日照其侧，人观其旁，故半照半魄也；晦朔之日，日照其表，人在其里，故不见也。

人家问：月望之日的夜半，日在地下，月在地上。其间隔着地，日光怎么能照到月？暗虚又怎么会总在日位的对极点？对曰：日光强烈，所照遍及一切处所，“焕乎宇宙之内，循天而曜星月，犹火之循突而升。及其光曜无不周矣，唯冲不照，名曰暗虚。”（“突”是烟囱。这话的意思是：烟囱不一定是直的，火可以走曲线。光线也可以沿着天的球壳面走，只留下暗虚一点为空缺）日光所及的天壳好像布满装饰的大鼓（暗虚相当于鼓的空口）。“日之光炎在地之［下］（上），碍地不得直照而散故薄亏，而照则近；在地之［上］（下）聚而直照故满盈，而照则远。”

这话的意思是要说明：为什么晦朔前后，月距日近而反亏，是日光散了。望日之月距日远，但光聚合了。

人家问：

> “地［下］（上）不得直照而散，故薄亏而照近。检［正］（先）望［之］（一）日。日［才］（未）入地而月已出，相去三十余万里。日在地［下］（上）散而［薄亏］（直照）不应及月，而使月全明者，何也?”对曰：“薄亏而照则近，是言碍地，光难周耳。水流湿，火就

燥。类相从也。月、星者类也。日光散照虽不及月，譬之燃烛。一烛在上，一烛在下。灭下烛使烟相当，则上［烛］（灭）之炎循烟而下，燃下烛矣。此类相从也。”（他的意图是要解释望日十五的月光何以强，前文所说的暗虚还需要说明它何以那么小。他用日的余炎被月感召吸收为解。两烛之喻颇为有趣。做这个实验，两支蜡烛的火焰一上一下，距离要很近。下烛的烛芯要粗大，熄灭操作不可用冷湿手段。刚灭时有较强的蜡油蒸汽流，向上蒸腾到上头烛焰处，就会有下烛灭而复燃的现象出现。）

按严可均辑《全晋文》相应文字与上引四库本出入甚多。特引于下：

> 日之光炎在地之上，因碍地不得直照而散，故薄天而照则远。在地之上，散而直照则近……难云：“地上不得直照而散，故薄天而照远。验先望一日，日未入地而月已出，相去三十余万里，日光地上散而直照，不应及月，而使月明光者何也?”对曰：“薄天而照则远，是言碍地广难耳。水流湿，火就燥。月者星类也。日光直照，虽不及月，今然一烛在上，一烛在下，灭下烛，使烟相当。则上烛之炎循烟而下，然下烛矣。此类相从也。”

看来，不知是严可均还是四库，或许两家都有，看不懂原文，遂以臆改，又都改的不对。

祖暅不同意姜岌的意见，道理也不硬。他说姜岌的二烛之喻“理亦迂回，非实验也。”应该说，以此喻月，其理确实迂回，逻辑不通，然而那确实是可能做实验的。

综观这五六百年的宇宙学史，请注意：所有这些议论中，没有只言片语涉及神创论或任何神秘动因，全是理性的求知探索。类似葛洪的一些话，也许不是物理的，或者说是不合科学规范的，但也不能说成是神秘主义的。

可以说：自由活跃而又广泛的辩论表明，这是科学运作，是从物理学的基础上以经验为本的求知过程。当然，其内容表现了历史时代的范式（paradigm）特征，正如托马斯·库恩所说的，研读亚里士多德的书要先理解他的范式。中国科学史学界迄今按这个方法研究的范例还不多见，所做的一切远未尽如人意，尚未能为思想史学提供丰富翔实的原材料。

3. 梁武帝宣扬佛说

《隋书·天文志》提及梁武帝观点32字：“逮梁武帝于长春殿讲义，别拟天体，全同周髀之文，盖立新义以排浑天之论而已。”

我们现在要较全面地考察当时的思想，则不能忽视这个皇帝，他代表的是佛教。上文作者李淳风不信佛，他父亲是道士，他的学问也属道流，他因轻视佛说而述之过简，是可以理解的。于是有关梁武帝的宇宙学说就要到别的书里去找。下引的是《开元占经》：

> 梁武帝云：“自古以来谈天者多矣，皆是不识天象各随意造。家执所说，人著异见，非直毫厘之差，盖实千里之谬。戴盆而望安能见天，譬犹宅蜗牛之角而欲论天之广狭，怀螺蚌之壳而欲测海之多少。此可谓不知量矣。”（他先把别人挖苦一顿）
>
> 系辞云：“易有太极，是生两仪。”元气已分，天地设位。清浮升乎上，沉浊居乎下。阴阳以之而变化，寒暑用此而相推。辨尊卑贵贱之道，正内外男女之位。在天成象，三辰显耀，在地成形，五云布泽。斯昏明于昼夜，荣落于春秋。大圣之所经纶，以合三才之道（他接着把儒经的元气阴阳之说搬来为天地设位）。
>
> 清浮之气升而为天。天以妙气为体，广远为量，弥覆无所不周，运行来往不息。一昼一夜圆转一周。张覆之广莫能知其边际，运行之妙无有见其始终。不可以度数而知，不可以形象而譬。此天之大体也。（其说近于时空无限论）沉浊之气下凝为地。地以山水为质，广厚为体，边际远近亦不可知。质常安伏，寂然不动。山岳水海育载万物。此地之大体也（这样的天地模型确是与周髀全同）。天地之间别有升降之气，资始资生以成万物。易曰“大哉乾元，万物资始。大哉坤元，万物资生。”资始之气能始万物，一动一静。或此乃天之别用，非即天之妙体。资生之气能生万物，一翕一辟。或此亦地之别用，非即地之形体。（注意万物是生物，而山水属地）四大海之外有金刚山，一名铁围山。金刚山北又有黑山。日月循山而转，周回四面，一昼一夜周绕环匝。于南则现，在北则隐。冬则阳降而下，夏则阳升而高。高则日长，下则日短。寒暑昏明皆由此作。

金刚山和黑山之说来自佛经，至于此说是否可作为当时印度宇宙学的代表者，姑置不论。梁武帝所读不过是译成汉语的宗教经书。众所周知，这种佛书多追求通俗普及，为此而编造很多形象化的虚拟事物，不是严肃的学术著作。所以，我们无须去追究什么印度来源，更谈不上什么其老根是中国还是印度。还是李淳风那句话：这位皇帝的见解不过是："别拟天体，全同周髀之文，盖立新义以排浑天之论而已。"这座黑山与《周髀》书中的"北极璇玑"类似一物，却没有《周髀》的定量内涵，而且位在北极之南。又，在黑山的南面多了铁围山。这铁围山是个大圆圈，不及黑山之高，圈里是人们居住生存之处。在这里，南北方向有明确的规定，不似《周髀》之北是向北极中心。这些意思从下面引文可以看得明白。

> 夏则阳升，故日高而出山之道远。冬则阳降，故日下（下即低）而出山之道促（此所谓出入，是指出入黑山北侧）。出山远则日长，出山促则日短。二分则合高下之中，故半隐半见，所以昼夜均等无有长短。日照于南，故南方之气燠。日隐在北，故北方之气寒。南方所以常温者，冬月日近南而下，故虽冬犹温。夏则日近北极而高，故虽夏犹不热。北方所以常寒者，日行绕黑山之南，日光常自不照，积阴所聚，熏气远及（热气来源远），无冬无夏，所以常寒。故北风则寒，南风则暖。一岁之中则日夏升而冬降，一日一夜则昼见而夜隐。黑山之峰正当北极之南，故夏日虽高，而不能不至寅而现，又至戌而隐（此处寅、戌及下文卯、辰、申皆指方位）。春秋分则居高下中，须至卯然后乃现，西方亦复如是。冬则转下，所隐亦多。朝至于辰则出金刚之上，夕至于申则入金刚之下。金刚四面略齐，黑山在北。当北弥峻，东西连峰，近前转下。所以日在北而隐，在南而现。夫人目所望至远则极（超越目力的极限），二山虽有高下，皆不能见。三辰之体，理系阴阳。或升或降，随时而动。至于天气（天的元气）清妙，无所不周，虽自运动无间，日月星辰迟疾各异，晷度多少不系乎天。金刚自近天之南，黑山则近天之北极。虽于金刚为偏，而南北为一。

我们对这番高论不作评价。在这段文字之下记的是这位皇上命令专家们给他的理论作定量注解。专家们当然是虚与委蛇，先是说："事事符合，昭然可见。"然后把实际数据罗列一大堆，却没有联系他的理论。于是他只好自己再作补充，就又有“梁武说云：……”

这梁武帝以一书生而为皇帝，又迷信佛教，办的事多很荒唐。这论天一事在现代学人眼中看来似乎可笑，但也要从中发觉：当时很多人——主要是非专业人士，特别是老百姓的观点与此一致。时代比洛下闳、司马迁已过了600多年，过时的盖天宇宙学概念竟由一位皇帝出力宣扬，这在文化史上意味什么？“南朝四百八十寺，多少楼台烟雨中！”宗教是各式各样的，作用也是多方面的，有好有坏。高级文化人与平民百姓可以信一个教，所起的文化发展作用可能大不相同。还要提示读者，梁武帝的宇宙论也不是神创论。

六、汉魏六朝的历学争鸣

在历学的专业群体中都是浑天派，而他们之间有着更为激烈的争论。从司马迁与射姓等在太初改历中相争开始，直到明清之际杨光先与传教士之争，约17个世纪，满是争历。

《汉书》记述太初改历和继后的张寿王争历之文，虽未明言内含宇宙学之争，实际是以此为主。太初改历是以浑天说代盖天说的范式革命，观测原理和方法发生巨大变革，盖天派司马迁和张寿王与新的浑天派相争是当然的事。

《后汉书·律历志》记有多次争历，大儒如贾逵、蔡邕都是主角，“贾逵论历”在上章讨论月食已经说过了，下文就讲“蔡邕论历”。虽然对立双方都是浑天派，争论也还是离不开宇宙学基础。

历学虽以测算技术为主，但在不断地追求更高精度时，对立的意见争论总要从宇宙学原理寻求依据。浑天说观测体系初建，同是浑天家，相互间也不免有很多分歧。从这些争论的记录可以看出人们对天运的因果规律的观念是些什么。问题集中点是日月蚀预报，实际归结为日月运行规律问题。月行迟疾由刘洪首作，至祖冲之而大备。日度最难，特别是冬至点以至二十四气的精密时间，实际也就是日行迟疾度问题。北朝张子信最早发现日行有迟疾，至唐一行认识仍远未完善。虞喜发现岁差，祖冲之首引入历，李淳风作《麟德历》竟废而不用。凡此诸事涉及历学专业细节者，主要是技术问题，已有多种天文学史专著详作记述和分析。本书专言宇宙学史，就不去细说了。我们关注的不是技术，而是思想。

1. 蔡邕论历

汉代正史所记争历事件有多起，现以蔡邕为代表，略作分析。

蔡邕是终汉一代最有才华的大儒，无论经学、文学、音乐、书法、天文、历算……，他都据有当时最高水平。青年时代他在朝中很走红，皇帝令他写了著名的《熹平石经》，至今还有残片留存。那一大群石碑在太学大门外刚摆好，洛阳的大街就出现塞车，持续很多天。人们都来抄写，有的做拓片。此事是蔡伦造纸后70年，在印刷史上也是件大事。后来他被流放到朔方去当戍卒看守烽火台。在那里他写下了《朔方上书》，成为天文学史的重要文献。遇赦后又因不肯巴结那倚仗宦官亲戚之势凌人的地方官，结下新仇，逃亡到浙江藏匿起来。在那里他得到了王充的《论衡》，辩论之功力因此而大进。后被董卓逼迫做官，却不幸被夺了权的王允杀死。

《后汉书》卷十二记：灵帝熹平四年（公元175年，就是出熹平石经那一年）有冯光和陈晃二人上言说“历元不正，故妖民叛寇益州，盗贼相续。为历用甲寅为元而用庚申。图纬无以庚为元者，近秦所用代周之元。……”

所谓历元是刘歆《三统历》所创为者，是以某日实测的天象为据，用回归年、朔望月等周期常数算得过去某年的冬至子时日月合璧五星联珠，那年就是历元，用其年干支为历法之名。历元既定，再有日月五星的周期数，推算任何一天的天象就很方便。光、晃二人认为：历法该用甲寅为元，却误用了庚申，并以图纬书中无此例为论据。还说庚申历元是近代的秦朝用来取代周制的。要求给犯错误的太史官定罪。于是皇帝下诏“三府与儒林明道者详议，务得道真。”三府是指太尉、司徒、司空三公衙门的官员。

按《后汉书》注引《蔡邕集》载：

> 三月九日，百官会府公殿下。东南校尉。南面侍中，郎将、大夫、千石、六百石重行。北面议郎、博士。西面户曹。令史当坐中而读诏书，公议。蔡邕前坐侍中西北近公卿，与光晃相难问是非焉。

这段文字的句读不能肯定，其中可能有错讹，因而不能画出明确的座位排列图。但可肯定，这是一次人数很多的大型辩论会，除皇帝以外的主要高官重臣都参加了。大家四面围坐在司徒府的公殿下，而蔡邕一人作为一方，座位则是特殊的。单从辩论会的隆重而言，足见学术的自由风气相当好。争论是证伪的必要程序，因而也就是科学的存在证据。

> 议郎蔡邕议以为：历数精微，去圣久远，得失更迭，术术无常。是以承秦，历用《颛顼》，元用乙卯。百有二岁，孝武皇帝始改正朔，历用《太初》，元用丁丑。行之百八十九岁，孝章皇帝改从《四分》，元用庚申。今光晃各以庚申为非，甲寅为是。案历法《黄帝》《颛顼》《夏》《殷》《周》《鲁》凡六家各自有元，光晃所据则《殷历》元也。他元虽不明于图谶，各家术皆当有效于其当时。［武］（黄）帝始用《太初》，丁丑之元，有六家纷错，争讼是非。太史令张寿王挟甲寅元以非汉历，杂候清台，课在下第，卒以疏阔，连见劾奏。太初效验无所漏失。是则虽非图谶之元而有效于前者也。及用《四分》以来，考之行度，密于《太初》。是又新元效于今者也。
>
> 延光元年，中谒者亶诵亦非《四分》庚申，上言当用《命历序》甲寅元。公卿百寮参议正处，竟不施行。且三光之行迟速进退不必若一，术家以算追而求之，取合于当时而已。故有古今之术，今之不能上通于古，亦犹古术之不能下通于今也。《元命苞》《乾凿度》皆以为开辟至获麟二百七十六万岁……而光晃以为开辟至获麟二百七十五万九千八百八十六岁，获麟至汉百六十二岁（此数有误），转差少一百一十四岁，云当满足。则上违《乾凿度》《元命苞》，中使获麟不得在哀公十四年，下不及《命历序》获麟、汉相去四蔀年数，与奏记谱注不相应。当今历正月癸亥朔，光晃以为乙丑朔。乙丑之与癸亥无题勒款识可与众共别者，须以弦望晦朔光魄亏满可得而见者考其符验。而光晃历以《考灵曜》二十八宿度数及冬至日所在与今史官甘石旧文错异，不可考校。以今浑天图仪检天文，亦不合于《考灵曜》。光晃诚能自依其术，更造望仪以追天度，远有验于图书，近有效于三光，可以易夺甘石，穷服诸术者，实宜用之。

《后汉书》下句是：“难问光晃，但言图谶所言，不服。”

接下还有蔡邕的话三百字。先是引元和二年汉章帝制历诏书 105 字，说明立庚申元是皇帝之命，且深引河洛图谶，不是史官私意独造的，而光、晃却说成是史官刘固等人的臆造。接着说：从尧命羲、和到汤武革命，治历明时，是没错的。可还是有水旱战乱。而光、晃却说阴阳不和是历元有错所致，“诚非其理”。

庚申元才用了 92 年，光、晃却说是秦所用以代周之元。竟不知“从秦来汉”易元已有三次，并非都是庚申。这两人“区区信用所学，亦妄虚无造。欺语之衍，至于改朔易元”。

于是对方被彻底击败了，三公联名“以邕议劾光晃”，皇上说：“勿治罪”，赦免了。

这光、晃二人的官职不是天文历算，只是“业余爱好者”，而他们提的意见竟被如此隆重处理，而且皇上对他们的错误以至学术浅薄并不怪罪。也许这与他们是图谶信徒有关。而蔡邕的实际行动表明他是反图谶的。再看他的意见：

首先，蔡邕认为历元既然不是绝对不变的东西，那就是按每个时代的实际天象设算的参数。历元的改变是天体运动有变化的反映。这看法是对的，为后世历学所遵。所以，有的历法由于考虑的天体数目既多，周期数又过于精密，位数很多，加上岁差，所定历元就被上推到一个极大的年数。而其历法的作者都不说这个年数有什么宇宙创生的涵义，它只是算式中的一个参数。

其次，蔡邕对图谶没表示鲜明的反对，但也没有利用图谶作为自己立论的根据。他只说光、晃之数也并非与图谶相合，暗示图谶也是自相矛盾的。须知当时迷信图谶是时尚，连皇上也信，而蔡邕虽不及张衡那样要“一禁绝之”，却也不算迷信。至于他接受王充的怀疑主义，那还在此后很多年。

第三，他抓住光、晃二人没有实测数据的支持这一弱点，强调改进仪器方法，并指出图纬的数字与现今实测也不相合。这对谶纬迷信则是很有力的打击。

2. 祖冲之与戴法兴争历

祖冲之是科学史上的大名人，他是世界上第一个把圆周率精确到 8 位的人。祖冲之的学术成就以技术型为主，那是要求结合实际的。所以，尽管他虽没有像刘歆、张衡、蔡邕那样很自觉地联系形而上的理论，更没有董仲舒、扬雄、王充那样的哲理，却也不乏精辟的真言，特别是实践的体验。

南朝宋大明六年，公元 462 年，祖冲之作成《大明历》。这部历法在历史上很有名，它首次把虞喜发现的岁差引入历法，开出朔望月、恒星月、交点月、近点月的较前改进的周期数，以及更好的五星周期数。权臣戴法兴向祖冲之发起论争，戴虽不敌，可是《大明历》却未得行用。《宋书》的记录冗长，又且不少舛误难解之处，这里只摘录我们关心的。原文有很多古历学的术语，此处限于篇幅，恕不一一作解。有兴趣的读者可从较专门的中国天文学史书中查询。

立员旧误，张衡述而弗改；汉时斛铭，刘歆诡谬其数。此则算氏之剧疵也。《乾象》之弦望定数，《景初》之交度周日，匪谓测候不精，遂乃乘除翻谬。斯又历家之甚失也。及郑玄、阚泽、王蕃、刘徽，并综数艺而每多疏舛。臣昔以暇日，撰正众谬，理据炳然，易可详密。此臣以俯信偏识，不虚推古人者也。

这段申明他不迷信古人，从张衡到刘徽，他都有所批评。张衡、刘歆的圆周率有大毛病；刘洪《乾象历》的朔望月周期、杨伟《景初历》的交点度数，测算都不够精密；其他郑、阚、王、刘也各有疏舛。他的科学观很好，若说对古人都不许挑毛病，科学就没有发展了。这种思想在当时最可贵。但他的语气有把前人的粗疏说成过失的意味，这不仅会使别人觉得狂傲，也是不知科学发展有循序性，有必须前后相承的道理。

法兴议曰："夫二至发敛南北之极，日有恒度而宿无改位。故古历冬至皆在建星。"冲之曰："周汉之际，畴人丧业，曲技竞设，图纬实繁。或借号帝王以崇其大，或假名圣贤以神其说。是以谶记多虚，桓谭知其矫枉；古历舛杂，杜预疑其非直。按《五纪论》，《黄帝》历有四法，《颛顼》《夏》《周》并有二术。诡异纷然，则孰识其正？此古历可疑之据一也。《夏历》七曜西行，特违众法，刘向以为后人所造。此可疑之据二也。《殷历》日法九百四十，而《乾凿度》云《殷历》以八十一为日法。若易纬非差，《殷历》必妄。此可疑之据三也。《颛顼》历元岁在乙卯，而《命历序》云此术设元岁在甲寅。此可疑之据四也。《春秋》书食有日朔者凡二十六，其所据历非《周》则《鲁》。以《周历》考之，检其朔日失二十五。《鲁历》校之又失十三。二历并乖，则必有一伪。此可疑之据五也。古之六术并同《四分》，《四分》之法久则后天。以食检之，经三百年辄差一日。古历课今，其甚疏者朔后天过二日有余。以此推之，古术之作皆在汉初周末，理不得远。且却校《春秋》朔并先天，此则非三代以前之明徵矣。此可疑之据六也。寻《律历志》，前汉冬至日在斗牛之际，度在建星。其势相邻，自非帝者有造，则仪漏或阙，岂能穷密尽微纤毫不失。建星之说未足证矣。"

戴法兴认为：二至日位偏离赤道南北度数是最大值，是常数；而且所在恒星区位也不变，冬至是在建星处。他反对有岁差。祖冲之用六条事实驳他的冬至日位恒在建星之说。主要是古六历加上纬书，数字彼此不一致。即便有恒位，又安知哪一个是对的？他明确指出：四分法的误差累积三百年差一日，按这个数推算，古六历的编制年代只可能是周末汉初，也就是从周王正式被废之前几十年到汉朝立国后半世纪，是公元前250年前后两个世纪之间的事。这个判断是中国天文学史上一项很重要的成果。可惜，直到近年一些专业学者仍不重视不理解，他们在感情上希望年代更早。

> 法兴议曰："战国横骛，史官丧纪，爰及汉初，格候莫审。后杂占知在南斗二十二度。元和所用即与古历相符也。逮至景初，终无毫忒。"冲之曰："古术讹杂，其详阙闻。乙卯之历秦代所用，必有效于当时，故其言可徵也。汉武改创，检课详备，正仪审漏，事在前史。测星辨度，理无乖远。今议者所是不实见，所非徒为虚妄。辨彼骇此，既非通谈，运今背古，所诬诚多。偏据一说，未若兼今之为长也。《景初》之法实错……（中略21字讹舛难解，但略之不害大意）晷漏昏明并即元和。二分异景尚不知革，日度微差，宜其谬矣。"

这样看来，戴法兴好像也不是绝对遵古，他也说从战国到汉初的史官工作不合格，后来的观测结果是南斗二十二度。此数虽说不错，但他说前期的数据与此不同是观测不准，而不是岁差，元和所用是与更古老的历法符合的，这就不对了。实际上他还是遵古，是说元和的测数与战国以前的古历一样。祖冲之说：那更古老的历法已经不清楚是什么样子了。秦历应与当时实际相合，其言可以信任。汉武帝所改定的历法更为精测详审，数据不会差太远。祖冲之是对的，他对文献资料的了解比戴法兴详尽正确。

戴法兴又说：《尚书》四仲中星是在"卫阳"，即正南偏东之位。祖冲之驳他说：古经文直接说"星昴"，没有说"卫阳"。那是依据"人君南面"说的，观星总以面向正南才搞得准。哪有以偏旁方向为准的？祖冲之还抓住戴法兴一件笔误——把《大明历》一个"十一月"误为"九月"，说戴法兴是："涉数每乖，皆此类也。"祖冲之在论辩中强调了何承天的一项重要发明，即"月盈则蚀，必在日冲。以检日则宿度可辨。"月食的时候看得见恒星，月位可用浑仪测准，或加或减半个周天即得准确日位。此法避开了计时的误差，是方位天文学一大进步。祖冲之以此论证了戴法兴所举四项日位数据的错误大到十度。"事验昭晳，岂得信古而疑今？"戴法兴说：《诗》"七月流火"，（火即大火，心宿二）是夏正斗柄建申（即夏历七月）之时。祖冲之抓住他这句话问他："《夏小正》'五月昏大火中'，此复在卫阳之地乎?" 意思是：你能说这个"中"字的意思是指你那个偏位"卫阳"吗?

"寻臣所执，必据经史，远考唐典，近徵汉籍。谶记碎言，不敢依述。"唐典即《尧典》。这比蔡邕是大有进步，祖冲之已经敢说谶纬是不可靠的了。

但是戴法兴有句话似乎无意中说对了，而祖冲之却中了套，驳错了。戴说"夫日有缓急，故斗有阔狭。古人制章，立为中格。年积十九，常有七闰，晷或盈虚，此不可革。……"他是反对祖冲之改动十九年七闰的公式，换成更精密的分数。这一改进是以回归年和朔望月的更精密的数字为根据的。戴法兴当然不对，但他说"日有缓急"，直接看来却不错。从他的上下文看，并不是他有了什么科学的新发现。他是说：如果十七年里不是七闰，那么回归年的大小就要做调整，保证十九年七闰不变。也就是"晷或盈虚，此不可改"。他说"斗有阔狭"是指恒星也可以有变动，是与"日有缓急"并立之言。其意就是要拿日位和星度去凑合十九年七闰公式。

祖冲之当时不知道真实日行确有迟疾，只是抓住了对方的保守意识，用嘉平三年（即《景初历》行用的公元 251 年）测量竿影的数据作说明。从立冬经冬至到立春，两段日数相等，二立影长应等。而那年的数字却差了四寸。只有把冬至退回二日，则冬至影最短，而二立影长也相等了。若说"此法自古，数不可移"难道戴大人要倒退去用《四分历》吗? 此处顺便说：立竿测影之法虽最古老而简单，但在浑仪和漏刻还很粗疏的时代，用它检验回归年长度还是很有效的。这是圭表之制能在国家天象台保持两三千年的理由。北宋的沈括就是用上述祖冲之的方法，比较立冬—冬至—立春的影长，确认历法先天或后天，事见《梦溪笔谈》：

> 法兴始云："穷识晷变可以刊旧"今复谓"晷数盈虚不可为准"。互自违伐，罔识所依。……日有缓急，未见其证。浮辞虚贬，窃非所惧。

当时确是没有日行有迟疾的实证，因而他才敢说戴法兴是"浮辞虚贬"。日行迟疾的发现是过百多年后由北齐的张子信做出的。那要对春秋二分的日位作更精确的测量。张子信避居海岛干了二十年才成功。今人评议祖戴此争，有说"叫戴法兴蒙对了"。不是的，戴什么也没"蒙对"，他是"互自违伐"，逻辑混乱，犯糊涂。

总观祖戴之争，在哲学上可以归结为对常与变的观念分歧，以及对古制与现实观测差离的处理原则。这种分歧向来是科学发展中最常见的矛盾对立。发生这种矛盾对立也说明这里确是科学之争，是科学存在并发展的历史证据。至于孰是孰非，以及各方对科学发展起什么作用，那又是另一类的复杂命题，一言难尽了。祖冲之把古制改变了，但他的更为精密的数字却更接近不变的常数。他自己也是这么说的："今以臣历推之，刻如前。窃谓至密，永为定式。"而若说真有不变的常数，那又怕不能无限扩展，以至推之于全宇宙。

科学史就是在这常与变的无休止的认识矛盾中发展的。

3. 隋唐历学史概略

隋朝争历更是激烈。下面我们只简列从隋开国到盛唐的一个半世纪历学大事如下：

开皇四年（公元 584 年），颁用道士张宾《开皇历》。刘孝孙（张子信弟子）、刘焯等人攻之，谓是以何承天《元嘉历》微加增损而成，不用岁差，不知定朔（即推算朔的时刻不考虑月行迟疾）。张宾与太史令刘晖合力以政治话语反击。二刘败，被逐出京。

张宾死，刘孝孙再次入京上书。太史令刘晖扣压他的奏章，伪聘之于司天监闲置，累年不调，寓宿观台。刘孝孙抱其书，弟子舆榇（用车拉着棺材）伏阙下（趴在宫门外）痛哭。文帝乃命议历。刘晖败，张胄玄胜。刘孝孙不得用，病死。

开皇十七年，张胄玄与权臣袁充作成新历。刘焯言其历为盗刘孝孙之作，删其定朔法。

开皇二十年，刘焯作成《皇极历》，实为历学杰作。因张、袁之阻，不得用。8 年后刘焯死。张胄玄乃敢改正自己所作历之误，名《大业历》。

唐武德二年（公元 619 年）东都道士傅仁均依《大业历》作《戊寅元历》，废上元积年法。7 年后大理卿崔善为奉诏校历，恢复上元积年法。

麟德二年（665 年）用李淳风《麟德历》，所本为刘焯《皇极历》。

开元九年（公元 721 年）诏僧一行作新历，开元十五年草成，一行死。宰相张说、历官陈玄景整理其遗稿《历经》、《历议》，编次进上，开元十九年颁行，是为《大衍历》。四年后印度裔历官瞿昙譔与陈玄景攻《大衍历》，说是抄写印度传来的《九执历》而其术未尽。随从一行做事主持南北景长实测的南宫说也附和其言。实测验算结果，否决其议。四人得罪。

七、一行的困惑与高见

一行是中国古代伟大学者之一，是我们的宇宙学史的一位核心人物。往上回溯，洛下闳事迹只能依据史料推理猜测，方知其浑天说成果；张衡有《灵宪》之文，技术发明大于哲理创新；祖冲之的成就以术数为主。当然，时代越早信息越少。一行留下的史料自然比前人为详。除了《大衍历》本文，他还留下一部《大衍历议》约二万字，成为前此历学的总结。更重要的是其思想确实非同凡响。

一行（673～727）是佛教僧人，俗姓张名遂，功臣后裔，不愿参与武则天的官僚政治，避入浮屠。当时佛教由武则天提倡而极盛，宗派已经很多。一行属密宗，是密宗入华之初受教的中国人，他协助印度大法师善无畏、金刚智译《大日经》，后又亲为讲传，作《大日经疏》。范文澜《中国通史简编》说：从印度那样“落后黑暗的社会产生这种落后黑暗的宗教……。密教传入中国，在文化交流中流来了一股比其他各宗派更污浊的脏水。”密宗为范氏所深恶痛绝，极尽贬斥，我们对此不予置词评议。一行的天文历算之学是地道的中国传统科学，几乎不见西方或印度文化的痕迹。但他的宇宙观之出奇创新似乎超越了中国文化传统。再考虑瞿昙譔说他抄袭印度的历法，必有说辞。则一行在文化上决非与佛教以及密宗无关。而一行本人的人格品行与“落后黑暗”不着边，他不可能眼看同门言行是那样不堪入目而混迹其中。于是我们只能说：如果范氏所言属实，密宗应有其另外的侧面，不是铁板一块。犹如儒生之有神奸巨恶。社会文化是极复杂的事，不能武断。

一行的《大衍历》是超越前代甚远的高水平的历学成果。《新唐书·历志》说：“自《太初》至《麟德》，历有二十三家与天虽近而未密也。至一行密矣。其倚数立法固无以易也，后世虽有改作者，皆依仿而已。”具体的技术性内容不是我们关心的焦点，他的特别之处是哲理深刻而超越时代甚远。但也要看到他的技术实践是他的哲理思维的物质性基础，相对于前代也是大有超越的。

作为历学以及宇宙学的实践基础，他的成果重点在于他所领导的时间和空间的测量。事在新旧两部《唐书·天文志》。李志超的《天人古义》和《水运仪象志》对此有详论（图5-2和图5-3）。

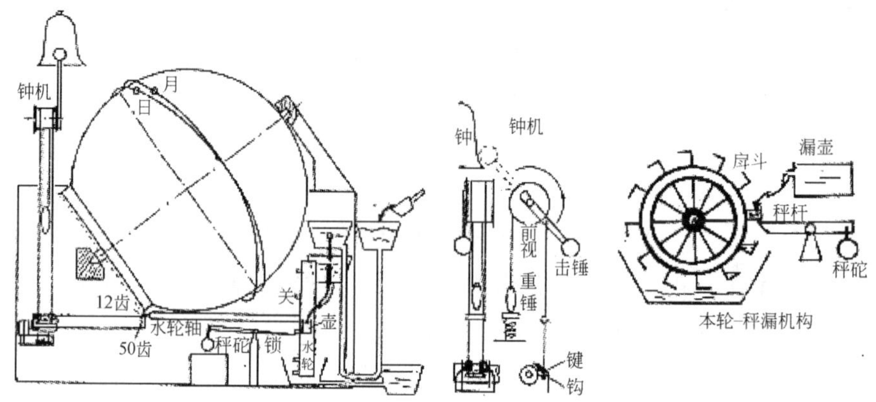

图 5-2 梁令瓒水运浑象原理示意图

图 5-3 开元黄道游仪

1. 望筒；2. 黄道环；3. 四游双环；4. 赤道环；

5. 阳经双环（子午环）；6. 阴纬单环（地平环）

空间测量方面：梁令瓒所制黄道游仪具有较前为高的精度，以此重新测定廿八宿星度，发现与古不同。他设计了一种便携的地平仰角测量仪，用于在任意地点测定北极出地高度，名叫“覆矩图”，下引“日晷”原文中多次言及的“图”就是这仪器。这为大范围北极高度测定打下了基础。其原理类似六分仪而甚简易，大约是一个直角三角板，在直角顶点悬绳挂小重锤，用眼瞄准一个直角边使它正指北天极，则绳与另一直角边的夹角便是所测角。当时用纽星代北极，可达半度的精度。

时间测量方面：梁令瓒在秤漏的基础上首创第一例自动化 A/D 变换型计时

器，并带动演示天象的自动天球仪。它模拟水车结构，转轮圆周分布水斗，由计时漏壶为平正位态的水斗注水，达到限量就压翻秤杆转过一斗，这是世界首例用擒纵器的机械计时器。这个作品因未能解决机械磨损难题而作废。1096 年苏颂领导韩公廉再作，解决了难题，称名“水运仪象台”。

一行的宇宙学成果集中表现在他的以“日晷”为标题的奏议中。文在《旧唐书·天文志》，引述如下（中间穿插解评）：

> 《周礼·大司徒》常“以土圭之法测土深，正日影以求地中。……日东则景夕多风，日西则景朝多阴。日至之景尺五寸，谓之地中。
>
> 天地之所合也，四时之所交也，风雨之所会也，阴阳之所和也。然则百物阜安，乃建王国焉。”郑氏以为凡日景于地千里而差一寸。“景尺有五寸者，南戴日下万五千里。地与星辰四游升降于三万里之中，是以半之得地之中焉。”

这开头一段引《周礼》和《礼记》郑玄注，因为这是儒学经典，有权威性。土深的“深”费解，戴震说是“南北为深”有理，郑玄说的“深谓高也”无理，证明这位郑老头的学问不大可靠。把夏至八尺表的午影一尺五寸处定为“地中”，这暗示一些信息：一是要把周王城定为地中；二是认大地为类圆平面，其中心点为地中；三是表高为八尺。这三条都不能说是先秦的平天说的看法。《周礼》原文以“土圭之法”与“土会之法”、“土宜之法”并立，诸土之词似非伦类。“四游升降”云云，是谶纬家言，郑玄也信。一行要辩的主要是古老的“千里一寸”说。此说早有专家怀疑。隋刘焯曾提议：在黄河下游平原从南到北拉直线，精测里差和相对应的夏至午影，但未实行。开元改历做到了。

> 谨按《南越志》：“宋元嘉中南征林邑。以五月立表望之，日在表北，影居表南。交州日影觉北三寸，林邑觉九寸一分。所谓开北户以向日也。”交州大略去洛九千余里，盖水陆曲折，非论圭表所度。惟直考实，其五千乎。开元十二年，诏太史交州测景，夏至影表南长三寸三分，与元嘉中所测大同。然则距阳城而南，使直路应弦，至于日下，盖不盈五千里也。

宋元嘉中是 5 世纪中。724 年交州测影也得出近似的结果。若按弓弦样的直线距离，则夏至正午日下点离洛阳不到五千里。

测影使者大相元太云："交州望极才出地二十余度。以八月自海中南望老人星殊高。老人星下环星灿然明大者甚众，图所不载，莫辨其名。大率去南极二十度以上，其星皆见，乃古浑天家以为常没地中伏而不见之所也。"

大相元太，人名，不像中国人名，像日本人。北纬20度多的地方近于今河内。陈述其发现南拱极区恒星时的惊奇心态是很明显的。

由此可见中原人的天文知识之局限。汉代浑天家认为，南极以36度为半径的天区是永远不可能看见的。到此方第一次有否定意见反映在正式文献中。其实，秦的军力已达桂林、象郡，汉武帝曾派遣商使从南方出海寻求琥珀、珊瑚、璧流离（Vitrium，即玻璃）等物。南方人的知识竟长期不能在高级学人中传播交流，可见天学的门限性之强。这一次远征的科学考察是唐代社会开放性和平民化水平提高的结果。像大相元太这样的异族人参加也是佐证。

铁勒回纥部在薛延陀之北去京师六千九百里，又有骨利干居回纥北方瀚海之北。草多百药，地出名马，骏者行数百里。北又距大海，昼长而夕短。既日没后天色正曛，煮一羊胛才熟而东方已曙，盖近日出入之所云。凡此二事皆书契所未载也。

铁勒、薛延陀、骨利干等名，虽前人多有猜测，都不能肯定。回纥是今维吾尔族先民。"曛"应是天文昏影终之少前，日入后一小时。"曙"则当是天文晨光始，日出前一小时。煮一羊胛才熟，需时约一小时。其地当在地球北极圈外北纬60度~65度附近。这北方天象也是"书契未载"的。

开元十二年，太史监南宫说择河南平地，以水准绳，树八尺之表而以引度之。始自滑州白马县北，夏至之晷尺有五寸七分。自滑州台表南行一百九十八里百七十九步，得汴州浚仪古台表，夏至影长一尺五寸微强。又自浚仪而南百六十七里二百八十一步得许州扶沟县表，夏至影长一尺四寸四分。又自扶沟而南一百六十里百一十步至豫州上蔡武津表，夏至影长一尺三寸六分半。大率五百二十六里二百七十步影差二寸有余。而先儒以为王畿千里影移一寸，乖舛而不同矣。

"引"是一种长度量具，十丈为引，则长约30米，当为可卷绳类软尺。一里为300步，一步6尺，唐制一尺约30厘米，则一里约540米。但从现代数据计算，上列测量结果归结为一里约500米，与今里值相合，从而推得唐尺一尺当28厘米。上引文中的里差数以近200里而精到一步，即有误差小于1/60 000的精度，与影长的数据精度不匹配。影长读数处有约一寸的半影。他们的实测结果是约260里（130公里）影差一寸。实际应是152里（76公里）差一寸。

今以句股图校之。阳城北至之晷一尺四寸八分弱，冬至之晷一丈二尺七寸一分半，春秋分其长五尺四寸三分。以覆矩斜视北极出地三十四度四分（按，度下之分是1/10度），自滑台表视之，高三十三度八分。虽秒分稍有盈缩，难以目校，然大率五百二十六里二百七十步而北极差一度半。三百五十一里八十步而差一度。枢极之远近不同，则黄道之轨景固随而迁变矣。

这里是测量中发生了数据的错误。应该是222里差一度。按上段滑州台应在阳城之北，而按此段却在南。滑台的“三十三度八分”不像传抄有误。“稍有盈缩，难以目校”是说误差，一行已经觉得大有误差。他们是用覆矩图测量，我们推测是实测人员掌握技术不熟练，一是瞄准，二是垂线所指的数，都不可靠。最麻烦的是确认北天极，当时距极最近的亮星是纽星，实非很亮，离极还有0.6度。按浑天理论，夏至太阳去极度是一定值。有了日影数，换算北极出地应是没问题的。文中末句说的“枢极远近不同，黄道轨景随而迁变”一语，已暗示他想到了这一点。有前人说：“一行实测了地球子午线长度。”此说之不妥，因为一行并没有提说子午线的概念。

自此为率推之，比岁，朗州测影夏至长七寸七分，冬至长一丈五寸三分，春秋分四尺三寸七分半。按图斜视北极出地二十九度半。蔚州横野军测影，夏至长二尺二寸九分，冬至长一丈五尺八寸九分，春秋分长六尺四寸四分半。按图斜视北极出地四十度。凡南北之差十度半，其径三千六百八十里九十步。北至之晷差一尺五寸三分，南至之晷差五尺三寸六分。率夏至与南方差少，冬至与北方差多。

朗州即今湖南武陵，蔚州即今河北蔚县，都是大山阻隔之地。两地的直线距离，文中称“径”者，3680.3里。此数不可靠，而北极出地数是足够准确的。此段用意在于，这两地与阳城比较：北极出地相差一正一负而差值略等，皆约五度。而晷影之差“南方、夏至，差少；北方、冬至，差多”。也就是说晷差与极高不是线性正比的关系。这是对“千里一寸”说的线性正比函数的否定。

又以图校。安南日在天顶北二度四分，北极高二十度四分，冬影长七尺九寸四分，差阳城十四度三分，其径五千二十三里。至林邑图，日在天顶北六度六分强，北极之高十七度四分，周圜三十五度常见不隐。影长六尺九寸，其径六千一百一十二里。假令距阳城而北至铁勒之地亦十七度四分，合与林邑正等，则五月日在天顶南二十七度四分，北极之高五十二度，周圜一百四度，常见不隐，北至之晷四尺一寸三分，南至之晷二丈九尺二寸六分。北方其没地才十五度余，昏伏于亥之正西，晨见于丑之正东。以里数推之已在回纥之北。又南距洛阳九千八百一十六里，则五月极长之日其夕常明。然则骨利干犹在其南矣。

安南即交州地，“日在天顶北……”当然是夏至，而林邑影长则是冬至。此铁勒当赤塔纬度。“昏伏亥西，晨见丑东”指太阳出入方位，子为正北。日没才四个小时。除两个直线距离“径”数（5230 和 6112）不准确，其他数字足够准确。

又先儒以南戴日下万五千里为句股，邪射阳城为弦，考周径之率以揆天度，当一千四百六里二十四步有余。今则日影距阳城五千余里已居戴日之南，则一度之广皆宜三分去二。计南北极相去才八万里，其径五万余里。宇宙之广岂若是乎。然则王蕃所传，盖以管窥天，以蠡测海之义也。

“先儒”是指以王蕃为代表的浑天家。按千里一寸公式算出的天上一度弧长是 1406 里。现在实测只有其数的 1/3，照那样算下来，南北天极间的弧长才 8 万里，直径 5 万余里。王蕃所说的不是从竹筒里观天，用葫芦瓢量海吗？

古人所以恃句股之术，谓其有徵于近事。顾未知目视不能及远，浸成微分之差，其差不已，遂与术错。如人游于大湖，广不盈百里，而睹日月朝夕出入湖中。及其浮于巨海，不知几千万里，犹睹日月朝出其中，夕入其中。若于朝夕之际俱设重差而望之，必将小大同术而不可分矣。夫横既有之，纵亦宜然。假令设两表，南北相距十里，其崇皆亦数十里。若置火炬于南表之端，而植八尺之木于其下，则当无影。试从南表之下仰望北表之端，必将积微分之差，渐与南表参合。表首参合，则置炬于其上亦当无影矣。又置火炬于北表之端，而植八尺之木于其下，则当无影。试从北表之下仰望南表之端，又将积微分之差渐与北表参合。表首参合，则置炬于其上亦当无影矣。复于二表之间相距各五里，更植八尺之木，仰而望之，则表首环屈而相会。若置火炬于两表之端皆当无影。夫数十里之高与十里之广，然犹邪射之影与仰望不殊，今欲求其影差以推远近高下，犹尚不可知也，而况稽周天积里之数于不测之中，又可必乎。假令学者因二十里之高以立句股之术，尚不知其所以然，况八尺之木乎。

这里一行推出了他的破天荒的质疑。勾股法，实际上是应用欧几里得几何学的核心基础，它能用于很远的距离上吗？若说不能，有两种可能：一是欧氏几何仍然成立而肉眼的功能有限，二是欧氏几何不成立。一行不必知道欧氏几何学，在他的意见中却两者都有涉及。他先说：目视不能及远。这实质是说：依据光线直进原理作瞄准测量是不能用于很远的距离上的。“浸”是渐积之义，“微分”与现代数学的微分含义没有差别。“遂与术错”就是指量的关系不再是原来的线性正比函数。这已可说是对欧氏几何学的怀疑，同时也是对光行直线的怀疑。由于中国古代的直线定义为光的行径，是纯物理的，所以这两项怀疑是一件事。广义相对论以黎曼几何学为数学基础，黎曼几何学的本质是非线性勾股法。一行这一质疑是比广义相对论早 12 世纪的思想先驱。

接下去的文字是说明仅由目力局限的情况，实际是肉眼视角分辨力有限，百里湖面已不能分，广如大海就更不行了。他的高达几十里的南北表之喻，是今人所谓的“理想实验”。今人也许会问：水平视力的分辨力已经无疑问，何必费力做这样的虚拟的非现实的空想？须知这正是时代的局限，或曰范式（paradigm）思维与现代的差别。他们已经习惯仰首观天，并认定天高不过若干万里，而日月星皆可清晰分辨，但从未在垂直于地面的方向上做过高达几十里的直接定量观测。那么只好设想把水平方向为现实可能的经验的东西直立起来，再外推到几乎无穷远的高度。一行的用意是说明：天的高度远非可用王蕃的公式所能算出的：

原人所以步圭景之意，将欲节宣和气，相辅物宜，而不在于辰次之周径。其所以重历数之意，将欲敬授人时钦若乾象，而不在于浑盖之是非。若乃述无稽之谈于视听之所不及，则君子阙疑而不质，仲尼慎言而不论也。而或各守所传之器以述天体，谓浑元可任数而测，大象可运算而窥，终以六家之说迭为矛盾。今诚以为盖天，则南方之度渐狭，以为浑天，则北方之极浸高。此二者又浑盖二家未能有以通其说也。由是而观，则王仲任、葛稚川之徒区区于异同之辨，何益人伦之化哉。又凡日晷差，冬夏不同，南北亦异。而先儒一以里数齐之，丧其事实。

这结尾一段显为针对李淳风所作晋隋二志“天体”之文而发。“原”即追问，“节宣和气，相辅物宜”就是重在实用的意思。他讥讽浑盖二家为“无稽之谈”，有点过分了。若说“任数”、“运算”（即运动算筹）不能认识宇宙，这是“不可知论”。但他点出了二家理论的死穴：盖天说不能解释南天区恒星一昼夜绕的圈子小；浑天说不能解释越往北去北天极越高，露出地平线上的天区变多了。向两家提出的“点死穴”式的问难，是看准了盖天说以天与地为平行平面为本，浑天说以天为球壳而地为球内大圆平面为本。若所针对的盖天说的天或地是球冠形体，浑天说的地是球或半球，都不构成逻辑的重击。最后一句，“一以里数齐之”是指“千里一寸”公式。

一行对星占的态度是不够先进的，他以很长的篇幅讨论“分野”，即天上星宿与地上山河郡国的对应关系，作所谓“天下山河两戒”说。解释日食“当食而不食”，说是君王德行感动了上天。

这里顺便说说隋唐历学中数学的进步。历学中的数学有两方面，一是用易学的象数解释所谓“历理”，一是为预报实际天象的运算。一行在其《大衍历议》第一议讲他的易数，无非是把他的各项参数都用易象之数解说，与刘歆的观点和方法没有不同。在运算方法上，他把刘焯的等间距二次内插法，推进为等间距三次内插法。

把内插法放在宇宙学意义上评价，它的弱点是不能为认识天体运动提供物理概念的联想启发。到一行仍以自然数运算为主，连续函数的观念甚弱。虽然从刘徽创割圆术已见微分概念的苗头，但在历学上却考虑得很少。值得一提的是公元892年修成《宣明历》，作者边冈创为“相减相乘法”。《新唐书》评价边冈说：

冈用算巧，能驰骋反复于乘除间。由是简捷、超径、等接之术兴，而经制、远大、衰序之法废矣。

这是说，旧法（经制、远大、衰序之法）要算出某一自变量所对应的因变量，常常要从一个起始点开始，一小段一小段地，像爬楼梯，每步皆算，直至达到所要的数。这是由于没有连续函数算法所致，有点像现代计算数学的递归算法，也就是多步的图灵机算法，不能一步到位。而边冈创为函数式，只要代入自变量，就可一步直接算出因变量。边冈公式的现代简化形式是：$f = C \cdot x \cdot (a - x)$，这是个二次函数，是以 $a/2$ 为极大值的抛物线，适用于日月行星的轨道运动的近似计算，只要适当选择 a 和 C，精度足够。

很有趣的是，最新的混沌数学有个重要的方程式 Logistic Equation 与边冈的公式是一样的。只有摆脱驯积（递归）式的算术，走向代数函数式，才能为伽利略型的物理学开路，才能把物理量数学化，才能有描述物理规律的清晰简捷的语言。边冈开了这个头。沈括说他所创“妥法”是解决这个问题的，可惜失传(详见下章)。

第六章　近古期——天地不等观的发生

一、宋代社会文化以及星占的衰微

公元960年宋太祖赵匡胤开国，由此至明末利玛窦来华，我们称之为中国文化史的近古期。此后到1840年鸦片战争为近代前期，再到五四运动为近代后期，再后就是现代了。近古期的中国社会封建残余大体消失，社会平民化程度达到新的高度。赵匡胤的国策对推动进步起了很大作用。他以流浪武士出身，却很了解文化的价值意义，用“杯酒释兵权”的手段解除了军人的特权，建立了完全的科举化文官政治。这是中国政治史上的空前大事，怎么估价都不过分。他自己虽是军人出身，却决不穷兵黩武，明确宣布国土政策：贵州、川西、甘肃、冀北以外地区，一概不要去侵占。北宋朝廷与南诏、大理、吐蕃的关系是友好的，与辽国和西夏的关系经过不大的战争磨合，基本是和平的，这使这些邻国的经济文化得以快速发展。辽国的汉化竟到国人忘记原来语言的程度，迫使其政府下令：打官司若不讲辽语就会被判输。东南沿海港口如广州、泉州、扬州的远洋商贸活动有了显著发展，阿拉伯文化与中国的交流明显增强。

中国的大规模印刷业实自北宋始，除教材和应用书籍外，还有很多个人新作如笔记类出版，对文化的繁荣起了很大推动作用。此外，这也是我们今天能看到很多古书的原因——把孤本或珍稀手抄本转化为较普及的雕版印刷品，自然大大降低了散佚失传的概率。

在整个11世纪，宋朝的国力和科技文化之高度发达也表现在天文仪器的研制上，无论数量和质量都大大超过以往历代皇朝。天文学的时间和空间计量仪器是浑仪和刻漏。沈括的《浮漏议》是中国古代计时学的代表作，对此文所作训解和实验模拟[①]已经证明，沈括的浮漏计时精度达到每日误差小于几秒的水平，从而可以测得地球近日点和远日点的真太阳日与黄道平均太阳日的差数，即所谓

① 李志超．天人古义．郑州：大象出版社，1998

“冬至日行速，夏至日行迟”（《梦溪笔谈》语）。这一成就在世界科学史上是遥遥领先的。更特别的是，哲宗朝在苏颂领导下由韩公廉主制的水运仪象台，创造了前无古人的世界第一成就，实开现代擒纵器机械钟表之先河①。到了南宋，高宗想要仿造，已经力不从心。太史局令奏：“东京旧仪用铜二万斤，今请折半用八千斤有奇。”后来还是没做出来。这位高宗皇帝（赵构）也是个天文爱好者，他“先自为一仪，置诸宫中，以测天象。其制差小，而邵谔所铸盖祖是焉”。邵谔在绍兴十四年（1144 年）受秦桧领导干事，很久才完成。天文学不能完全脱离政府运作和发展。说什么皇权垄断天文学为它自身利益服务，难道这利益与社会文化发展是对立冲突的两码事吗？

南宋以及近代，史学家批评北宋的政治，否定的多，赞扬的少，说是“积贫积弱”。这至少是片面而不公正的。在南宋，是女真族的入侵使流亡南方的中原士人怨气难平。继后又是蒙古人、满洲人入主中原。近代的辛亥革命和抗日战争，都倾向要求对外加强武备，同时大力宣传爱国。事实上，宋代的社会财富和科技文化都达到了中国历史上新高峰，绝非积贫。积弱也只是相对的，较之汉唐扩张，少些拓土开边的功烈而已。中国史学不可宣扬军国主义！

在唐代曾经兴旺过的佛道二教受到几位皇帝和名儒的反对批判以至限制，到宋朝已经风头大减，不再涉入政治，而只保留民间的意识形态影响。宋徽宗信道教，明代有几个皇帝服食丹药，都不曾严重影响社会文化的大体趋向，不过是政治的昏明勤惰之别而已。

天文界中星占之业自先秦有记录起，经《史记·天官书》，到《唐书》为止，几代天文志都是被官方重视的。唐代有两部占星书，一是李淳风作的《乙巳占》，一是瞿昙悉达的《开元占经》。唐宋以后星占活动对军政大事几乎不再起关键性作用。最明显的表现就是正史的天文志。从南北朝开始，日食记录中占候的语言逐渐减少。

宋初有禁民间私习天文令，实际是打击星占活动。《宋史》记：太祖刚死没几天，太宗就下令“命诸州大索知天文数术人送阙下，匿者论死。”过两年又下诏“禁天文、卜相等书，私习者斩。”并“试诸州所送天文术士送司天台。无取

① 李志超．水运仪象志．合肥：中国科学技术大学出版社，1998（此书所述有所未善，出版后有修正文章发表。而日本和台湾按不同方案复原，其错误是令水轮的 36 个水斗各有转轴可以翻转倒水。如果真是每个水斗自为翻倾，则无需用 36 个组成庞大枢轮，只要一个斗作桔槔式的往复动作即可。宋人做的不是那种设计）

者黥配海岛。”到他儿子真宗，诏“民间天象器物、谶候禁书并纳所司焚之。匿不言者死。”下一代皇帝仁宗则有诏“司天监天文算术官毋得出入臣僚家。”但是，既然定下了以儒治国的基本国策，儒经里有很多天文问题，历代史书里也详细地记载着天文和历法的理论和实践，怎能不许人们学习？于是过不久，禁私习令便不声不响地废了。按《梦溪笔谈》的记录，科举考试也有天文学试题“论玑衡正天文之器”，还有个民间术士李某到荆王府卖弄历术，等等。宋代的历法有较大进步，进士们多有精通天文历算者，如孙思恭、沈括，朱熹家里还有小浑仪，草泽百姓常常发表与司天监争鸣的异议，且常常取胜。以致《宋史·天文志》竟说：“以是推之，民间天文之学盖有精于太史者，则太宗召试之法亦岂徒哉。”反而把禁令说成似乎是鼓励了！这显示随着政治平民化，文化和科学的平民化进程也有了很大的进展。

近年人们对宋太宗禁民间私习天文一事的评价仍然充满唯阶级论气味，说那是统治阶级的愚民政策。甚至有人完全抹杀中国古代天文学的科学性，说那都是以星占为目的的伪科学。事实是，直到现代，星占在世界各地都有流传。从古到今，中国与欧洲比较，情况只好不坏。西方至今流行的星占可以涉及个人的事，按出生时对应的星座预定个人性格和命运。而中国的星占只管军国大事，预言个人命运则用生辰八字。中国古代对一切占卜从来都有强势批判，英明君主都是批判家。例如论战争：天象是交战双方所共，难言其主孰胜孰败。八字一样的人一国之内不知有多少，而命运差别很大。对皇朝的星占观需要平允的科学分析。“太宗召试之法”恰恰是打击星占迷信，维护真科学。他所要考的是真科学本领，被发配到海岛的是那些只会要嘴的骗子。

当时所谓天文包含两类内容：一类是真科学，搞的是测验和推算；另一类是星占。天文家群中少不了滥竽充数的南郭先生之流，都是些吃铁嘴饭的江湖术士，对测验和推算一窍不通，只会侃星占。宋太宗时当建国之初，天下尚未统一，各割据政权都有星占家为其上符天意做论证。我们选《宋史·方技传》数条为例来看看。

在陈桥兵变前一天，随军术士苗训和楚昭辅便说看见两个太阳上下摩荡，预言赵匡胤的政变。这肯定是诸将密谋设计程序的一项。

太宗登基也有个术士马韶作投机预报。《宋史》里的故事如下：

太宗上台前为晋王，做京城开封府尹，那时他就已经明令禁止私习天文。马韶原与太宗的亲信程德玄交好，程德玄为了这事竟不许马韶进他的家门。就在所谓“烛影斧声”疑案发生前夕，马韶突然进了程家，把程德玄吓得要命。马韶说：要出大事，“明天就是晋王利见之辰。”“利见”出自《周易》乾卦爻辞：“见龙在田，利见大人。”程德玄惊慌地把马韶关在家里，自己去报告晋王。晋王叫他派兵看紧马韶，就进了宫。据说那晚上赵家两兄弟屏退左右饮酒对谈，宫里人在外面只看见蜡烛光照在窗上的两个人影，太祖爷拿着一把战斧，听见他咚咚地捣地板，还大声吵嚷。晋王匆匆离去之后，人们发现皇上死了，清早晋王就成了皇帝。太祖是怎么死的，成了千古疑谜。这就是史学界最感兴趣的所谓“烛影斧声”之案。

像这样的实际经验还不够那赵家皇上们警惕吗！武将们已经被“杯酒释兵权”的手段夺去了军权，对这帮子术士也不可马虎大意。已经大体上达成一统的皇家是要取消政治异己的星占活动，不是要取消天文历算科学。所以一旦天下大定，不再担心谁会搞政变造反，那禁令也自然废弛了。说禁实际也禁不了，因为那种事可以个人单独进行而不影响别人。私习的人可以从历代正史天文律历志自学打基础，那些史书是科举要求而不是禁书，夜深人静从窗户里独自观天就做了练习，只要不对别人讲“我在私习天文”，谁又知道呢？

欧阳修作《新唐书》只保留少量占语记录而不言其证验，作《新五代史·天文志》在序言里说到对星占的评价：

> 三辰五星常动而不息，不能无盈缩差忒之变。而占之有中有不中，不可以为常者，有司之事也。本纪所述人君行事详矣，其兴亡治乱可以见。至于三辰五星逆顺变见，有司之所占者，故以其官志之，以备司天之所考。呜呼，圣人既没而异端起。自秦汉以来学者惑于灾异矣，天文五行之说不胜其繁也。予之所述不得不异乎《春秋》也，考者可以知焉。

“有司”是主管官员，这里就是天文官。“占而有中有不中”，那占有何意义？“人君行事”与“兴亡治乱”的因果关系看得很清楚，用不着占。有司尽管记他的占候好了。孔子写《春秋》讲灾异，可是这里作者欧阳修却声明：“秦汉以来的学者迷惑于灾异，把星占说得太多，不胜其繁。我的记述就不学《春秋》范例了。”这段声明很有革命性。若说欧阳修竟敢一改编史成例，甚至连孔子的样板也不学，毋宁说那是皇上授意，或至少是同意，就是少宣传星占迷信。

《宋史·天文志》的作者是元朝人，也声明：“取欧阳修《新唐书》《五代史记》为法，凡征验之说有涉于傅会，咸削而不书。”虽然在讲廿八宿的部分还讲一点星占，但却没有本史的事例，只是抄袭前代史书而已。《宋史》日食记录甚详，比唐代多得多，却无一字占候之文。这也很容易理解，因为推算预报已经足够准确，这些记录都是有预报的，甚至是提前很多天就算定了的。科学的进步自然地要减少迷信，而科学天然地要不停地进步。古老的迷信说法虽经常被提起，甚至到清朝杨光先状告汤若望的罪名之一还是给皇家婚礼择日错误，而实际政治生活的大事决策就不把那当真了。儒学在意识形态领域彻底占据了统治地位，理性和人文关怀占了上风。

北宋是中国古代文化史上继两汉之后的第二个高峰期。于是乃有 11 ~ 12 世纪的新儒家出世。在这些人里，最关心宇宙学也是最有影响的人是邵雍（1011 ~ 1077）和朱熹（1130 ~ 1200）。

二、邵雍象数学与北宋理学

1. 邵雍象数

邵雍，字尧夫，死后谥“康节”，一生没做官，专心于高级抽象学术，主要是象数学。他的后半生定居洛阳，没有很高的收入。退居洛阳的司马光、吕公著等凑钱给他置一所宅院，他就在院里种些菜蔬自给。自号所居为“安乐窝”，自嘲为“安乐窝中万户侯”。他为人谦和，与邻里平民相处和谐，人缘甚好。但与他交友过从最深的却是当时最高层次的学者，其中如司马光则是大官僚。邵雍在社会上的名望很高，路过洛阳的官场人物可以不去拜访地方官长，也要去他家递个名刺。他的学术影响所及直到清代，但较局限于科学思想的理论，如医理、历理、数理、物理之类。后世名家如杨辉、李冶、秦九韶、许衡、李时珍、方以智等，都说邵氏之学是他们的向导。方以智《物理小识 · 总论》说：“智每因邵蔡为嚆矢，征河洛之通符；借远西为郯子，申禹周之矩积。”智是自称；邵蔡即指邵雍和蔡元定、蔡沈（父子二人，都是朱熹弟子，邵雍信徒），河洛即河图洛书；郯子是孔子曾向其讨教的东夷贵族，借指当时的西洋传教士，矩积是指《周髀》之类的天文历算之学。所以，我们称邵雍的学说为西学东传以前六七百年间中国科学思想的范式。

同代的另两位大学者周敦颐（1017 ~ 1073）和张载（1020 ~ 1077）也是宇

宙论重镇，但皆不及邵氏之专深精详。11 世纪是宇宙学的高峰期，大文豪苏轼、科学史名人沈括，都有深刻的议论，足可称道。但他们都较邵雍空泛简略。邵雍从共城令李挺之学象数学。据说其学源自道教的陈抟，有所谓“先天图”作为宇宙的一种数学模式图解。据说由邵雍传下来的先天图是表示二进制的圆方两图。世人对邵氏之学有一种很深的误会，以为他有极高的占卜能力，是个大预言家，与江湖术士混为一谈。那种误会从与他同时代的沈括开始直到现代，迄未得认真辩解。《梦溪笔谈》讲：

> 江南人郑夬曾为一书谈易，……秦君玠论夬所谈，骇然叹曰：“夬何处得此法？玠曾遇一异人授此数，历推往古兴衰运历，无不皆验，常恨不能尽得其术。西都邵雍亦知大略，已能洞吉凶之变。此人乃形之于书，必遭天谴。此非世人得闻也。”……今夬与雍、玠皆已死，终不知其何术也。

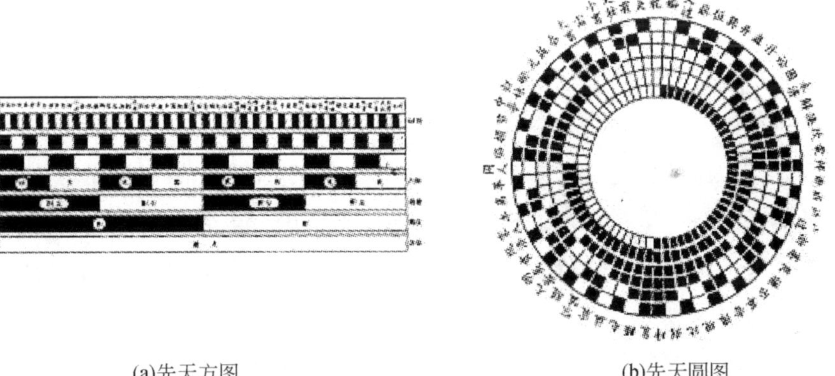

(a)先天方图　　(b)先天圆图

图 6-1　先天图

这位秦君的话显然是欺人之谈，故弄玄虚，却把邵雍拉来垫背。而沈括不辨真伪，笔之于书，贻谬千载，不可原谅。其实，邵雍不信占卜。按其子邵伯温《邵氏闻见录》卷二十所说，邵雍给他爹选墓地不用阴阳风水。有时要出门，别人说日子不好，他就不走，说：“若没人说，不知道也就罢了，走就走了，他既然说了，那就不走吧！”根本不当回事，之所以不走，是迎合他人。

《四库全书提要》说邵雍的《皇极经世书》是：“出于物理之学（注意这物理是泛指万物之理，不是现代意义的物理）……非谶纬术数家所可同年而语也。”这话不错，但说“兴亡治乱之端皆以卦象推之”就不对了，是否受沈括的影响？书的实际内容只是把有书传的历史大事编排到他的宇宙时间表之中而已，没有任何推算，对史前的人事既没有自己的猜想，对未来的事也未做任何预言，怎能说“以卦象推之”？又说：“明其理者甚鲜，故世人卒莫穷其作用之所以然。”那是当然的了，他本来就不是算卦，哪能从算卦之理去理解他呢？既谓不明其理，又何言以卦象推之？钱学森说：“邵雍是给宇宙算卦。”（私人通信）那是不读史而妄议古人。

《宋史·邵雍传》对此事倒有很清醒的说法：

> 雍知虑绝人，遇事能前知。程颐尝曰：“其心虚明，自能知之。”当时学者因雍超诣之识，务高雍所为，至谓雍有玩世之意；又因雍之前知，谓雍于几物声气之所感触，辄以其动而推其变焉。于是摭世事之已然者皆以雍言先之。雍盖未必然也。

意思是：他这人极聪明，事前的判断很准确。人们便故意拔高，说他能从眼前看到听到的小动静，风吹草动鸟飞虫行之类，预言大事。于是就把已经发生的大事都编造成他在事前有预言，不是的。

古今中外都有好事者爱造这种谣言，而谣言一造出来就有很多人信以为真，并凭之以延续原始的神秘文化。这说明人之天性喜爱非理性的好奇循异之说，而理性科学的任务之一则是不停地解决并消除这种认识，至少也要把它局限在文学娱乐的圈子里，不得认真。但是又不可过左到完全否认人有前知预见的能力。邵雍本人对这件事有所觉察。按《邵氏闻见录》卷二十所记：在他临终前，司马光、张载等好友去探望他，张载“喜论命”，请他推算。他严正声明：“若天命则知之，世俗所谓命则不知也。”他说的天命是指宇宙学规律，世俗之命指的才是社会上流行的打卦算命的命。

此事直接与他的象数学有关。自汉以降的易学分为义理和象数两大派，义理派是以《易传》为出发点，只谈哲理。象数派则以《周易》爻词为根据钻研自然哲学和占卜，其中又分为以自然哲学为主的和以占卜为主的两种人，当然也有两者兼具的人。唐代天文家多有兼为两事者，如李淳风作《乙巳占》。直到现代，很多人并不明白这种区分，有的人是故意混淆。邵雍就是在这里被误会的，其实他是就象数谈义理。从总体上说，他是个客观理性主义者。

世人对邵雍的误会涉及他的学术内容。邵雍的学术最主要的是把自然哲学数学化，这在西方从古到今都没有过。数理逻辑是最一般化的数学，但不是哲学。千年前的邵雍没有现在这些数学和逻辑学的符号可供使用，而数学化则需要符号。前此有易的卦画，五行也是符号，但毕竟太少，不够用。邵雍就“用字立文自为一家”（蔡沈语），虽为创用，却是拿旧的常用字组合，或有改变或不改变，舍其本义专作符号，犹如药店用《千字文》的字“天、地、玄、黄”之类当作药橱编码。很多人误以常用字义去理解邵雍，说他是乱讲。例如，在他的书里利用韵书的标题字表示数目较多的同伦项，用“唱、和”表示某种运算。用“金、木、土、石”表示四个分类或层次。就有人质问：这哪是文字声韵哪？唱的与和的不是音乐嘛！五行怎么变成四个啦？……如此等等。但通儒如方以智者则无此类误解。此事邵雍自己也有责任，他不但没有费些笔墨讲清楚用法，有时还就其符号字的通用含义发论，自行混用。

在邵雍的知识里当然有受时代限制的原始性错误。例如，说“火内暗而外明，故离阳在外……水外暗而内明，故坎阳在内……”“神者人之主，将寐在脾，熟寐在肾，将寤在胆，正寤在心。”他的方法也有远离逻辑性的形式化推理。例如，说：“口目横而鼻耳纵，何也？体必交也。故动者宜纵而反横，植者宜横而反纵。皆交也。”这个“交”具有对立统一和相互作用的意思，弥补他在阴阳范畴方面的薄弱。后来方以智以此组合为“交轮几”范畴。他也相信有鬼神，当然只说那是自然之气的现象，无须怕它。但我们下文将指出邵雍把神作为一个范畴，有更重要的解释和发挥。

2. 《皇极经世书》

自汉代盛于五经之学，就有模仿易数的探索。如扬雄作《太玄经》，创为三进制数码，作爻画三种，立四爻而得八十一卦，每卦各为其辞。司马光作《潜虚》则用五进制数码。邵雍的《皇极经世书》即是这个传统的顶峰。他依据“两仪生四象”之理，“每见一物皆作四片之言”（朱熹语）用四分的层组为形式编码体系构造他的宇宙模式。其学说特点是强调：宇宙以历史的时间进程向无限复杂化发展。时间段的年数进位取用 12、30、360 等天文历法主要常数（简化或取整形式）。这种过程取四级为一段，类似分形学的模式，由此即可据微而论大，解说从天地到万物，从生命到人伦，从身体到智慧……等等一切事物。他说：“天有四时，地有四方，人有四肢。是以指节可以观天，掌文可以察地，天地之理具乎指掌矣。”

全书共 14 卷，四库全书分作 26 册，前 10 卷 23 册是时间表，空格很多，字数很少。后 4 卷是文字说明，分“观物内篇”和“观物外篇”两部分。内篇是邵雍自作；外篇是门弟子作的记录，犹如《论语》，但经他手修订过。

编码表以四级为一段，字码依序为“元、会、运、世”，一元含 12 会，一会含 30 运，一运含 12 世，一世为 30 年，相应各以干支字编序。又用“日、月、星、辰”代换“元、会、运、世”编表，相应各以干支字排序。一辰含 30 年，这年就是通常的历法年，以通用的干支编序。从甲寅年开始叫作“开物”。从开卷起，前头没有事件附注，直到 2156 世始记唐尧，至 2270 世宋仁宗以后亦无附注。总共列出 1 元 4320 世 129 600 年而止，叫做“闭物”。说是开闭是“天地之终始”但不是宇宙时间有限的意思，因为可以“周而复始”循环进行。表有几个，第一个只注帝王名，第二个注王朝名，包括并立的王朝如宋初的北汉、契丹等，第三个注大事件。这种时间表占了 14 卷中的前 6 卷。再下面 4 卷是用声韵字编码的表，不是时间表，表中未注明任何物理含义。但后人注解依据他书的后部“观物篇”之文，说是给万物演化或结构排的表。此说大体可以承认。他说的“四时、四维”是指宇宙时空。如果是指演化，那也还是时间表，是把年的时间单位细分为更小的层次。从沈括到方以智都有这种理解和引用。有趣的是，他在“观物外篇”算出一个宇宙大数，说是“天起于一，而终于……”这里的省略号所代表的是一个用汉字竖着写的大数，用现代数字写法是：

$$7958661109946400884391936 \times 10^{16} = 360^{16} \cong 8 \times 10^{40}$$

此数与狄拉克的宇宙大数类似。有人说他的大数是模仿佛学。不排除他从佛学中吸取思想营养，但他的大数与佛经大不一样。佛学的大数不是认真的，只用来作“喻”，是用形下性语言陈述暗示那实际上是不存在的，是“万法皆空”。而邵雍的大数则是认真的宇宙学时空定量探讨。

后四卷“观物内篇”和“观物外篇”是可考其思想内涵的部分。

首先，邵雍是儒家无疑，他的学术以儒经为主要依据，而易学则是主体根本。但他也尊崇道家，称老子为“圣人”（王弼不称老子为“圣人”），对庄子也多所赞誉。这也许与他的师承源于道士有关，但更可能是因为他所探讨的问题是以物理为主，不是以政治为主。还有他的隐逸派人生观也是尊崇老庄的重要原因，或互为因果。而他与老庄也有所异，例如，庄子以言为筌蹄——渔猎的器具，而以意为鱼兔，说是“得意而忘言”；邵雍则以言和意皆为鱼兔，象和数才是筌蹄。相对于庄子他更合理。但进一步说，虽说意言不能等同于实际的象数，象和数与意和言又怎能分得绝对清楚呢？所以他认为：

> 有意必有言，有言必有象……象生则言彰，言彰则意显……得鱼兔而忘筌蹄可也，舍筌蹄而求鱼兔则未见其得也。

邵雍的世界观首先讲万物的分合作用，以阴阳动静而“交，变，感，应”。人的认识“所以能灵于万物”是目耳口鼻与万物交而感应的结果。人也是物（动物），圣人也是人（因而也是个物），那又何以说人为万物之灵，圣人为万人之灵呢？因为是“以一心观万心，一身观万身，一物观万物，一世观万世”。对不能亲见亲闻的事物，“察其心，观其迹，探其体，潜其用，虽千万年亦可以理知之也”。潜其用的意思大概相当于实验或试验，而他所谓“理”首先是逻辑方法，还包括推理的前提。以一当万，观察探潜以求知，这显然是信息和控制的观念，是机发论，与我们所说“文化和知识是全社会历史地积累的信息体系”一致。圣贤之超于常人，是更多地掌握人类文化。然而对不可能观察探潜的东西，也就不可能说出任何知识来。“人或告我曰‘天地之外别有天地万物。’异乎此天地万物，则吾不得而知之也。……不可得知而知之，是谓妄。”这样，邵雍就确定了一种客观理性的实证科学观：

> 夫所以谓之观物者，非以目观之也，非观之以目而观之以心也，非观之以心而观之以理也。…反观者，不以我观物也，不以我观物者，以物观物之谓也。既能以物观物，又安有我于其间哉。……能用天下之目为己之目，其目无所不观矣。……夫天下之观其于见也不亦广乎。……以物观物性也，以我观物情也。性公而明，情偏而暗。

此处的心是指思维。“非心而理”则是说非一般思维，而是理性思维。“以物观物”是比较，是实验。用“天下之目”而观，是机发论的认识论，求知靠群体、信息，非仅个体自我一人之实践。

在他的理论中对周敦颐提出的“理、性、命”三个范畴有自己的定义：“易曰‘穷理尽性，以至于命。’所以谓之理者物之理也；所以谓之性者天之性也；所以谓之命者处理性者也。”

“物之理”是指实在的分析的共性；“天之性”是指具体个别实在事物的自然特性；“处理、性”的“命”是指由共性和个性一起决定的因果进程。虽然说得过于简单且含糊，但结合他的全部书作来看，不会有别种解释。

进一步，从客观理性的基础上，邵雍又推出某种近于相对性的认识论观点：

“夫古今者在天地之间犹旦暮也。以今观今则谓之今矣，以后观今则今亦谓之古矣……古亦未必为古，今亦未必为今。皆自我而观之也。”天地和人事的“因革消长”不可避免，故孔子说“予欲无言”是可以理解的。“仲尼之所以能尽三才之道者，谓其行无辙迹也。”天地的至妙的动静变化本来是不能穷尽的。

由此，他对当时已有的两大宇宙模型——浑天说和盖天说，都有所批判。“天以理尽，而不可以形尽。浑天之术以形尽天，可乎。倚盖之说，昆仑四垂而为海。推之理则不然。夫地直方而静，岂得如圆动之天乎。”这是说，自然之理可以穷尽，而从几何意义的形说，宇宙是无穷的。批评浑天说以天为几何形状有限，这是对的，在当时是很先进的思想。但批评盖天说的道理就不对了，他那是古老的易学教条。然而，说天与地不会一样，却是正确的。他强调的是理。“历不能无差。今之学历者但知历法不知历理。能布算者洛下闳，能推步者甘公石公也。洛下闳但知历法，扬雄知历法又知历理。”

在“观物内篇”中全不言神，只在最后几行出现“至神至圣”这个词。他说的是一种机发论思想：

> 既能以物观物，又安有我于其间哉。是知，我亦人也，人亦我也，我与人皆物也。此所以能用天下之目为己之目，其目无所不观矣；用天下之耳为己之耳，其耳无所不听矣；用天下之口为己之口，其口无所不言矣；用天下之心为己之心，其心无所不谋矣。……能为至广至远至高至大之事，而中无一为焉，岂不谓至神至圣者乎。

“观物外篇”下半有论神，则以神为与“形”、“质”相对的概念。

> 天以气为质，而以神为神；地以质为质，而以气为神。唯人兼乎万物而为万物之灵……
>
> 潜天潜地，不行而至，不为阴阳所摄者，神也。出入有无死生者，道也。神无所不在。……所以造万物者神也，神不死，所更者四时也。所以造人者神也，神亦不死。假如一木结实，而种之又成是木，而结是实。木非旧木也，此木之神不二也。此实生生之理也。……
>
> 气者神之宅也，体者气之宅也。形可分，神不可分。

这所谓“神”与现代哲学的“信息”大体一样。以物观物是客观的观，而天下万人之观所得信息则可为一己之心所得而用。邵雍发挥了司马迁的神生论，清晰地说明他的理是物之理。

从“天以气为质……”以下的 20 个字有古汉语的鲜明特征，连用三个“质”和三个“神”，而词性不同。第一个和第三个“质”是结构意义上的本质，第二个则是凝聚坚实的性状。第一个“神”是指不依存于有象实物的信息，第二第三个则指天和地作为存在物的能动的属性。无论如何，他的“神”决非神仙上帝之类。

说邵雍的这些思想是近古期的范式，例证甚多。例如，沈括说的“大四时含小四时”；苏轼说“无物无我然后得万物之情”；王恂－郭守敬学派特聘懂“历理”的许衡帮忙；方以智以心性天地皆“一物也”“大而元会，小而草木蠹蠕”，以可知摄不可知而求“物物神神之深几”……这些都是运用了邵雍的话语，再加自家的体会发挥。

3. 北宋理学

有赵匡胤奠基的重文轻武的国策，于是以范仲淹为首，建成了一个北宋的儒学共同体，开辟了中国学术史的新时代。这个共同体通称“理学”，有时也叫“道学”，这在一般的中国哲学史中已被反复评述过，这里不多说，仅强调指出：用现代话说，理是道的分析形态，表现为以逻辑形式组织而成的规律的集群。到北宋而出理学，是科学（特别是天文学）进步的结果，这使人对自然规律的重要性有新的认识。

“北宋五子”是指五位儒学大师：周敦颐、邵雍、张载、程颢和程颐。都是严肃的学者，是时代文化的代表。这里我们只简单说说周敦颐和张载。至于二程，于宇宙学无足道者。程颐首先说“理一分殊”，但他自己却未能把道、理、性、命诸范畴性的概念说清楚，这功绩要归于南宋的朱熹。

周敦颐被称为理学的奠基者，他的《太极图说》最有名，人说是与先天图密切相关。他认为“无极”和“太极”是宇宙万物的本原。“太极动而生阳，动极而静，静而生阴”阴阳生五行，五行生万物，万物变化无穷。至于何谓无极和太极，他没有明确说明。他的理论是最显著的“形上性”理论。“太极”之词早出于《易·系辞》：“易有太极，是生两仪，两仪生四象，四象生八卦。”此语实开中国形上性宇宙学之源，且以二进制数的分析为特征。邵雍之学就是继承了这个传统。上古汉字的“太”实际就是夸张的“大”，后世则用以表示最大。“极”的原始含义是圆形茅屋尖顶下的中柱，后世衍为极端之义，成了抽象词。在易之言，说的只是宇宙有个主心骨，没有说那是结构的终极本根的元素，也没说那是

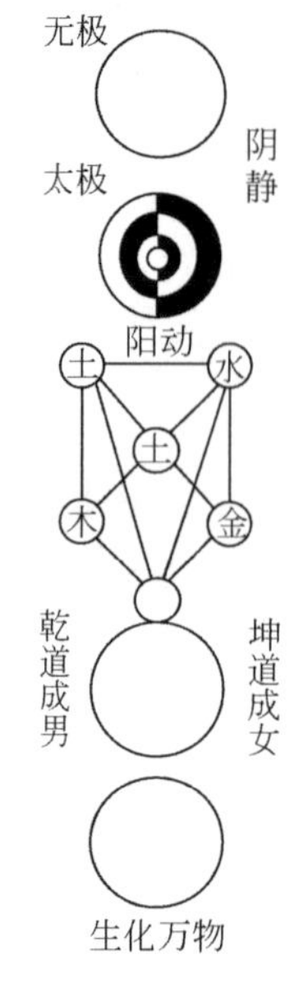

图 6-2　周敦颐太极图

终极性的道理规律。但毕竟还是可以使人把握某种象，以至于意。周敦颐却说“太极就是无极”，“无”这个字是明白的——没有什么极嘛。这就把人们引进了五里雾中，是故弄“玄、虚”，是诚心叫人往佛学悟空之路上走。无怪别人说他的学说是从佛道二教来的。所幸赖有朱熹为他作了较通俗的解说：太极只是理，而理是无形的，是形而上的，为了不使人们误解，干脆就叫“无极”。

张载被今人称为唯物主义的“气一元论”者，主要著作是《正蒙》。《正蒙・太和篇》说：

> 太和所谓道，中涵浮沉、升降、动静、相感之性。是生絪缊、相荡、胜负、屈伸之始。其来也几微易简，其究也广大坚固。起知于易者乾乎，效法于简者坤乎。散殊而可象为气，清通而不可象为神……太虚无形，气之本体。其聚其散，变化之客形尔。至静无感，性之渊源。有识有知，物交之客感尔。客感客形与无感无形，惟尽性者一之。

此所谓道，是他随后列举的那些基本过程的总称。“性”是本质，“几微”是接近微小精细。道是几微而易简的，所管的事物则是广大的，而且管得强硬。道散在各处特殊的时空，而可由人观察的是气，清澈通透而不可觉察的是神。注意，在张载的话语里，神是抽象哲学概念，近乎精神的意思，但不是仅只为人或其他生命所有，一切存在物都可以有神。所以此所谓神是哲学意义上的物质的信息运作。“太虚”等效于今言“太空”，指天的真空性存在者。把真空看成实在物，与现代物理学的场的概念是一致的。“客形”是外在形态，绝对静止态不能给出感应或感觉，就无法去认识它。但那却是那存在对象的未受干扰的本质（性）的原初状态（渊源）。而有识有知则是在交互作用（物交）中产生的外在临时的感应（客感）。只有完全把握一切事物本质（尽性）者能把这个认识论的道理统一起来。

我们这种解说似乎把张载现代化了。但那些古文难道不是这种意思吗？这是意译。以往的批判家们只以为千年前的古人都是愚昧迷信的，那是估计过低，特别是对中国古代哲学家估计尤其过低。

“太虚不能无气，气不能不聚而为万物，万物不能不散而为太虚。”聚散就是气化，是道的当然本义。“气之聚散于太虚，犹冰凝释于水。知太虚即气则无无。”句中前一个无字是动词，是“没有”的意思；后一个无字是名词，是指绝对虚空。“由太虚有天之名，由气化有道之名。”气化是指气的变化，因而他把道看成物质的变化过程，也就包含了因果和规律两层意思。

“鬼神者二气之良能也。”这是句名言，二气就是阴阳二气，良能就是最高级功能。

> 气本之虚则本无形，感而生则聚而有象，有象斯有对，对必反其为，有反斯有仇，仇必和而解。……造化所成，无一物相肖者。以是知万物虽多，其实一物，无无阴阳者，以是知天地之变化，二端而已。

“有对有仇”之语曾为辩证法家激赏，但有人不喜欢“仇必和而解”。这些辩证法家的主张实际上只是斗争哲学，不是真辩证法。下边的话说的是一与多的辩证法，他们就不关心了，可那才是更根本的哲理。存在的根本属性是差异，无差异则无物质。而异与同不可分离。这也是近代物理哲学的看法。“无一物相肖”，就是说：世间无绝对相同的事物。莱布尼茨在宫廷讲：“树上的叶子没有两片相同。”听众大感新奇，贵夫人们都去花园寻找反证。其意原出张载。

但是张载的唯物思维对物理学却难说是精明的。他认为“天大无外”（大心篇）“地纯阴凝聚于中，天浮阳运旋于外”（参两篇）从阴阳说看，这是《淮南子》的观点；从内外说看，是浑天家的概念；从“天大无外”看，又近于宣夜说或地心说。其参两篇论及天的转动：“凡圆转之物，动必有机，既谓之机，则动非自外也。”

某知名自然辩证法学者兼物理学家妄解此语，以现代汉语常用意义解“机”为机制，说：“机是指运动物体的本身的内在的机制。”其实这里的“机”字是指机械学的转轴和轴承系统。张载的意思是，天穹是个转动的物体，应该有其轴系。他的意思是：“机（轴系）的运动是从中心向外的”，是简单的几何关系的内和外，不是指运动的物理原因。他在紧接着的下文所说的才是物理原因：“恒星所以为昼夜者，直以地气乘机左旋于中，故使恒星河汉回北为南，日月因天隐见，太虚天体则无以验其迁动于外也。”

意思是：太虚是无边的元气，无以验证其外部还有什么致动的原因，天体的运动是被天里边的元气推动的。此说在物理上毫无依据，在宇宙学上则远不及地心说。这些儒学大师，只搞形而上的虚旷之论，不切实际。仅唯物就能起好作用吗？可是他们的名气大得很，对别人的意识形态影响大，所起的导引作用却不能说是很好的。

讲北宋理学不能忘了苏轼，普通人只知道他是个大诗人大文豪，不知他更是个哲学家和科学家。脍炙人口的《前赤壁赋》有名句："自其变者而观之，则天地曾不能以一瞬；自其不变而观之，则物与我皆无尽也。"他曾记述四川的盐井使用的"水鞴"，那是一种用竹筒做成的多级串连唧筒，能把深在几十米以下的盐水提出地面。而在欧洲，伽利略 80 岁时，矿山排水还是单级唧筒，受大气压力限制，提水深度超不过 10 米。苏轼还记述过罂粟的止痛药效，记述过玉工测试硬度的类似莫氏标度的方法（均参见《东坡志林》）。表现他的宇宙观的典型文字是他的《徐州莲花漏铭》，这是为徐州衙门设置的由燕肃发明的刻漏所作铭文。

> 人之所信者手足耳目也，目识多寡，手知重轻。然人未有以手量而目计者，必付之于度量与权衡。岂不自信而信物，盖以为无意无我，然后得万物之情。故天地之寒暑、日月之晦明、昆仑旁薄于三十八万七千里之外，而不能逃于三尺之箭五斗之瓶。虽疾雷霾风，雨雪昼晦，而迟速有度，不加亏赢。
>
> 凡为吏者，如瓶之受水不过其量，如水之浮箭不失其平，如箭之升降也，视时之上下，降不为辱，升不为荣。则民将糜然心服，而寄我以死生矣。

"自信"、"信物"等是邵雍的话语，这些对计量和认知的论议是与邵雍一样的客观理性主义，也与现代中国主流观点一致，是认为宇宙是可知的。"387 千里"是根据《礼记注疏·原目》孔颖达的"月令"疏文之数。其最后一段再次表现了儒家的人文关怀，拿一件自然科学事例去比附人事。"能上能下"之语在 20 世纪 80 年代中国政界不是说过很多的吗？

三、沈括的矛盾和疑虑

沈括是中国科学史上的大名人，晚年作《梦溪笔谈》，与同类著作不同的是，其中有关科技的内容占很大比重，这对我们今天了解千年前的科技史很有价值。但今人对沈括的评价却多因此书而夸大拔高，特别是“文化大革命”中曾为批儒而过分大捧沈括。沈括确有才学和科学成就，但天文学比不上张衡、祖冲之、一行、郭守敬等大师，只是他的记述最丰富。他对别人和自己的成果评述多非平允，显然贬低别人抬高自己。我们不多谈此事，只着重与宇宙学有关者。

特别要注意，沈括的议论多处暗示有西学地心说的影响。考古发现，公元1116 年的辽国墓中有西方黄道十二宫图画。

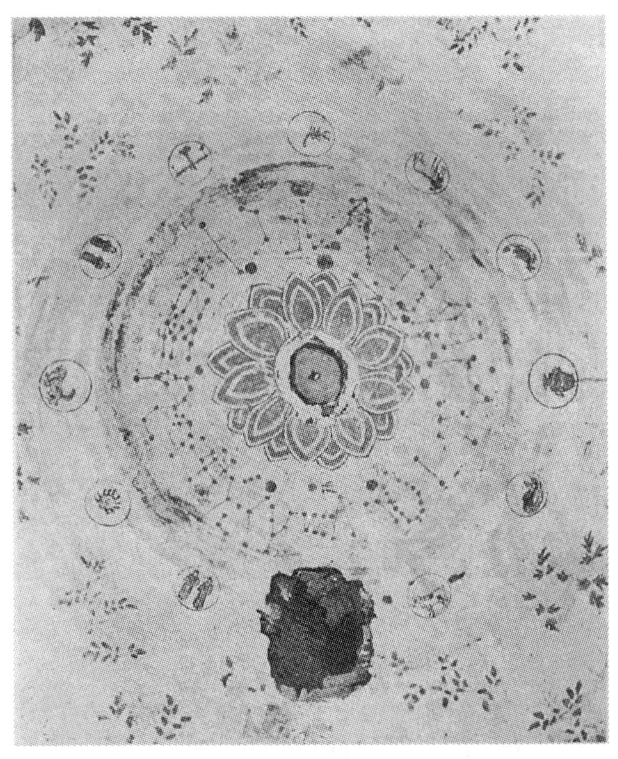

图 6-3　宣化辽天庆六年墓黄道十二宫图

夏鼐就此着文《从宣化辽墓的星图论二十八宿和黄道十二宫》（《考古学报》1976 年 2 期），说到自隋代翻译佛经就有西学十二宫名，图形输入至晚也在唐代。再考虑到沈括曾随其父居于泉州，有机会接触阿拉伯学者，出使辽国也是机会，京城开封已有犹太人移民社区，则其受西学影响不是不可能的。他对一行的学术很崇拜，研习深透，难道对一行质疑浑盖之论就无所考虑吗？请看下面的史料分析。

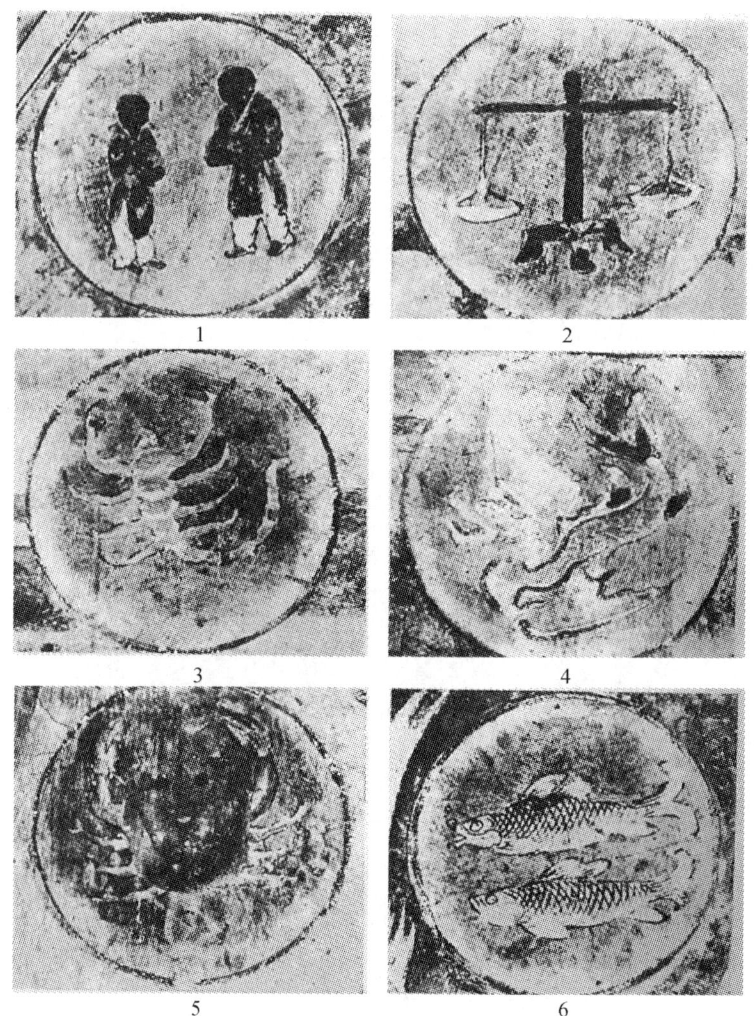

图6-4　莫高窟61洞黄道十二宫图部分

1. 双子；2. 天平；3. 天蝎；4. 摩羯；5. 巨蟹；6. 双鱼

他曾任提举司天监，参与过改历和仪器制造。他的三篇科学论文《浑仪议》、《浮漏议》、《景表议》完整保存于《宋史》，都是对他主持制造的仪器作解说的奏议，以讲解仪器为主。《浮漏议》记录了中国古代最精密的计时技术，为我们确认中国古代科学的先进性作出了实证，详见李志超《水运仪象志》。

1.《浑仪议》

《浑仪议》涉及宇宙学，特作摘引介绍。

> 五星之行有疾舒，日月之交有见匿，求其次舍经䃧之会，其法一寓于日。

次、舍，即十二次、廿八宿，是指恒星的总体，相对不动。明显有变的是七曜，即日月五星。历法家的任务主要不在恒星，而以七曜运行的疾舒、见匿、交食、凌犯为主要观测项目。沈括说这些观测“其法一寓于日”，因为一方面古代以太阳运行为计时的标准，另一方面，行星运行、日月交食等天象也确实是太阳系内的事。沈括虽不知太阳系概念，他却直觉地猜到这一切发生的事应都是以太阳为中心，这中心还不能肯定就是仅限于几何意义的中心。

沈括的聪敏表现之一是他的直觉很管用。

> 冬至之日，日之端南者也。日行周天而复集于表锐，凡三百六十有五日四分日之几一而谓之岁。周天之体，日别之谓之度。度之离其数有二：日行则舒则疾，会而均别之曰赤道之度；自南而北，升降四十有八度而迤别之曰黄道之度。

端南，即在最南端。复集表锐，指太阳历经一个回归年而与某一恒星再度会合于从表柱之尖向正南瞄准的位置。以日在恒星背景上一日的行程为一度就是“日别之谓之度”，这正是中国古代分周天为365.25度而非360度的逻辑根据。恒星经一个整日与太阳相对偏移的距离可用刻漏和圭表直接测定。“度离其数”是实际位置偏离平均值，“会”是累积计数，“均别之”是求每日平均值，命为赤道一度。升和降各二十四度，总和四十八度，是黄赤交角。“迤”是跟踪而行。“迤别之”是顺着这条从赤道升降各二十四度的黄道分度。分法即以赤道度为单位，略而未言。

一日之间太阳的赤经变化不是正好等于整数1度，其原因：一是开普勒定律效应；二是黄赤二度本不一致，黄极经纬与赤极经纬不是同一套球面坐标，不在赤道上的黄经一度投影在赤道上一般不是一度。如不考虑日行舒疾，忽略开普勒效应，则太阳在恒星背景上的角位移在黄道上是匀速。而恒星对地的角位移则以赤道度为匀速。

中国古代学者不知道这种复杂的数值关系，沈括提出这个“度离其数”问题的解说，有关因素的列举也抓对了。在中国天文史上，至少我们所见到的，是首次最明晰的文字解说。

他的思路来源应该是那个涉及真太阳日长短变化的“冬至日行速，夏至日行

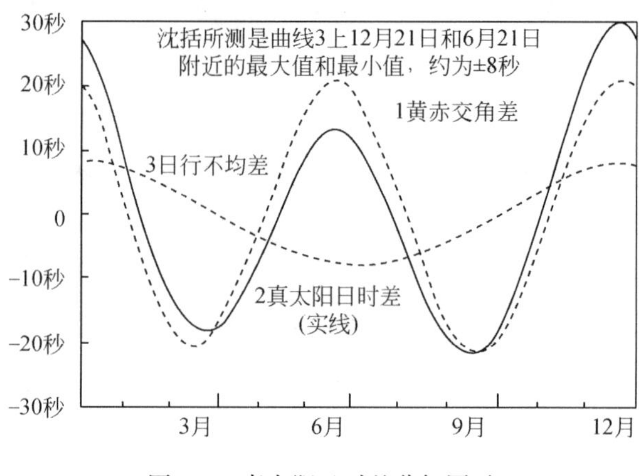

图 6-5　真太阳日时差分解图示

迟”（《梦溪笔谈》）的命题。现代已知，真太阳日时长不等于 24 小时，就是上述两个因素的作用。就真太阳日的时长变化而言，沈括的理解可以说完全对了。但此事有点蹊跷，超越时代之甚，令人奇怪，很可能是受来自某一途径的西学的影响。

> 度不可见，其可见者星也。日月五星之所由，有星焉。当度之画者凡二十有八，而谓之舍。舍所以挈度，度所以生数也。度在天者也，为之玑衡，则度在器。度在器，则日月五星可抟乎器中，而天无所予也。天无所予，则在天者不为难知也。

沈括认为廿八宿之产生“为其有二十八星当度，故立以为宿。”（《梦溪笔谈》卷八）从盖天古法而言，各宿选当度者为标识，即所谓“距度星”，可能是符合历史实际的；但说廿八宿也来源于此则不然。近代讨论廿八宿起源的文章很多，此不赘言。以度生数是计量学基本概念。度，古义是测量长度的标准或单位，后来扩展为一般计量数据之义。任一被测物之数是用度比测而得的。浑仪是瞄准测量，古人所说的“在天之度”是指球壳形的天表面上的单位弧长。那个长度很大，到底有多大谁也不知道。而刻在浑仪圈上的度是天度的比例缩小，不同浑仪的一度弧长也不一样。绝对值本来就不知道，从浑仪上知道相对值也够了。请注意，这里的度在古人意识中不是角度，只因其为在圆周上的弧长，故今人可转换为角度而已（参见上章孔颖达疏文）。“天无所予”意思是说：“那没有刻度只有繁星的天，被人在数算处理中改造、变换，不管那些杂乱的恒星，而代之以有刻度的模型化的天。”于是数学就发挥作用，日月五星的运动规律就可以用数学表示了。所谓“易知”、“可知”是说掌握其规律性而可预测。这是易学思想中“仪象”科学观的反映。

> 自汉以前，为历者必有玑衡以自验迹。其后虽有玑衡，而不为历作，为历者亦不复以器自考，气朔星纬，皆莫能知其必当之数。至唐僧一行改大衍历法，始复用浑仪参实，故其术所得比诸家为多。臣尝历考古今仪象之法，《虞书》所谓“璇玑玉衡”，唯郑康成粗记其法，至洛下闳制圆仪，贾逵又加黄道，其详皆不存于书。

沈括受郑玄之说的影响，认为《尚书·舜典》所说“璇玑玉衡”就是浑仪。其实，浑仪只在浑天说产生之后才有，当在洛下闳之后，初步定型于张衡。说汉以后一行以前的人都不会用浑仪也不对，不合史实，只不过史录未详而已。圆仪及贾逵黄道仪皆非多圈式浑仪，只能测一维角度。张衡浑仪首创万向轴节式机构，方可连续测量二维角度。此乃仪象史上最重要的事件。沈括不知并不为怪，因为至少从唐时起直至现代，这个史学问题一直没有清楚解决。

> 其后张衡为铜仪于密室中，以水转之，盖所谓浑象，非古之玑衡也。吴孙氏时王蕃陆绩皆尝为仪及象。其说以谓旧以二分为一度，而患星辰稠概；张衡改用四分，而复椎重难运。故蕃以三分为度，周丈有九寸五分寸之三，而具黄赤道焉。绩之说以天形如鸟卵小椭，而黄赤道短长相害，不能应法。

在室内随天转运的是浑象，这不错，但不知张衡是浑仪的真正发明人。说张衡的设计不好，那好像是王蕃的话，见于《晋书》者。其实王蕃并不了解张衡用四分为一度的东西是什么，那是浑仪，不是浑象。说“星辰稠概”，是指浑象，浑仪不着星象，无所谓稀或密的问题。再说，二分一度的浑象也不能说星象太密。然而《晋书》中那段话也可能不包括在其前文转述的王蕃之论中，而只是作史者的臆测。王蕃的设计可能是从机械方面考虑取三分为一度。陆绩可能袭张衡之说，以天球为“南北短减千里，东西广增千里”，然而此处说陆绩为南北长而东西短，与张衡相反。陆绩的为卵形，张衡的为橘形。然则，张衡、陆绩必各有物理的理由。张衡则考虑日径千里必占一空间，而陆绩如何说，待考，也许只是后人弄错了。

至刘曜时，南阳孔定制铜仪，有双规，规正距子午以象天；有横规，判仪之中以象地；有时规、斜络天腹以候赤道；南北植干，以法二极。其中乃为游规、窥管。刘曜太史令晁崇、斛兰皆尝为铁仪，其规有六。四常定，一象地，一象赤道，其二象二极，乃是定所谓双规者也。其制与定法大同，唯南北柱曲抱双规，下有纵衡水平，以银错星度，小变旧法。而皆不言有黄道，疑其失传也。

南阳孔家在汉武时有孔仪，为著名金工家。孔定即孔挺，应为其后人。此仪仪有二直柱，一支南极，当短；一支北极，应高。黄道不是失传，而是自张衡发明浑仪以来尚未加上。

唐李淳风为圆仪三重：其外曰六合，有天经双规、金浑纬规、金常规。次曰三辰，转于六合之内，圆径八尺，有璇玑规、月游规。所谓璇玑者，黄赤道属焉。又次曰四游，南北为天枢，中为游筒，可以升降游转。制为月道，傍列二百四十九交以携月游。一行以为难用，而其法亦亡。其后率府兵曹梁令瓒更以木为游仪，因淳风之法而稍附新意，诏与一行杂校得失，改铸铜仪，古今称其详确。至道中，初铸浑天仪于司天监，多因斛兰、晁崇之法。皇祐中，改铸铜仪于天文院，姑用令瓒、一行之论，而去取交有失得。

李淳风初创三重环组，其原物制成未几而失其所在，一行没有见到。估计其仪为某一贵人伤损，推坠宫内池塘以灭迹，残骸现在应仍埋在西安唐故宫遗址地下某处，还须考古家留意。沈括崇拜一行，以为一行、梁令瓒之仪最好。但那却不是“因淳风之法”，而是以斛兰铁仪为底本而“稍附新意”。皇祐之制也不是令瓒、一行旧法。实际上，因史料之误，《新唐书》更加错误，宋人已不知一行、梁令瓒原样如何，唯以为其制与李淳风一样而实非①。

以上为全文绪论部分。下面是讲浑仪原理的，涉及宇宙模型。

“臣今辑古今之说以求数象，有不合者十有三事。”下文的十三条问题明显不都是当时人们向沈括提出的问题，此言“辑古今之说”，其实有的是古今皆无其说，只可解为沈括自己为说明或暗示某些观点而虚拟的问题。

其一，旧说以谓今中国于地为东南，当令西北望极星，置天极不当中北。又

① 李志超．黄道游仪的考证和复原．载：天人古义．郑州：大象出版社，1998

曰："天常倾西北，极星不得居中。"

这条问题出自王充《论衡》"自然篇"和"谈天篇"引邹衍语。中国大陆东南为海，西北为陆，但不等于在完备的宇宙模型中不在中央。王充信盖天说，盖天说以极下为地中，中国不在地中则只是离于心而已。并不是什么"东南"。浑天说正是以宛洛地区为地中，甚至规定登封的告成镇（阳城）为地中。沈括当然是浑天家，但他在下文中却不提这"阳城为地中"之说。当时最有可能说"中国于地为东南"者大概是西域人。若果如此，则沈括是借王充讲西学，与西学有涉。

> 臣谓以中国规观之，天常北倚可也，谓极星偏西则不然。所谓东西南北者，何从而得之？岂不以日之所出者为东，日之所入者为西乎？臣观古之候天者，自安南都护府至浚仪大岳台，才六千里，而北极之差凡十五度，稍北不已，庸讵知极星之不直人上也？臣尝读《黄帝素书》：立于午而面子，立于子而面午，至于自卯而望酉，自酉而望卯，皆曰北面；立于卯而负酉，立于酉而负卯，至于自午而望南，自子而望北，则皆曰南面。《素问》尤为善言天者。今南北才五百里，则北极辄差一度以上；而东西南北数千里间，日分之时候之，日未尝不出于卯半而入于酉半，则又知天枢既中，则日之所出者定为东，日之所入者定为西，天枢则常为北无疑矣。以衡窥之，日分之时，以浑仪抵极星以候日之出没，则常在卯酉之半少北。此殆放乎四海而同者，何从而知中国之为东南也？彼徒见中国东南皆际海而为是说也。臣以谓极星之果中，果非中，皆无足论者。彼北极之出地，六千里之间所差者已如是，又安知其茫昧几千万里之外邪？今当直据建邦之地，人目之所及者裁以为法，不足为法者，宜置而勿议可也。

从《梦溪笔谈》中有关文字看，这《黄帝素书》或《素问》当是《黄帝内经·素问》，今传此书言天事的内容确实不少，却没有他引用的那样的话。而所述的中心对称式的方向规定只有盖天说和地心说有之。以大地为平面的浑天说没有这种说法。"中国规"只能指盖天说或地心说的地理纬度圈，浑天说里没有这个概念。"日出为东，日入为西"之说见于赵爽《周髀算经·七衡图注》。其理自《淮南子》已说得很明白，中国向来无人怀疑，何劳沈括列为第一条问题来费笔墨呢？盖沈括另有用意耳。这 8 个字的东西之说虽然对浑天说也一样可用，但并不确切。赵爽还有“日中为南，日没为北”之说，却不是浑天说能容纳的。浑天说以天球极轴作定向标准，整个地面上只有一组统一的各地平行的南北方向线。

沈括怕直接讲地心说必会遭人攻击，在这里玩花招。沈括为人是有这个特征的。他不会像金祖孟教授那样，抓住盖天说相对于浑天说的优点，大讲盖天说优于浑天说，也不会鲁莽地端出地心说。

春秋分的日出“少北”是精密测量的结果，那是蒙气差效应。早在《隋书·天文志》已经记载何承天、张胄玄都测得其数，沈括还是挺细心的。极星中或不中，如以“日分之时日出少北”的严格性说话，以沈括的知识当然是可承认其有微差的。但这里的问题是浑仪设置，以及北极所在叫不叫“北”。如以浑仪定位而言，不管哪一方都承认要把极轴指向北天极，这又没有什么分歧；如以“北”的定义作为问题，除了持地球说的中亚阿拉伯人以自己的居处为正南，才会说中国在他们的东南，此外任何人都不会问这种问题。那么沈括又何必无事生非呢？而且还是在“十有三事”的第一条就讨论这件事，却又不作正面回答，只说“置而勿议”，他脑子里转什么名堂？沈括对浑天说决非不懂，但他却可能怀疑。这种怀疑在专业天文家中从唐一行就发生了，主要是对大地为平面的怀疑。沈括有可能接触西来的地心说和太阳历，但他未敢在这种奏议中宣讲地心说。他说过：他曾因讲岁差被人抨击。这话也不大对，当时岁差概念在中国已经流行七八百年，何虑有人反对！除非他还讲了别的什么。他讲太阳历，已很怕人家攻击他，再要他讲地是个比天小得多的小球，他还没有这份勇气。但这里讨论中暗示出来的思想与地心说十分接近。他是否自为伏笔，或是启发人们朝这个方向动脑筋呢？

其二曰：纮平设以象地体，今浑仪置于崇台之上，下瞰日月之所出，则纮不与地际相当者。臣详此说虽粗有理，然天地之广大，不为一台之高下有所推迁。盖浑仪考天地之体，有实数、有准数。所谓实者，此数即彼数也，此移（赤）[十分]彼亦移（赤）[十分]之谓也。所谓准者，以此准彼，此之一分则准彼之几千里之谓也。今台之高下乃所谓实数，一台之高下不过数丈，彼之所差者亦不过此。天地之大，岂数丈足累其高下？若衡之低昂，则所谓准数者也。衡移一分，则彼不知其几千里，则衡之低昂当审，而台之高下非所当恤也。

纮是浑仪的水平圈，这是沈括的特殊命名。沈括给浑仪各部件都重新命名，这是古代天文学界的风气。历法也这样，新历法作者常不肯沿用旧的术语。这里看不到什么守旧、复古。这条问题突出了中国人把地看得与天一样大，天和地都不是很大，都在人的旅行可及的规模尺度内。这里有沈括的一项重要贡献，即一项计测理论基本概念的提出。现代计量学误差概念有绝对值和相对值。"实数"无疑是绝对值，"准数"应对应于相对值。"准"是瞄准、参比之意。浑仪所测天度，在浑天家意识中是球壳形的天表面上的弧长，而这弧长的绝对值是不知道的，因为天球半径还不知道。"赤"字不可解，疑是"十分"二字在竖行书写时被读成一个字致误。这里指台之高度只影响绝对值，而在天地尺度上则是很小的相对误差。这里讲的是：绝对误差不要紧，而相对误差不可大。

> 其三曰：月行之道，过交则入黄道六度而稍却，复交则出于黄道之南亦如之。月行周于黄道，如绳之绕木，故月交而行日之阴，则日为之亏；入蚀法而不亏者，行日之阳也。每月退交，二百四十九周有奇然后复会。今月道既不能环绕黄道，又退交之渐当每日差池，今必候月终而顿移，亦终不能符会天度，当省去月环。其候月之出入，专以历法步之。

沈括"绳之绕木"之喻表现了他对月行轨道的形象理解。在这个模型中，月球与太阳交会时，忽焉在前，再瞻又后。在前则处于地日之间，遮挡太阳而有日食，在后则虽为交会而无食。这是不对的，凡"入蚀法而不亏者"，只能是计算不精，误差所致，不能以月亮在太阳背后为由来搪塞。史录上说他那个《奉元历》刚颁行，立即就有月食不验之事。《宋史·律历志》："熙宁八年，始复用奉元历。沈括实主其议。明年正月月食，遽不效。诏问修历推恩者姓名，括具奏辨，得不废。识者谓其强辨，不许其深于历也。"这条抨击性记录没有冤枉沈括。这里的"入蚀法而不亏"的说法就是"强辨"，不讲道理。在标准的浑天说里，月日皆在同一球面上，无所谓谁远谁近（唯张衡不然）。在《梦溪笔谈》中沈括自己也讲过"日月之形如丸……日月气也，有形而无质，故相值而无碍"。与他在这里讲的不一致。当然，他的说法也不是毫无根据。《续汉书·律历志》："日有光道，月有九行，九行出入，而交生焉。"《晋书·律历志》述刘洪乾象法："又创制日行迟速，兼考月行，阴阳交错于黄道表里，日行黄道，于赤道宿度复有进退。方于前法，转为精密矣。"大概沈括就是以绳之绕木来理解月行是"阴阳交错于黄道表里”的。但刘洪说的“表里”，应是同一球面上南北之别，不是距地远近之差。

其四，衡上下二端皆径一度有半，用日之径也。若衡端不能全容日月之体，则无由审日月定次。欲日月正满上衡之端，不可动移，此其所以用一度有半为法也。下端亦一度有半，则不然。若人目迫下端之东以窥上端之西，则差几三度。凡求星之法，必令所求之星正当穿之中心。今两端既等，则人目游动，无因知其正中。今以钩股法求之，下径三分，上径一度有半，则两窍相覆，大小略等。人目不摇，则所察自正。

沈括对改进瞄准技术有所贡献，他这一贡献实开郭守敬创叉丝法之先河。一根直管，上下管口在人目中以透视原理而成大小相套关系，把下口做小些，人目再拉开个距离（浑仪上还有些隔碍，不能以人目紧贴下口）使上下二孔投影相合，则瞳孔自然处于管子的轴线上。但这里他表现了一个概念性错误，他说：“一度有半，用日之径也。”实际上日月视径皆为半度。从距下管口略小于管长一半的距离透过管子准望日月之体，要想在上管口限定的视野内“全容日月之体”，则管口直径对着的璇玑规环上的刻度为“一度有半”，这是事实。但这却不是说日月之径是一度半。天度的正确测量操作是：用衡管对正一点（例如一个恒星，或日轮直径的一个边点）读出刻度数，再转动衡管对正另一边点（如另一恒星，或日轮直径的另一端）再读刻度数。二数之差才是这两点的度距。沈括以不动之衡管上口两侧所对刻度数差为度距，致谬如是。文中“穿”字当源于张衡《浑仪》之文：以竹作小浑，在极轴上“取薄竹篾，穿其两端，令两穿中间与浑半等，以贯之”。故“穿”是指过球心而贯球的状态。

其五，前世皆以极星为天中，自祖暅以玑衡窥考天极不动处，乃在极星之末犹一度有余。今铜仪天枢内径一度有半，乃谬以衡端之度为率。若玑衡端平，则极星常游天枢之外；玑衡小偏，则极星乍出乍入。令瓒旧法，天枢乃径二度有半，盖欲使极星游于枢中也。臣考验极星更三月，而后知天中不动处远极星乃三度有余，则祖暅窥考犹为未审。今当为天枢径七度，使人目切南枢望之，星正循北极枢里周，常见不隐，天体方正。

浑仪设置必先调正极轴，这是赤道式经纬仪的规定。然而天北极没有标记，只能以其近旁恒星参定。最简单的办法就是昏后瞄定极星，看它在仪器标定的什么位置上，然后过6个时辰（12小时）到旦前再看，昏后和旦前极星所在两点的正中间便是天北极。同时也知道极星偏离北极的方向是对着赤道上廿八宿的哪一个星（赤经数）。于是北极的位置就完全确定了。沈括自夸，搞了三个月，画了一百多幅图才搞好。这做法很笨，不能赞许。最严重的是他错误地批评前代观测数据，自己却提供了一个错误数据“三度有余”。这就严重地干扰了中国天文学，使之未能发现天极的运动现象。这个“三度有余”又是从上一条的错误概念导致的错误数据，他还是以枢管上口所对的刻度宽度作为极星运转划圈的直径度数了。实际的极星去极度只是此数之半。天极是缓慢移动的，这与岁差是一件事。但中国人只以为岁差是黄道在天上移动，不知原是赤道在天上移动，更不知天极也跟着移动。本来，如以足够长时间的观测，如祖暅的半径“一度有余”，“令瓒旧法”的枢管直径“二度有半”（等效于极星去极0.6度），再到北宋的直径“一度半”，最终必能导致正确认识。但中间经沈括这么一搅和，后人就糊涂了。虽然此后不久的苏颂《新仪象法要》并没接受沈括的数据，但南宋黄裳的天文图却用了沈括之数且以刻石流传（今存苏州博物馆），影响很坏。

其六，令瓒以辰刻、十干、八卦皆刻于纮，然纮平正而黄道斜运，当子午之间，则日径度而道促；卯酉之际，则日迤行而道舒。如此，辰刻不能无谬。新铜仪则移刻于纬，四游均平，辰刻不失。然令瓒天中单环，直中国人顶之上，而新铜仪纬斜络南北极之中，与赤道相直。旧法设之无用，新仪移之为是。然当侧窥如车轮之牙，而不当衡窥如鼓陶，其旁迫狭，难赋辰刻，而又蔽映星度。

“令瓒天中单环”是有所为而设，不是“设之无用”，沈括不知原物如何，横加非议。原来梁令瓒的设计中，赤道环是不固定的，因而少了一个力学支撑加固部件，这天中单环是加固之必需。

其七，司天铜仪，黄赤道与纮合铸，不可转移，虽与天运不符，至于窥测之时，先以距度星考定三辰所舍，复运游仪抵本宿度，乃求出入黄道与去极度，所得无以异于令瓒之术。其法本于晁崇、斛兰之旧制，虽不甚精缛，而颇为简易。李淳风尝谓斛兰所作铁仪，赤道不动，乃如胶柱。以考月行，差或至十七度，少不减十度。此正谓直以赤道候月行，其差如此。今黄赤道度，再运游仪抵所舍宿度求之，而月行则以月历每日去极度算率之，不可谓之胶也。新法定宿而变黄道，此定黄道而变宿，但可赋三百六十五度而不能具余分，此其为略也。

“赤道不动”并不是什么错误设计，可动的赤道也不一定好。李淳风评说斛兰铁仪的问题，并没讲赤道不动与月行之差二事有无关联。但沈括遽而断言：“直以赤道候月行，其差如此。”从何说起？若说汉贾逵之前只有赤道圆仪，会是“遥准度之”，也许是对的，而斛兰之仪决非如此。问题何在，当另作考查。“定宿而变黄道”，是先用窥管定好月亮入宿度，再把黄道转到其标刻的宿位与月位重合（实即与当时黄道重合），再测定出入黄道度数；“定黄道而变宿”，是拿实测的月位入宿度移到固定的黄道上标刻的同一宿度处，这只能测黄道上的经度。

其八，令瓒旧法，黄道设于月道之上，赤道又次月道，而玑最处其下。每月移一交，则黄赤道辄变。今当省去月道，徙玑于赤道之上，而黄道居赤道之下，则二道与衡端相迫，而星度易审。

沈括此论全然错误，令瓒旧法不是这样的，那是赤道最外，黄道次之，月道最内。三道紧贴不留空隙。沈括所说的“玑”就是李淳风三辰仪的子午双环，而梁令瓒设计中根本就没有三辰仪，哪来的什么“玑”？沈括对黄道游仪的误解与欧阳修主编的《新唐书》有关，那里把《旧唐书》中的本已有误的记录更加歪曲误解，横加臆改，使人以为这“令瓒旧法”与李淳风的设计一样。

其九，旧法规环一面刻周天度，一面加银丁。所以施银丁者，夜候天晦，不可目察，则以手切之也。古之人以璇为之，璇者珠之属也。今司天监三辰仪，设齿于环背，不与横箫会，当移列两旁，以便参察。

古以珠作刻度标记怕没有这种事。沈括谬用“璇玑玉衡”之义。

其十，旧法重玑皆广四寸厚四分。其它规轴椎重朴拙不可旋运。今小损其制，使之轻利。

如沈括所指“旧法”为“令瓒旧法”亦不对，这不是“皆广四寸、厚四分”，也不是“椎重朴拙，不可旋运”，反而是太过轻弱。

其十一，古之人知黄道岁易，不知赤道之因变也。黄道之度，与赤道之度相偶者也。黄道徙而西，则赤道不得独胶。今当变赤道与黄道同法。

这里再次提示：沈括可能知道了西学概念，认为赤道在变。这是中国古天文学家不知道的。在《浑仪议》第三大段讲结构还有黄赤道结合方式的话，也是与前人不同，他的赤道圈能动。

> 其十二，旧法黄赤道平设，正当天度，掩蔽人目，不可占察。其后乃别加钻孔，尤为拙谬。今当侧置少偏，使天度出北际之外，自不凌蔽。

这个设计考虑不是沈括的发明，“令瓒旧法”早有这种设计，沈括率而言“旧法”如何如何，好像都没有他这样的设计。这样说实有剽窃之嫌。

> 其十三，旧法地纮正络天经之半，凡候三辰出入，则地际正为地纮所伏。今当徙纮稍下，使地际与纮之上际相直。候三辰伏见，专以纮际为率，自当默与天合。

问题同上条一样，这还是“令瓒旧法”，不复述①。

2.《梦溪笔谈》

沈括晚年退居润州（今镇江）筑梦溪园，作笔记名《梦溪笔谈》，其书有很多科技内容，为一大特点。有关宇宙学的有下列几条。

在其“象数篇”里有对天和日月性质的论说，说他在昭文馆校书，官长问他：

> 日月之形如丸邪？如扇也？若如丸，则其相遇岂不相碍？予对曰：日月之形如丸。何以知之？以月盈亏可验也。月本无光，犹银丸，日耀之乃光耳。光之初生，日在其旁，故光侧，而所见才如钩。日渐远则斜照，而光稍满。如一弹丸，以粉涂其半，侧视之则粉处如钩，对视之则正圆。此有以知其如丸也。日月气也，有形而无质，故相值而无碍。

用圆球模拟月相的物理机制，很生动，后人多作引用。但这说法不是沈括首创，早有京房、杨泉和姜岌等人说过（见《开元占经》卷一和卷十一）。我们引他这段话是要看他的宇宙构形观念，主要是后面那句话——日月有形无质，可以

---

① 凡涉“令瓒旧法”，皆参见：李志超．黄道游仪的考证和复原．载：天人古义．郑州：大象出版社，1998

重叠在一起而互无阻碍。那么他就是认为，月与日可以同位。这比张衡、杨泉和姜岌就大为退步了。再说日月各为大阳大阴，两团气搅在一块儿，那物理效应会是什么模样？他这话也许只是随口应付，没有深思熟虑。但是他又在晚年写进他的书里，那就不能不说是他的固有观念。

又问："日月之行，［日］一合一对，而有蚀不蚀，何也？"予对曰："黄道与月道如二环相迭而小差。凡日月同在一度相遇，则日为之蚀。正一度相对，则月为之蚀。虽同一度，而月道与黄道不相近，自不相侵，同度而又近黄道月道之交，日月相值，乃相陵掩。"

这段话说明他的月道半径是与日道相近的，后面被我们删略的话说，月亮可以既在日之前，也可在日之后。那么，月道的平均半径就等于日道了。

北齐张子信候天文：凡月前有星则行速，星多则尤速。月行自有迟疾定数，然遇行疾历，其前必有星，如子信说。亦阴阳相感，自相契耳。

他相信这个荒唐说法，更加以解释，说是阴阳相感。别的不说，他总是以为月离恒星很近，或者说是月道几乎就在恒星天壳面上。从这里看，沈括应是个浑天说的"原教旨"信奉者，所持的是洛下闳的球壳面天体模型。联系他在《浑仪议》中所说，地面上的南北是以极下为中心的辐射线，那就只有一种解释，即他所持的大半是类似西学地心说那样的地球，而天似球壳，只是单层，无需透明。

有关沈括是否有受西学影响，还有一件事。他讲小孔成像，把以小孔为中心的投影几何叫做"格术"。而这个名词在前此中国文献里从来没有出现过。他说："算家谓之格术"，这所谓算家不是中国人。且这"格"字来得也突兀，可以猜测是 Geometric 的古语音译。

沈括的一项很有价值的成果是做出很精密的漏水计时器，并用以测出黄道平均太阳日与恒星日差值的变化。他的《浮漏议》是现存古刻漏技术的最完整的文献。对这项成果的考证和复原实验由李志超在 1979 年完成①。《梦溪笔谈》的记述是：

---

① 李志超．水运仪象志．合肥：中国科学技术大学出版社，1998

> 下漏家常患冬月水涩，夏月水利，以为水性如此，又疑冰澌所拥，万方理之终不应法。予以理求之：冬至日行速，天运已期而日已过表，故百刻而有余；夏至日行迟，天运未期而日已至表，故不及百刻。既得此数，然后覆求晷影漏刻，莫不吻合。此古人之所未知也。

最后一句表现自傲，别处也多有这类看不起前人的意识表现。

“已过”与“已至”矛盾，若非传讹，则是沈括自书，亦可谅解。其落笔时形象思路或是太阳提前超越（是为“已过”）黄道一度（这是他的“表”位）。

这个命题对古人来说是比较复杂的。如果计时器达到较高的精度，能发现经过整 24 小时太阳在南中天前后位置的差离，那么第一个问题是：以什么为时间计量标准？人造的计时器如刻漏之类，需要标定。作为标定者，那得是某种客观自然的节律性过程，如太阳的南中天，即真太阳日。自然标准没有绝对稳定齐一的，任何一个实际节律过程的各周期单元间都有大大小小的差离。人造计时器的稳定性或精密度可以超过所有已经找到的自然标准，如现代原子钟。但是这时就有第二个问题——何以判定哪一个的时间周期最精密？这是个逻辑问题。

现代原子钟是用多台同样的设置并列比较，如美国海军实验室（NASA）用几十台一样的原子钟。让它们同时从零开始计数，经过一段时间，计数开始表现差离，有一半是 N，而另一半是 N + 1，或平均是这样。那么，就命此计时器的精度为 N。精度既为“精”之“度”，当然是度数越大的越精。一些物理书用以 10 为底的负指数表示精度，则精度越好其数越小，那就与误差混淆了。

沈括有没有这种知识或思考，没有史料可查。“天运”的天是恒星总体合成的，任一颗恒星都可以作天运的代表，“天运”指的就是恒星周期。“日行”是真太阳日无疑。古人的测量就是立竿瞄准，只用肉眼而没有望远镜。所能达到的角精度不会好过 2 角分，合时间 8 秒。真太阳日偏离平太阳日，在近日点（接近冬至）约 30 秒，在远日点（接近夏至）约 14 秒（参考图 6-5“真太阳日时差分解图示”）。要得出日行速率的变化，还要扣除黄赤交角造成的时差，为此需以黄道每日差一度来标定恒星时刻。日行偏离此数仅有 ±8 秒，连续测 4 日可以看到 1/4 日径的偏差。在沈括时候，不知道近日和远日的概念，只知太阳视运行速率有变化。假定沈括没有做出多台并列计时器，他可以用单一台刻漏连续多日同时测定恒星日和真太阳日。只有当他的刻漏精度好于几秒，即比日行更稳定时，他才能够发现：日行有离差，而天运没有。然后，他就可以用恒星日校定太阳日。于是上引结论就可以肯定。

这里存在另一个问题：北齐张子信以每日天体方位变化的观测数据判定日行有迟疾，逻辑上缺少一个实证的依据——怎知不是天运有变，而必为日行变？这里是用哲学或信仰作依据，如易经所说“天行健”。中国人自古把太阳看作比天小的物，如前已述及的杜预之言，日月五星都是像动物样的东西。在这样的观念模式里，不但很难建立一个日心说模型，也很难建立地心说模型，因为把太阳看得太小，比地小得多，小得不能比。地心说与此相反，更符合实际。

我们看到的沈括，有所创建，却也犯下些重大错误。他从广泛的读书和交流中了解到某些非传统的学术信息，知道这些很重要，却没有直率表达的勇气。他也有自己躬亲实践得到的科学成果，但却缺乏向专精本业的内行请教，以致犯的错误较重而不悟。

总的来看，此人是一个混迹官场的书生，人品未能免俗，既无邵雍的清越高逸，亦非张载之尊礼贵德。但他在中国科学史上的贡献应予肯定。他的例子正是文化史学的典型。

四、朱熹的贡献

朱熹（1130~1200）生于宋高宗南渡之初，是宋代理学的集大成者。所谓理学这个概念，实际是由朱熹的一生工作确立的。在他的学术中，自然哲学和宇宙学占有重要的地位，是理学的重要基础。而他的宇宙学确是当时超越古今中外的最好的宇宙学。很多批判家的见识远不及这位千年前的被批判的对象。当然，有些所谓“批判”不过是应制而已。一些文史学者虽然认真，缺少科技史基础也不行。

在康熙年间编成的《朱子全书》中，除了大量篇幅是注解古经，还专辟“理气”、“天地”之卷，其中很多内容并不是前代圣贤早已有之，而是朱熹个人见解。他论宇宙中万事万物的理气关系：

> 只此气凝聚处，理便在其中。且如天地间人物草木禽兽，其生也莫不有种，定不会无种了，白地生出一个物事。这个都是气。若理则只是个洁净空阔底世界，无形迹，他却不会造作。气则能酝酿凝聚生物也。

前文引过的邵雍之言“一木结实，种之又成是木”。此处“物生必有种”云云是复述。可见理学以生命的遗传现象为天理的重要经验实例。这气是实际的物质，虽非现代物理学的概念，但却是超越具体物理概念的高级形上性概念，因而可以包括现代物理的各种具体物质形态。类似地，理也是超越具体物理学定理定律的高级形上性抽象概念，包括逻辑关系和一切具体物理规律。理与道的不同在于：言道则尚未作分析的观察，而仅是讲一般事物的因果过程，于是便只能是就事论事。而具体的某事某物没有两个全同的，因为那是无穷多项分析的理的总合。至于单项的可以指称陈述的定理，则是诸事诸物共同遵守的因果项，是事物的共性。道是理的综合，故而道还是因果性，简单化的事物的道则可近似于某一条理。

他的弟子问："先有理抑先有气?"他的回答是：

> 理未尝离乎气。然理形而上者，气形而下者，自形而上下言，岂无先后。理无形。气便粗，有渣滓。

他既说到理与气两不相离，没有气也就没有理，却又说：

> 但推上去时，却如理在先，气在后相似。

他用"如"和"相似"两词表示不是作判断。那么又何谓先后？他说过：

> 要之也（按，这个"也"要读做"呀"），先有理。只不可说是今日有是理，明日却有是气。也须有先后。

所以这先后不是时间的先后，是指在思维中的逻辑地位。

对照现代物理哲学：理学的理对应着物理学的最基本最一般的规律；而气是实际的具体的物质性存在（形而下），实际具体的对象被观察时的表现对应于理学的概念是"性"。具体实际的事物皆有生灭，且任何不同事物之间必有所异，而当其生前灭后，性中所含的一般共性规律并不随之生灭，而是永恒存在的。若说大统一的全宇宙的气之整体，你又能说出什么？只能说出些最抽象的意思来，而那些抽象意思说到底不过是理！以此言之，说"理在气先"有何不可？朱熹反复强调程颐说的"理一分殊"不正是此意吗？现代大爆炸宇宙学处理创生以来的宇宙过程，运用同样的物理学规律。而上百亿年的宇宙总体状态没有一刻是重复已往的，那不正是"理一分殊"吗！又有哪一刻的状态是在那统一的物理规律之先呢?

以此而言，宋代学术思想重理。这是对汉代重变求变的进步，是科学思想史阶段性进化的表现。汉代的重变还只是在科学不够发达的时代，看不到普遍的物理规律性的结果，可以说是朴素的。随着科学的进步，人们掌握的自然规律越来越多，天象预报日益精确，原来解释不了的变，都能用常理解释。于是人们的观念有了转变，更重视理了。而理是常，不是变。

如此，相应的知行关系就好说了。他说“知先行后”，那种知主要是学习得来的，是既定之理，或曰常理。现实的教育过程不都是先行注入的吗？朱熹从他自身受教育的过程体悟此理又有何错？只不过他没有指出人的知识来自社会群体，而社会群体的认识则是先行而后知。在这一命题上朱熹的认识不及比他早千余年的荀子。

朱熹的宇宙观不离阴阳动静。他激赏邵雍之学，以阴阳动静为无限连续的过程，在时空上是无限的，时空的无限性又说明了动静的无限性。他继承《淮南子》以来的宇宙发展观，认为气之轻清者为天，重浊者为地。他又继承张载，不把天和地看作一样大小，而认为地是在无边的气中因运动而凝聚的有限物事。朱熹在打破天地尺度大小对等观念上作出了重要进展。他说：

> 天地初间只是阴阳之气。这一个气运行，磨来磨去，磨得急了，便拶许多渣滓，里面无处出，便结成个地在中央。气之清者便为天，为日月，为星辰，只在外常周环运转。地便只是在中央不动，不是在下。

这一思路与康德的宇宙发展史学说一样，只是时代早了6个世纪，物理学的内容太简略原始而已。在中国宇宙学史上，朱熹的思想是个重大突破。注意他说的“地便只是在中央不动，不是在下”。这已是与西学的地心说一致了。从朱熹的突破也可以理解上一节讲的沈括的隐晦性陈述，那应该是同一个思路。但朱熹解释地之悬虚定位用罡风托力，仍不离重物下落的逻辑，未能摆脱上下观念的束缚。如他说过：

> 天运不息，昼夜辊转（辊是圆柱形），故地确在中间。使天有一息之停，则地须陷下。康节言“天依形，地附气。”所以重复而言，不出此意者，惟恐人于天地之外别寻去处故也。天地无外，所以其形有涯，而其气无涯也。为其气极紧，故能扛得地住，不然则坠矣。……道家谓之刚风。……
>
> 地却是有空缺处，天却四方上下都周匝无空缺，逼塞满皆是天。地之四向、底下却靠着那天。天包地，其气无不通。恁地看来，浑只是天了。气却从地中迸出，又见地广处。……

天包乎地，天之气有行乎地之中。故横渠云“地对天不过”。

以天为充满气的无限空间，而地是有限的，这与宣夜说一样，但却是在新水平上的认识，接近地心说，是非完备的科学的地心说。重要的是，这里不再把地看作与天对等了。

五、元明二代宇宙学

1. 丘处机

现代公众从金庸的小说《射雕英雄传》里熟悉这个名字。史实是，在金人统治的中原地区出了一个新道派——全真派，创始人王重阳有七大弟子，丘处机（1148～1227）是这“全真七子”之一，是全真派的第二代掌门人，号为“长春真人”。他的文字至今留在崂山的摩崖石刻上。他对金国和南宋皇帝的征召一律不理睬。在成吉思汗攻克撒马尔罕的那年（1220 年），老汗王忽然想要长生不老，就征召丘处机远赴撒马尔罕。丘处机带上 18 名弟子于 1221 年春上路，走了一年才到汗王驻地大雪山。他给成吉思汗的忠告，一是尽量少杀人，二是清心寡欲。这些进言救了天下无数生灵，真是功德无量。他的弟子李志常作《长春真人西游记》详记其事。

在他们这一行出发后不久，1221 年 5 月 23 日有一次日全食，在他们的路上可以看到日食，那时他们正走在蒙古北部的克鲁伦河河畔。他们做了完备的观测。这种观测不是随便可做的，一要事先算好，二要准备好计时仪器和天体方位测量仪器。

李志常书有记录，并有丘道长的话：“正如以扇翳灯，扇影所及无复光明。其旁渐远，则灯光渐多矣。”他是指日食时刻与中原之差。

这是中文史料中最早记录的在与京师不同的经度上对同一次日食观测的数据。但是，从丘处机的话里仍然看不出他已经有了地球观念，甚至也没有地面有曲率的观念。有的只是“扇在灯下”的判断，也就是月在日下的认识。而此前一个半世纪，沈括说的是“日月气也，故相值而无碍”。以日月为同高。丘处机的进步显然是从远程旅行经验得来的，但还不够远，还不能得出地心说。

2. 王恂－郭守敬学派

元代在中国科技史上最显赫的成就是《授时历》。对此，早有很多科学史和天文学史的书详细介绍过了。今人最熟知的是郭守敬（1231～1316），但实际上他不是学派里的头号人物，学术带头人是王恂。只因其他成员死得早，整理研究成果的任务就落在郭守敬身上，《授时历》是在他手里完成的。加上他承担的是仪器制作和观测任务，这也是新历法成果的重要部分。所以，由他代表全体同事也是可以的。还要说明一件事，以王恂为首的那个科学群体原来是在邢台的紫金山上活动的，他们的学术渊源来自金国，不是南宋。以往史学家多偏向南宋，把金说成是"异族"，对金朝的文化成就不予宣传。这可不行！金也是构造现代中华民族大家庭的重要成员，它统治淮河以北的中原大地一百多年，文化建树不可抹杀。

郭守敬的天文仪器品种很多，具有鲜明的创新性，是前此中国天文学史上没有过的。一项重要特征是不作一件多功能。一件多功能以李淳风创造为范例，其缺点是单项功能互相妨碍不能达到最佳效果。郭守敬的想法一定与他同阿拉伯学者合作交流有关。当时的太史院有阿拉伯学者组成的分支机构。忽必烈大帝从欧洲招来天文学家。至元四年（1267）阿拉伯人扎马鲁丁来朝，进《万年历》，以及多件西方天文仪器。其中最有趣的是一件地球仪。

《元史・天文志》："苦来亦阿儿子，汉言地理志也。其制以木为圆球。七分为水，其色绿。三分为土地，其色白。画江河湖海，脉络贯穿于其中。画作小方井，以计幅圆之广袤、道里之远近。"

这是正史首次记录地球说，《元史》当然是明朝人辑录的。可是，除此以外，此后直到利玛窦来华，中间300多年，地球说还是不见正式记录。郭守敬也没有与此有关的只言片语。

以郭守敬为代表的《授时历》的成就达到了中国古代天文历法之学的新高峰。皇历和重大天象预报可以编制到一二百年以后，闰月和节气更没问题。在汉代以为是像牛马鹰犬那样随意乱动的日月五星，现在都成了机械化的遵行定数常理的东西。

这一成就虽然是科学的胜利，但却使得人们认为从此以后不必再花力气研究天文历法了，数学也失去了一项重大动力。这应该是明代天算之学停滞不前的主要理由。在欧洲，希腊化时期之后一段较长的时间，科学发展的迟滞是否也有类似的原因呢？

3. 赵友钦

赵友钦这个名字标志着他是宋朝皇族人。《文献通考》里有宋皇族发展史的简单资料。从开国的少数赵家人迅速增多，到北宋末年竟至京城容纳不下，负担不起，要向京外疏散。有的皇家子孙穷到没饭吃，要政府救济。书中列举的取名排字，最后一辈是“友”字。

赵友钦是江西鄱阳人，是个道士，晚年主要活动地点在衢州的鸡鸣山。他留下一部书《革象新书》。从书里的内容提到《授时历》看，此书作于《授时历》公布的1281年之后。全书表述的是标准的浑天说，几乎可以看作是张衡《灵宪》的疏注，而他的解说比前此所有的解说都更为清楚明白。举例来说，其书一开头第一节标题是“天体左旋”，第一句话：

> 天体之运有常度而无停机。天非有体也，因星之所附丽，拟之为天之体耳。

这话似乎属于宣夜宇宙观，但有逻辑矛盾。天既无体，星的“附丽”所在为何？或可解释为：“假设星有个附丽的所在，‘拟之’为圆球状的‘体’。”张衡《灵宪》明确地描绘了天地生成过程，那是无边的元气分化的结果。那么逻辑上自然应得出天没有边界的结论。赵友钦也说：“地在天内，天如鸡子，地如内黄。”但他立即声明：

> 然，天体极圆。不正，乃取以为譬者，非取其形之肖，特以比天包地外而已。以今譬之，天体如鞠，内盛半水，而浮板水上。板譬则地也。置物板上，鞠虽外转，板岂常动乎。

《灵宪》中所说的鸡子是“不正”的，那只是譬喻，不是说形状就是那样。今则可取鞠为譬。鞠，原有“毱”字指用毛做的球，今以革代毛，则是牛皮球。其内盛水，当是从蒙古人的牛皮水袋联想而得。这个说明指出，海洋和陆地组成的大地表面是平的，不是地球。但是，他没有说明：天若无体，则大地边缘处的水没有容器的限制，是何状态？若是无限无边，则星所附丽者又何以成球形，而又能转入地下？当然这矛盾本属浑天说固有，赵友钦没有责任。

赵友钦还替张衡的“闇虚”作解说：

> 古者以日对冲之处名为暗虚，谓日之象景也。月体因之而失明，故云“闇”；日非有象景而强名之，故云“虚”。暗虚缘日而有，故其圆径与日等。

这是遵从张衡的宇宙模型。他与沈括说法一样，以日径为一度。但他又说月径为日径之半，即半度，那是他认为日月与地距离不等，月近而日远。若以其月径为准，则无误。但是，这样一来，恒星度数作何解说？天度不是从恒星来的吗？这显然是他的几何学修养不够。再看他说："日月悬虚运转，不附于天。五星亦然。……意其必凭天之气以行。"这也是张衡原意。而他的气，则也是"轻清者为天，重浊者为地。"完全是《淮南子》的观点，没有新意。看他此言，似乎没有读过《隋书·天文志》中所记葛洪的话："苟辰宿不丽于天，天为无用，便可言无。"

他的独特见解是天顶与地面上人的距离大于接近地平的天，因为"星度高升则密，低垂则疏"。又说："地平不当天半，地上天多，地下天少。"那为什么地上的天却是正一半呢？他说那是因为"地平与之相妨，人目不可尽见也"。就是说，人所在的地平比大地周边高了。此说也许与考虑已经报道的东西方地理经度的时差有关，但差之尚远，更远非地球说。看他此言，又似乎没有读过《隋书·天文志》中所记姜岌的话："以浑检之，度则均也。"

赵友钦也重视邵雍的学说，其书单立一节，标题为"元会运世"。但认为邵雍的数与历法不合。邵雍本人没有讳言这个事实，只把他的数用于比年大的或比时辰小的时间量级上，并未企图干涉历法。

4. 林辕

这是元代一位道士。在祝亚平《道家文化与科学》① 书中介绍了他的《谷神篇》，我们就转引祝亚平的内容作简介。《谷神篇》有"元气说"一节，其中系统地论述了天地的生成演化，认为：

> 元气始生，犹一黍也，露珠也，水颗也。盖自无始，旷劫霾翳，抟聚之内，含凝一点之水质也。孕于其间，如筐载卵，自底而生，斯有矣，强名曰道。(《道藏》4-544)

特别的是，他这里把元气与时空分开说。"旷劫"是佛语，意思是无穷的时间；"霾翳"是深沉的黑暗，指的是空间。而这原来都是"无"。元气在这真空的"无"里由小而大地发生。宇宙的这个发生过程被称之为"道"。下面他接着说：然后化生阴阳二气，"混质而成朴，积小而为大"形成混沌态，"玄包其

---

① 祝亚平．道家文化与科学．合肥：安徽科技出版社，1992

黄”。“混沌未破之时，大只百里”内部有水火雷风澎湃激荡“至于激抟而破……破乃分之，是开天也”。这个想象的过程很类似于现代大爆炸说，只是时空概念是经典的原始的，是无限的，而不是有限的。但是无论如何，他这都是空想，没有任何物理学的理论根据，与现代大爆炸说不可同日而语。

关于林辕，我们也只能说这些。联系上面讲过的丘处机和赵友钦，加上这个林辕，是三个道士。此外，要在元明二代找出可与他们对等的儒家人士谈宇宙学的，没有！要是有，那是利玛窦传入西学以后的事了。这说明，儒学自朱熹以后走上空谈性理的形上化之路，其科学活动衰落了！此外也可能是自北宋而后战乱不息，知识分子不想从政，于是也就不必去攻读儒经，就有很多人做了道士。写小说剧本的关汉卿、施耐庵不也是不求做官的吗?

结束语——中国传统思维的扬弃

自程颐始，宋儒偏重探讨心、性的范畴。在当时，整体社会意识的关怀向内心世界转化。这是个大趋势，不是个别人能决定的事。先是佛教本以心意为其讨论主题，中国土产的禅宗至宋已成佛教之主流；道教则从外丹转向内丹。儒生们出入佛老之后不满意佛道二教的出世观，仍要挑起治国平天下的重任。但自然科学长期没有重大突破，宇宙学的浑盖之争已经延续一千多年没有根本性的新进展，全社会只是技术和生产有些量的进步，少有质的突破。儒学理论的基础得不到科技文化的新激励，很多儒生把探索集中到人的内心世界是不可避免的。

不可以完全脱离科学史和宇宙学史去讨论宋明儒学。

明万历年间，意大利传教士利玛窦（Matteo Ricci，1552～1610）1582 年来华，首次正式把西方科学文化传入中国。西学中首当其冲的内容是以地心说为主的宇宙论，是地球仪和世界地图。随后是德国传教士汤若望（Johann Adam Schall von Bell，1591～1666）1622 年来华，1630 年经徐光启推荐主管历局。入清后留任钦天监，康熙三年（1664）因受保守的政客杨光先弹劾而入狱，差一点被杀，次年获赦，一年后病逝。接他班的是比利时传教士南怀仁（Ferdinand Verbiest，1623～1688），他 1659 年来华，次年进京做汤若望的助手，与汤若望同案下狱，1668 年复被起用后，与杨光先对抗，把杨光先告倒了。此后多年，清朝的钦天监一直由西洋人领导。康熙赶走了传教士，却没有废除钦天监的洋专家的职务。

以上就是西学东传过程中天文学史的简历，也就是著名的杨光先争历的一段历史。早有其他史书作过详述。到乾隆四年（1739）由杨光先挑起的争端早已定论，张廷玉等修成《明史》，书中对西学宇宙论就做出了前所未有的新介绍。这标志着中西宇宙学的融合已经大体完成。在《明史·天文志》的序言部分，有如下一段话：

> 明神宗时，西洋人利玛窦等入中国，精于天文历算之学，发微阐奥，运算制器，前此未尝有也。兹撮其要，论著于篇。

作者承认西学天文历算之精为“前所未有”。接下的“两仪”一节，一开头说：

> 楚辞言："圜则九重，孰营度之。"浑天家言："天包地如卵裹黄。"则天有九重，地为浑圆，古人已言之矣。西洋之说既不背于古，而有验于天，故表出之。

这里又说，西洋这些说法是中国"古已言之"。"前此未有"与"古已言之"是明显的矛盾。认为古已言之的看法，最早可查的是黄宗羲有此说，但他的影响不大。影响广泛的是康熙皇帝并通过梅文鼎所作的宣传，即众所周知的"西学中源说"。此说把《史记》的一段话引为证据："幽厉之后，周室微，陪臣执政，史不记时，君不告朔。故畴人子弟分散，或在诸夏，或在夷狄。""畴人"就是天文历算专家，"诸夏"是中国，"夷狄"是外国。于是西学中源论者就说："周朝的天文历算专家出国去了，到西洋传授学问。西洋人搞得很好，又传回中国来了。"可以看出，中国学术界很多人的心态是对这项重大落后很不甘心。

作为文化史代表的中国宇宙学史向现代人传达了宝贵的信息：三千年来，中国的高级知识分子创造和发展了一种什么样的文化？他们怎样看待宇宙？怎样看待生命？怎样看待思维？本书的叙述以考察第一个问题——宇宙为纲领，同时与后两个问题密切相关。

从公元前6世纪的老子起，中国的高级抽象思维已经登上极顶，元气说成为古今中外抽象度最高的物质本元论，易学的象数论则是独特的以数为主的自然哲学。然而无神论并不能排除神秘主义的思维，中国的科学史一直没有免除神秘主义的干扰。但是从学者到帝王，大力排除神秘主义的努力也是确实有的。

由于受广袤大陆的地理条件限制，中国古人的宇宙模型长期局限于较初始的水平，没有自己找到地心说。这是中国人没有自己发展出牛顿式的近代科学的一个重要原因。虽然如此，中国古代却有很好的自然观，也有当时最先进的观测技术。从平天说到浑天说，再由此接受西学的地心说，符合科学发展史的正常模式。平天说和浑天说是合乎标准的科学理论，有从未停顿的证伪活动和极热烈的学术争鸣，更有过典型的科学革命过程。但是在中国没有欧洲曾发生过的由宇宙学革命引起的社会思想大动荡。浑盖之变中没有，那也许是时间久远，史料佚失；但地心说和日心说的传入是明确的，也没有由此引发社会意识大震荡。此事最能说明中国文化的本性是尊重科学的，也因此证明，说中国古代没有科学是决然错误的。

以汉代和宋代为典型的宇宙观思想进化史，可以集中地概括为常变观的进化。从老子和易学开始的世界恒变思想，实质上是同异论形下化的第一步——变易是时间坐标轴上的异化，而时间是世界总体状态的第一个变数。虽然中国传统哲学一直是以易学的变易观为主导，但汉代的主变还是较初级的朴素的变易观，宋儒讲“理”在一定意义上是对初始变易观的否定。这种否定是进步，但还没有达到高级阶段，而只是中级阶段。高级阶段要在完成正反合的历程之后达到。整体的宇宙虽有不变的常理（定律、定理）和常数，但因质和量的无穷，总归于无常。而且已知的常理常数也应该是在很久远的时空中才有显著变化的。到现代为止的宇宙学是否已经有了某种程度的正反合完整化的认识呢?

汉代人把握了世界是发展的，却缺乏科学；宋儒把握了守常的理，与科学相合，却不重视发展；到现代才明确，要科学发展观。

附录　夏商周断代又一时标——夏仲康日食

夏商周断代工程已经确定了伐纣年月日（公元前1045年），夏仲康日食尚需仔细研究。现存最早史料是《左传·昭公十七》：

> 十七年夏六月甲戌朔日有食之……大史曰，在此月也，日过分而未至，三辰有灾。于是乎百官降物，君不举辟移时，乐奏鼓，祝用币，史用辞。故《夏书》曰："辰不集于房，瞽奏鼓，啬夫驰，庶人走。"此月朔之谓也，当夏四月，是谓孟夏。

"辰不集于房"与下文九字同为人事不是天象。按郭沫若考证，甲骨文"辰"是农字的原形，此指农夫。他们都跑出户外来了。

大史就是太史，当时太史的话是可信的。后来晋人梅赜造《伪古文尚书》胤征篇述此事的话是："乃季秋月朔，辰弗集于房，……"他犯的错误是擅自加了"季秋月朔"四字。当时他不知岁差，也不知"季秋"的概念只是春秋早期问世的夏历才有了的，更不知"房"的概念作为廿八宿之一也不早于春秋。他是看了《吕氏春秋》的："季秋之月日在房"杜撰的[1]。这一搅和使许多后代学者大走弯路，经学大师们都说这是九月日食，日在房宿。

历代相关文献太多，我们只引闫若璩《尚书古文疏证》作参考。虽然闫若璩的天文学水平远不够用，但他把此前的研究引述得较全，省了我们再去繁琐搜罗。

> 夫太史首言此礼在周之六月，继即引夏书以证夏礼，亦即在周之六月朔。周之六月是为夏之四月，可谓反复明切矣。此非二代同礼之一大验乎。而伪作古文者畧知历法，当仲康即位初，有九月日食之事，遂于胤征篇撰之曰："乃季秋月朔，辰弗集于房，瞽奏鼓，啬夫驰，庶人走。"不知瞽奏鼓等礼夏家正未尝用之于九月也。是徒知历法而未知夏之典礼也。

闫若璩的下文以大段论夏与周二代礼制之异同，可以说都是无稽之谈，是儒家经师的腐论。他并没有发现梅赜的天文学错误，只以为"季秋"是误用"九月”。他说，这与鲁太史讲的是周之六月，亦即夏之四月不合。

“又按左氏引夏书，虽云日食典礼，未知的在何王之世。故刘歆三统历不载。后造大同历者始推之为仲康元年，唐傅仁均等又以为五年癸巳，疑皆因晚出书傅会。”大同历是南朝梁代的历法。如果我们认为鲁国太史所说可靠，则夏仲康日食当实有之，只是不能断定是仲康元年还是五年。

首先需要判断仲康所在地理位置。按尧舜禹的禅让关系，这三代的政治中心不应有太远的变动。最新考古发现山西陶寺为尧之都，夏墟应亦在此附近，即山西境内，周成王封弟之土。此所以晋国贵族自称是夏的后代。在一个较小地区发生日全食的概率较小，几乎是百年不遇。仲康所在即便不在旧夏墟而在河南境，虽不在全食带上，也是一样，80% 以上的食分是有的。深度日食也足以引起人们同样反应，做出如此类型的记录。

用现代天文软件 SkyMapPV6 回查，知道公元前 1999 年（此以公元前无 0 年为计）有这样一次日食，日在井，与授时历所推一致，儒略日 991 439，地方时 10 时 28 分。若以尧的时代为公元前 22 世纪，则认公元前 1999 为夏仲康之年是合谱的。至于闫若璩不能断定当时的王是否仲康，我们则给直到晋梅赜的史家以更多的信任，认为那是史官口传，符合实际历史。软件给出的 6 月 1 日是儒略历日，距春分（儒略日 991 385）54 日，正当夏历四月，与鲁太史和历代几位历法家说法一致。

李志超
2011 年 3 月 24 日作于科大医院病房

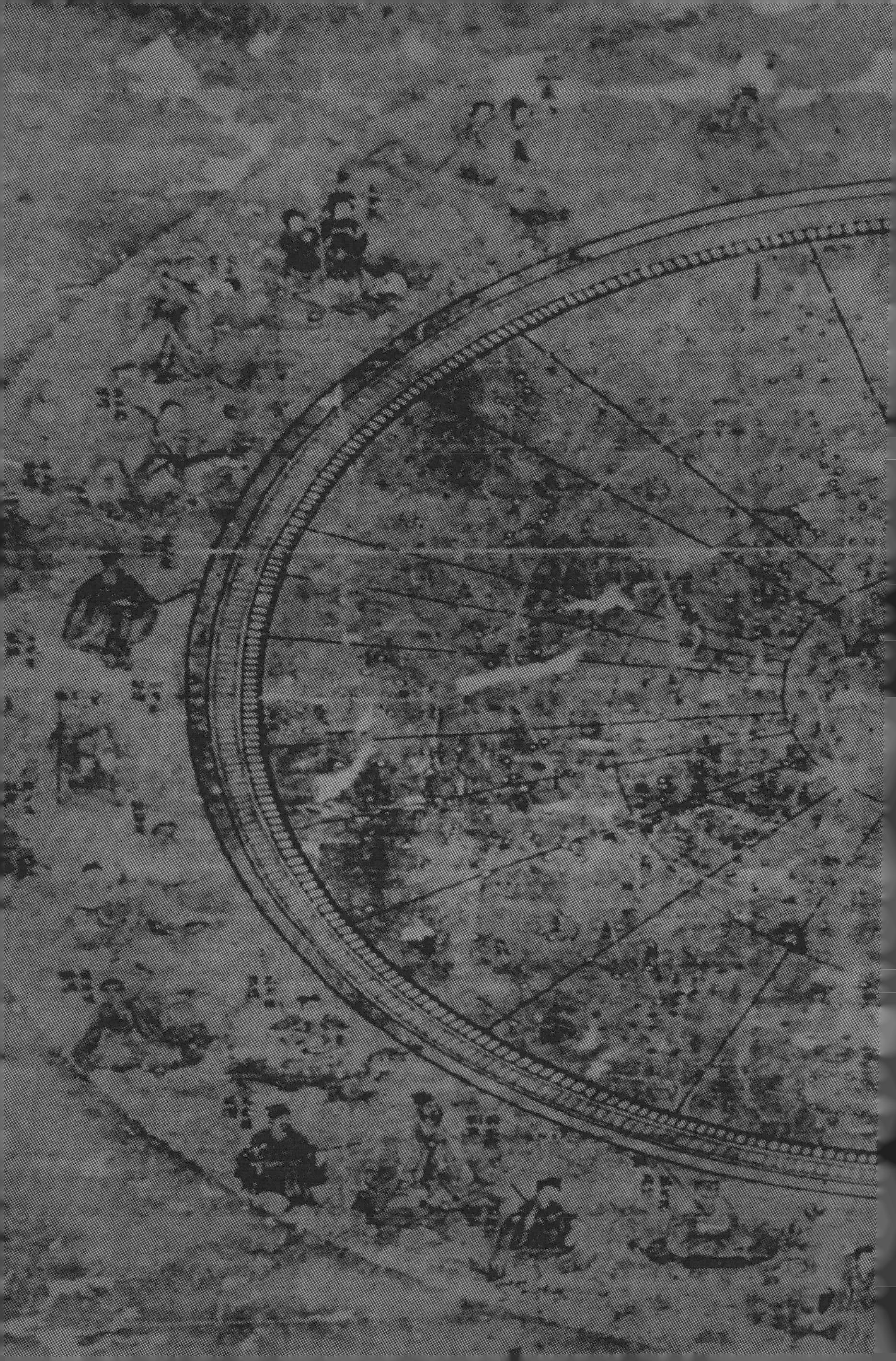